# 雷射切割與 3D 列印
# 結合應用秘笈 20 招

## 使用開源軟體 LibreCAD 與 MagicaVoxel

趙士豪 著

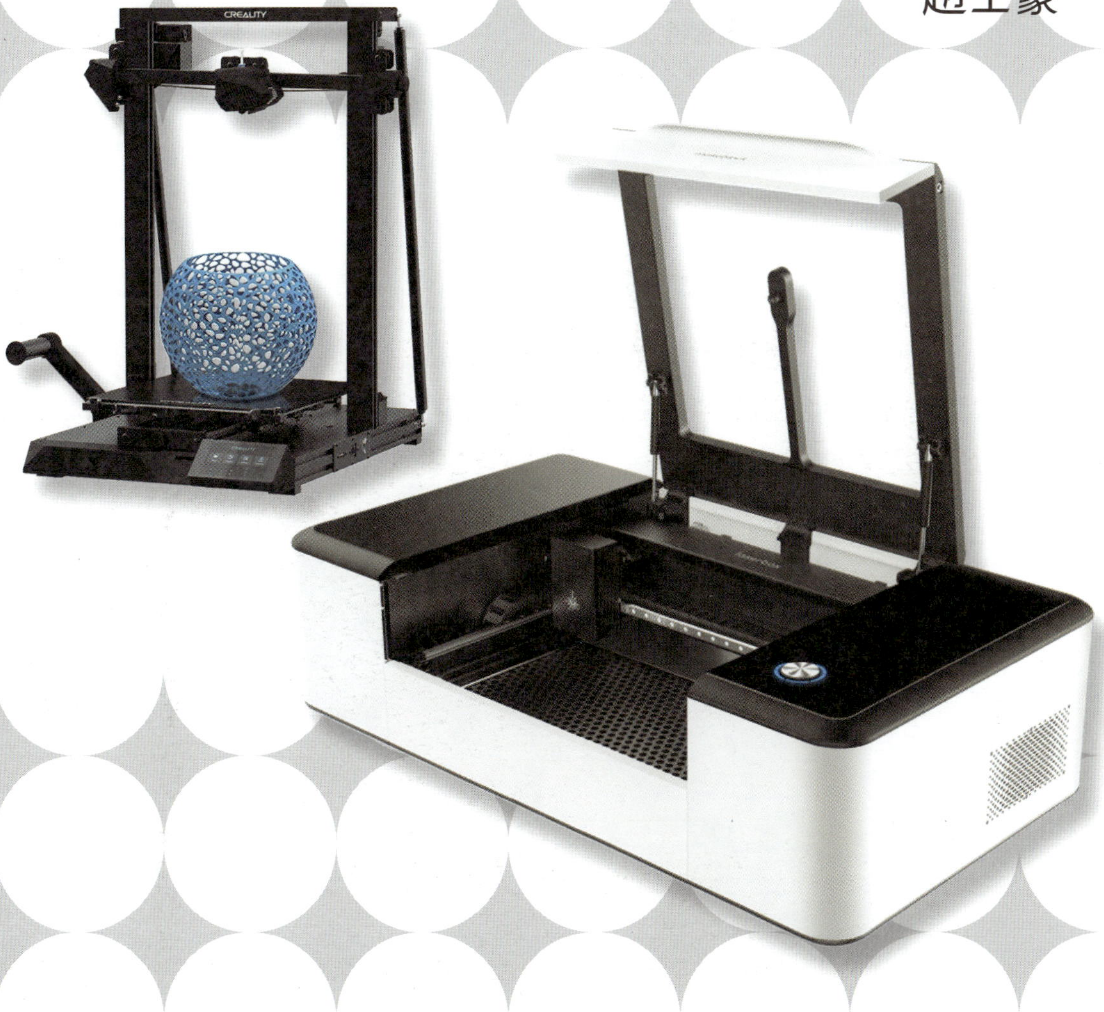

# 序

　　創客教育以及科技教育的風潮已經行之有年，各種製造機具與專案作品百花齊放，其中 3D 列印機與雷射切割機可以說是創客的代名詞，不玩個 3D 列印弄出點小公仔好像都不好意思說自己是搞創客的，但是這兩種製程背後的建模、製圖學習起來又有一定的門檻，專業軟體不是太貴就是太難學，導致很多對創客有興趣的新手買了機具之後，玩了半天都只能做別人設計好的作品，很快熱情退卻之後機具也就束之高閣，非常的可惜。

　　在本書中主要介紹了 LibreCAD 與 MagicaVoxel 兩款免費又好用的軟體，分別用於 2D 製圖與 3D 建模兩個領域，筆者在開始撰寫本書之前，就已經使用這兩款軟體很長一段時間，設計了很多有趣的小作品，甚至開發成完善的商品，這些在內文中有分享，也實際用於教學現場，並獲得學生熱烈的回應。

　　而在書中所講解的 20 則應用，更是筆者將這幾年的研究成果傾囊相授，由淺入深帶出各種設計技巧，雷射切割先從單片結構到多零件組裝，進入到將作品升級成商品的技巧；3D 列印也是先從單體結構到多體一次成形，進入到 3D 列印與雷切作品相結合，最後相輔相成設計出空間結構更複雜的作品。

　　若僅只有好的軟體而沒有適合的機具，再優秀的設計也難以將其化為現實，勁園科教所代理的桌上型雷切機激光寶盒，以安全作為最核心的設計理念，讓老師在教學時能放手讓學生自行操作，實現做中學的創客精神並培養科技素養，簡潔的機體外觀與操作方式，讓學生與非資訊科系的老師也能夠輕易地上手，達到跨領域的教學目標。

　　最後感謝紅動創新不遺餘力的硬體支援，勁園科教技術服務部同仁不吝惜地賜教，尤其感謝台科大圖書范文豪總經理，給予筆者為 LibreCAD 與 MagicaVoxel 兩款優秀的軟體著述的機會。

趙士豪

# 目錄

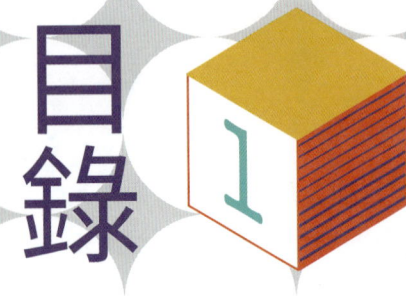

## 1 軟硬體與作品簡介

1-1　軟硬體概述　2
1-2　作品總覽　3

## 認識激光寶盒

2-1　機體介紹　10
2-2　智慧脫機功能　11
　　實作 1. 所畫即所得
　　實作 2. 所選即所得
2-3　LaserBox 軟體介紹　17
　　實作 3. 客製化雷切直尺
2-4　非官方板材與圖形提取　25
　　實作 4. 文創書籤設計

## LibreCAD 雷切商品設計

3-1　認識 LibreCAD　34
3-2　簡易收納盒製作　44
　　實作 5. 收納盒上蓋
3-3　圖層系統與描圖　52
3-4　卡通立牌製作　59
　　實作 6. 卡通鑰匙圈
　　實作 7. 卡通立牌
3-5　雷切陀螺設計　72
　　實作 8. 雷切陀螺
3-6　作品商品化　78
　　實作 9. 陀螺商品零件板
3-7　室內設計套件組裝　86
　　實作 10. 室內設計套件

## 3D 列印機 CR-10 Smart

| 4-1 | 機體與原理介紹 | 92 |
| --- | --- | --- |
| 4-2 | 機體操作 | 94 |
| 4-3 | Cura 軟體簡介與列印 | 98 |
|  | 實作 11. 印製立方體 |  |
| 4-4 | 認識 MagicaVoxel | 106 |
| 4-5 | 自製童玩鬥片 | 116 |
|  | 實作 12. 童玩鬥片 |  |

## 3D 建模作品設計

| 5-1 | 迷你傢俱設計 | 126 |
| --- | --- | --- |
|  | 實作 13. 迷你傢俱組 |  |
| 5-2 | 耳環飾品創作 | 138 |
|  | 實作 14. 耳環飾品 |  |
|  | 實作 15. 耳環展示架 |  |
| 5-3 | 立體陀螺設計 | 149 |
|  | 實作 16. 3D 立體陀螺 |  |
|  | 實作 17. 重錘陀螺 |  |
| 5-4 | 飛天螺旋槳 | 163 |
|  | 實作 18. 飛天螺旋槳 |  |
| 5-5 | 人偶造型設計 | 174 |
|  | 實作 19. 木偶盔甲 |  |

## 水晶筆筒綜合應用

| 6-1 | 立體輔助設計 | 182 |
| --- | --- | --- |
|  | 實作 20. 透明水晶筆筒 |  |
| 6-2 | 平面結構描圖 | 185 |
| 6-3 | 水晶筆筒 | 187 |

## 實作題    191

## 範例說明

範例練習檔： 為方便讀者學習本書程式檔案,請至本公司 MOSME 行動學習一點通網站(http://www. mosme.net/),於首頁的關鍵字欄輸入本書相關字(例如:書號、書名、作者)進行書籍搜尋,尋得該書後即可於〔學習資源〕頁籤下載範例練習檔。

## 版權說明

本書所引述的圖片及網頁內容,純屬教學及介紹之用,著作權屬於法定原著作權享有人所有,絕無侵權之意,在此特別聲明,並表達深深的感謝。

# 軟硬體與作品簡介

# 1

1-1　軟硬體概述

1-2　作品總覽

## 1-1　軟硬體概述

要成為創客除了要有源源不絕的創作靈感與熱情，不可或缺的就是數位加工的機具，幫助我們加速作品的製作與開發，而數位加工設備依照製造方法又可以分成加法、減法製造。

本書中主要介紹兩個自造數位加工設備，兩個設備各搭配一套免費開源設計軟體及一套轉檔軟體，分別是減法製造的激光寶盒雷射切割機，搭配 LaserBox 控制軟體與 LibreCAD 製圖軟體；以及加法製造的 CR-10 Smart 3D 列印機，搭配 Cura 切片軟體與 MagicaVoxel 建模軟體。

減法製造
激光寶盒雷射切割

加法製造
CR-10 Smart 3D 列印

搭配軟體

　LaserBox 控制軟體　　LibreCAD 製圖軟體

搭配軟體

　Cura 切片軟體　　MagicaVoxel 建模軟體

除了軟硬體的基本操作外，還會分析書中選用的軟體相較於坊間常見其他產品，更加適合用於學習的特點所在，比較雷射切割與 3D 列印兩種製造方式的長短版，找出將兩種製程互相搭配的應用方式，最重要的是分享多種作品的詳細製作方式。

## 1-2 作品簡介

### 1 所畫即所得
使用激光寶盒的 AI 功能，在 A4 紙上畫出想要的紅黑線圖案，就能在椴木板上加工出相同的形狀。

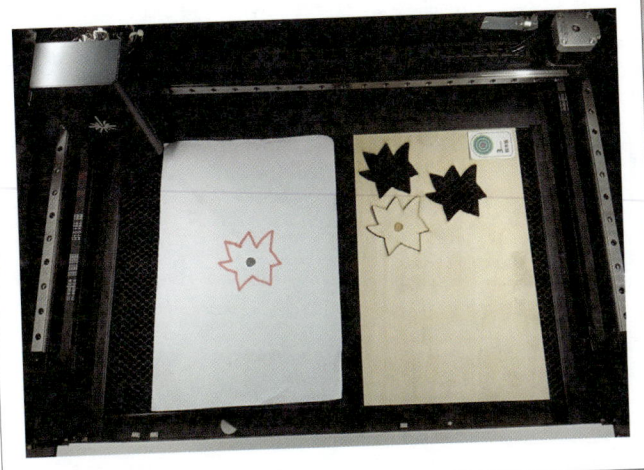

### 2 所選即所得
使用激光寶盒的 AI 功能，在預設圖紙上圈選想要的圖案並加入個性化簽名，就能在椴木板上加工出對應的卡通圖案。

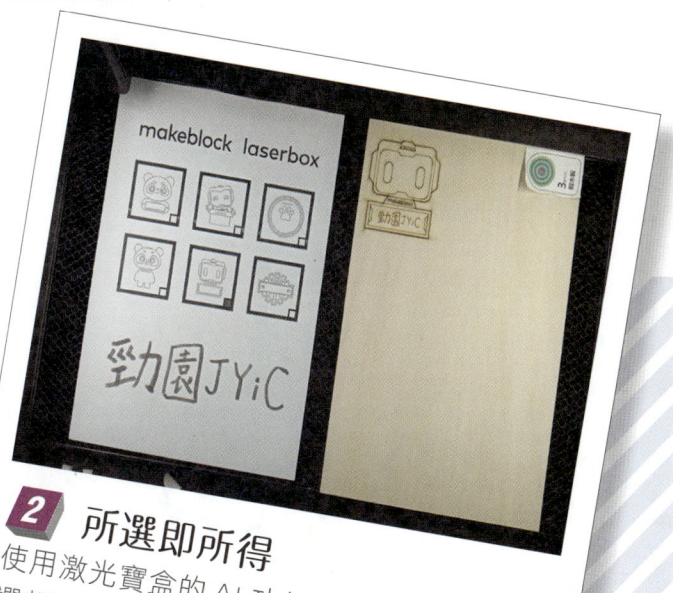

### 3 客製化雷切直尺
使用 LaserBox 內建的圖檔加入文字與各種幾何形狀，做出一個具有描圖功能的洞洞尺。

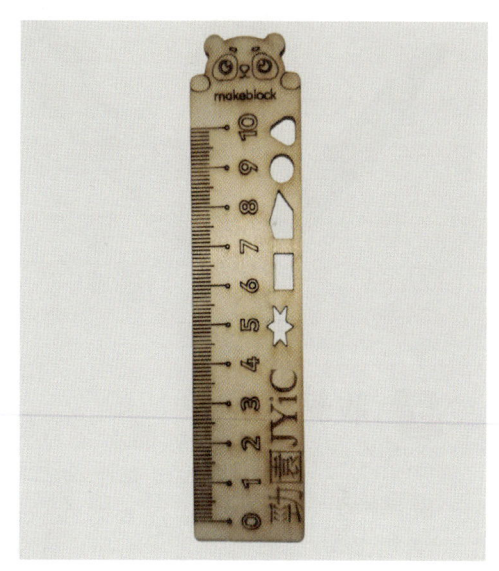

### 4 文創書籤設計
以激光寶盒掃描手繪圖案，或載入網路上下載的圖檔，製作出別緻的文創書籤。

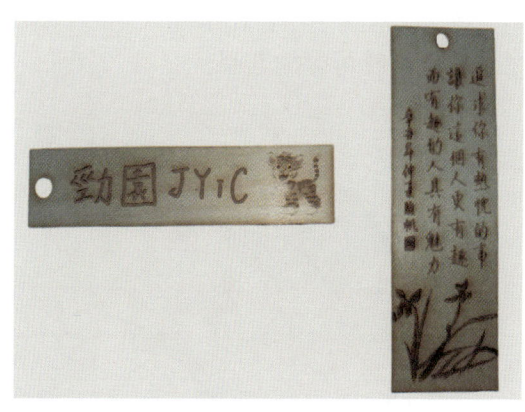

### 5 收納盒上蓋
認識 LibreCAD 製圖軟體，學習最簡單的畫直線功能，按照要求畫出符合規格的收納盒上蓋，並搭配收納盒零件板組裝出一個有活動蓋的小盒子。

### 7 卡通立牌
學習第一個固定式組裝方法「榫卯」結構，並將前一個作品所畫的卡通圖進一步製作成卡通立牌。

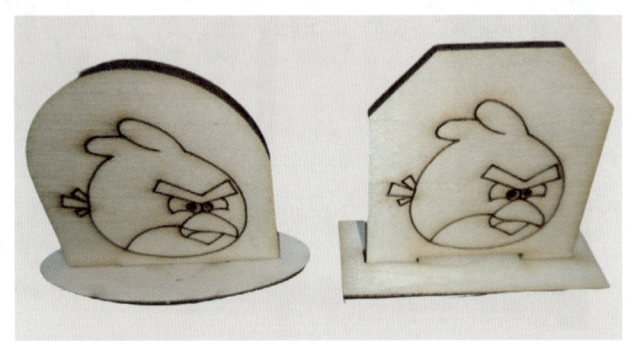

### 6 卡通鑰匙圈
學習 LibreCAD 的弧線畫法搭配圖層工具，以描圖手法畫出卡通人物的線條，並製作成可愛鑰匙圈。

### 8 雷切陀螺
學習第二種固定式組裝結構「十字搭接」，組裝出立體軸心加上旋轉片製作成小陀螺。

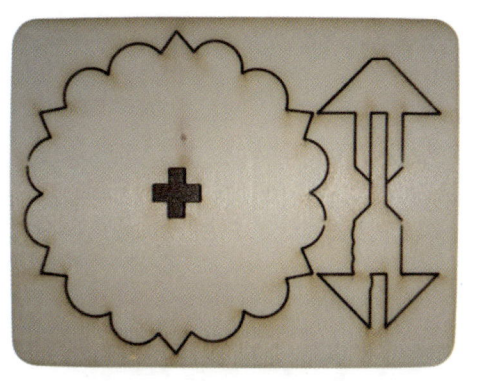

### 9 陀螺商品零件板

學習 LibreCAD 移動、旋轉、裁切等工具，將陀螺零件重新布局找到最節省成本的配置並切出材料板外輪廓，以此將作品進一步升級產品。

### 11 印製立方體

學習 CR-10 Smart 3D 列印機的基本操作，印製出一個小正立方體。

### 10 室內設計套件

透過組裝現成的室內設計套件，認識更多固定式、活動式組裝結構，完成品之後還會用到。

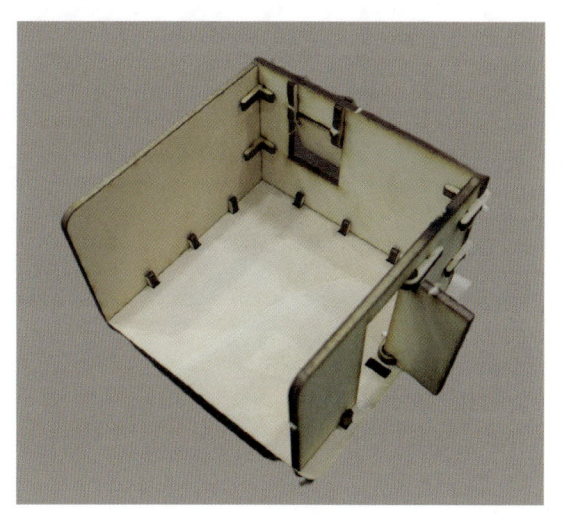

### 12 童玩鬥片

認識 MagicaVoxel 建模軟體，學習最簡單的 Voxel、Face 筆刷，設計出童玩鬥片，並了解從建模到列印的完整流程。

### 13 迷你傢俱組
學習 MagicaVoxel 的 Box 筆刷，製作出各式迷你傢俱，並觀察模型在不同切片方向下列印出來的效果。

### 15 耳環展示架
活用先前學過的雷切繪圖與組裝結構，設計出別緻的飾品展示架，陳列出上一次設計的 3D 列印飾品。

### 14 耳環飾品
學習 MagicaVoxel 中繪彈性、製作活動結構的技巧，並以 Marching Cube 模式輸出，製作出可穿戴的飾品。

### 16 3D 立體陀螺
學習能與雷切木片緊密結合的規格畫法，做出四對稱結構的陀螺旋轉片，以此取代原有的雷切旋轉片。

### 17 重錘陀螺

利用 3D 列印塑膠富有彈性的特性，做出質量集中在某個半徑範圍的特殊旋轉片，以此實驗質量位置對轉動慣性的影響。

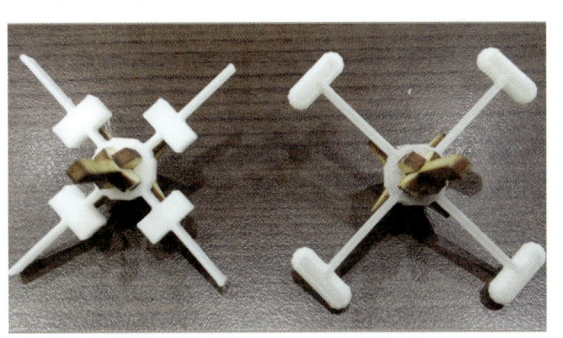

### 19 木偶盔甲

組裝雷切小木偶，並為他設計獨一無二的一套裝備跟道具。

### 18 飛天螺旋槳

利用 MagicaVoxel 裡 Marching Cube 模式獨有的斜面效果，做出平滑斜 45 度的螺旋槳，搭配旋轉棒的輔助下就能飛起來喔。

### 20 透明水晶筆筒

3D 建模與雷射切割製圖的合作技巧，透過 MagicaVoxel 設計出筆筒形狀，輔助建構每個雷切零件的結構，再回到 LibreCAD 一樣畫葫蘆畫出輪廓，並以壓克力板加工製作出精美的透明水晶筆筒。

# note

# 認識激光寶盒

## 2

2-1　機體介紹
2-2　智慧脫機功能
2-3　LaserBox 軟體介紹
2-4　非官方板材與圖形提取

## 2-1 機體介紹

激光寶盒的整體架構非常簡潔，只有一個主機跟一台淨化器，而水冷系統跟空壓機等常見的外接設備都已經嵌入主機內部，不會有一堆外露的電線管線等等，外觀上相較於其他品牌來得乾淨俐落許多。

在整個機體的外表上只有一個啟動鍵，並搭配燈環做狀態指示，相較於他牌機種的控制面板動輒數十個按鈕，雖然功能詳盡但也令初學者望之卻步，深怕按錯哪個鍵就會把機器弄壞。

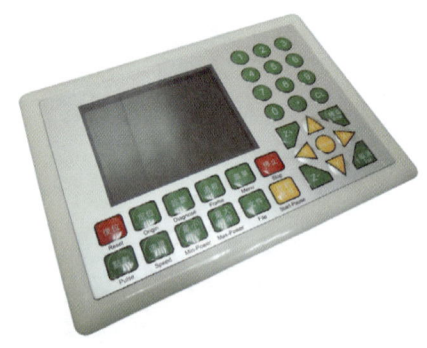

設備由專業的工程師安裝完成後，打開上蓋就會看到激光寶盒最大的特色魚眼鏡頭，可以直接拍攝整個工作區的畫面，搭配專用板材上面的環形碼，機器能自動識別板材的類型，自動調整加工時的參數達到最佳效果，搭配 AI 圖像演算實現所畫即所得與所選即所得兩個智慧功能，讓激光寶盒不用連接電腦就能自行運作。

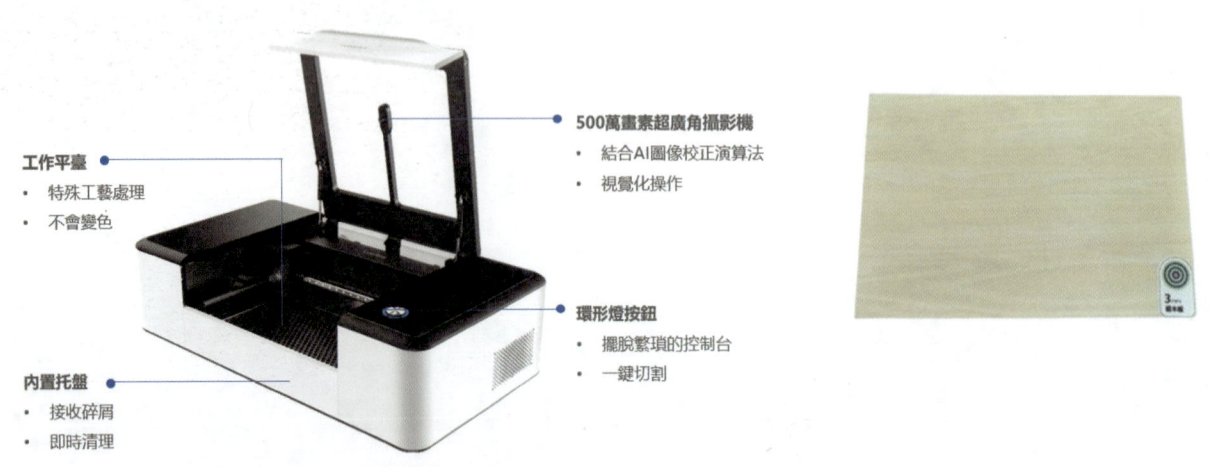

淨化器濾心的更換也非常簡單，當淨化器感測到濾心已經太髒不能再用之後，就會彈出警示訊息，雷切機也不能再啟動進行切割，此時將淨化器上蓋打開直接將抽換濾心即可，整個過程不用一分鐘。

## 2-2　智慧脫機功能

　　一般而言在使用雷射切割機之前，需要先學會一個製圖軟體，畫好圖案輸出圖檔之後才進入操作機器的環節，這對專業人士來說沒有什麼，但對初學者來說是個漫長的過程，軟體學到一半就忘記自己在幹嘛，對於雷射切割機的好奇與熱情早已退卻。

　　激光寶盒內部加裝了廣角鏡頭，因此能達成兩個智慧功能，所畫即所得與所選即所得，可以跳過學習製圖軟體冗長的過程，先體驗激光寶盒運作的效果、學習雷射切割機的工作原理，軟體 LaserBox 以及 Makeblock 官網還提供了大量有趣的範例檔案，先引發興趣再講求學習。

### 一、所畫即所得

　　首先使用所畫即所得的功能，需要先認識雷射切割機的幾種加工效果，簡單分為會穿透材料的切割，與只在材料表面做出紋路的雕刻，兩種加工效果有很大的差異。

　　雖然在使用所畫即所得的過程中不需要電腦，但其實在使用之前還是需要先透過 LaserBox 進行一些設定，軟體安裝與連線方式請參考 2-3。

**Step 1** 電腦 LaserBox 與激光寶盒連線後，點擊 ≡ 圖示後進入「設定 > 偏好設定」，並確認勾選狀況如圖紅框所示。

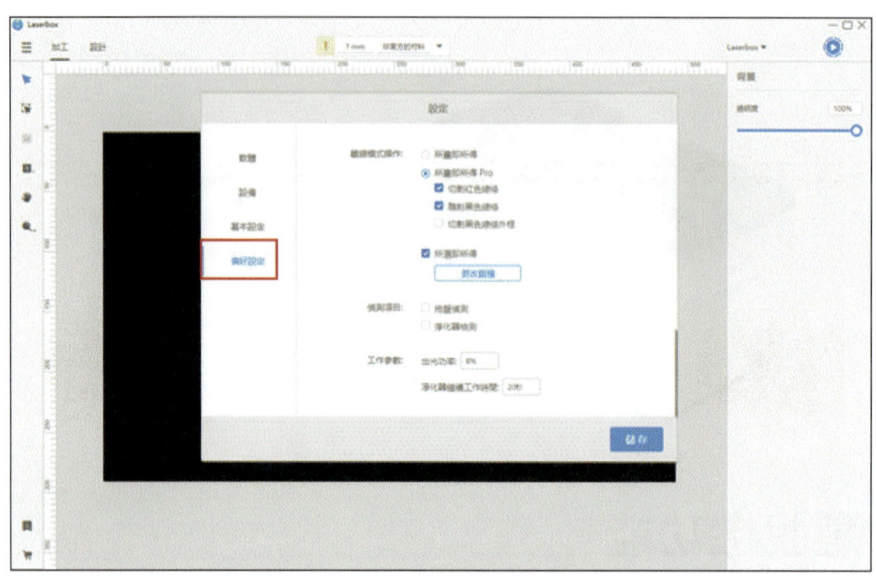

**Step 2** 取出一張空白 A4 紙，並用紅、黑兩色麥克筆畫出想加工的圖案，紅線表示切割、黑線為雕刻。

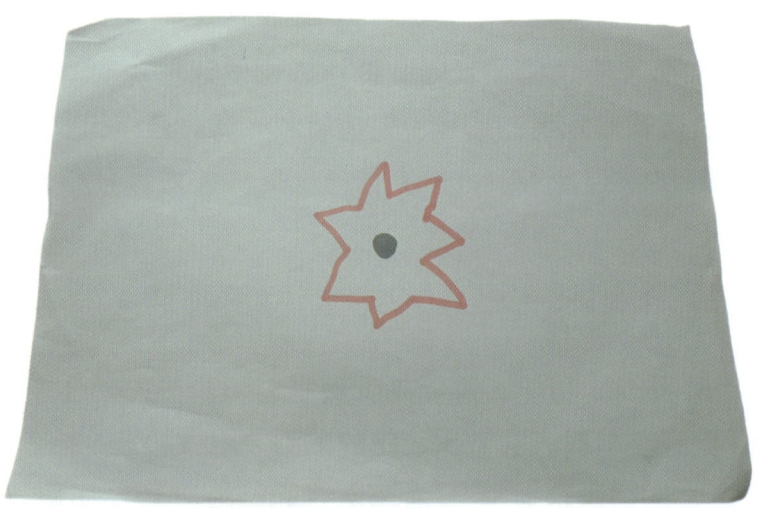

Chapter 2　認識激光寶盒　13

**Step 3**　將圖紙與有環形碼的專用板材放進工作平台，圖紙在左側、板材在右側，切齊蜂巢板上緣中間間隔 2cm 以上。

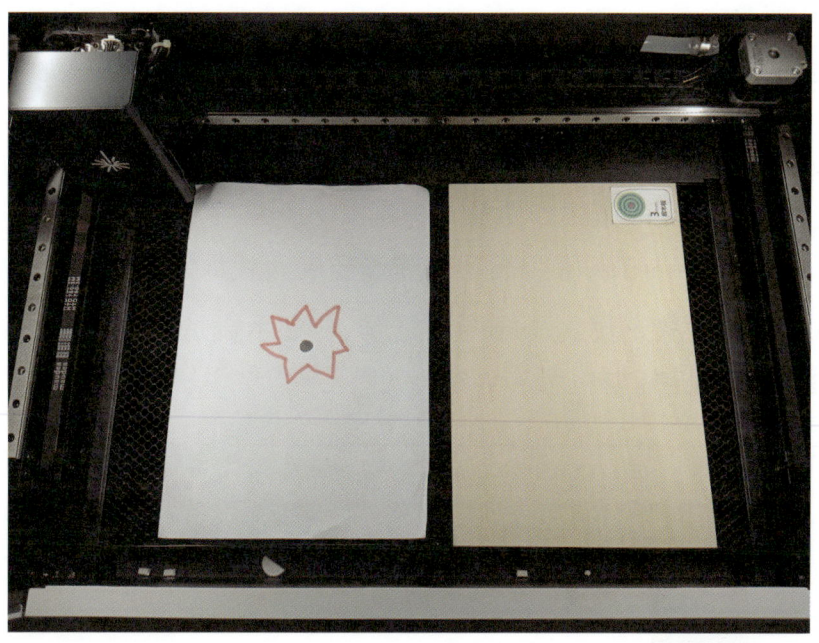

**Step 4**　關上激光寶盒上蓋按下啟動鈕，靜待加工完成，再開啟上蓋取出作品。

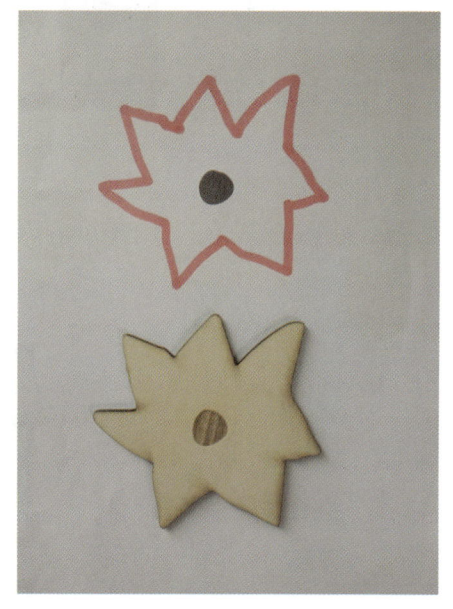

　　切割出來的成品與圖紙上的圖形幾乎一模一樣，但位置並不相同，機器會自動在板材上識別出可用的空間，一張圖紙可以反覆使用，這就是激光寶盒的 AI 圖像識別功能強大之處。

所畫即所得整個過程中只需要按一顆啟動鍵，如此簡單的操作步驟讓所有非資訊專業領域的老師，例如國文、美術老師也能獨自操作機器，讓生活科技課有更多的機會與其他科目跨領域合作。

## 二、所選即所得

如果覺得手繪的圖案有點粗糙，想要做出精緻一點的紀念品，可以使用所選即所得的功能，官方有提供六個可愛的圖案作選擇，只需加入一些字樣就能得到獨一無二的作品，當然在使用前也需要用 LaserBox 確認設定，軟體安裝與連線方式請參考 2-3。

**Step 1** 電腦 LaserBox 與激光寶盒連線後，點擊 ≡ 圖示後進入「設定 > 偏好設定」，並確認勾選狀況如圖紅框所示。

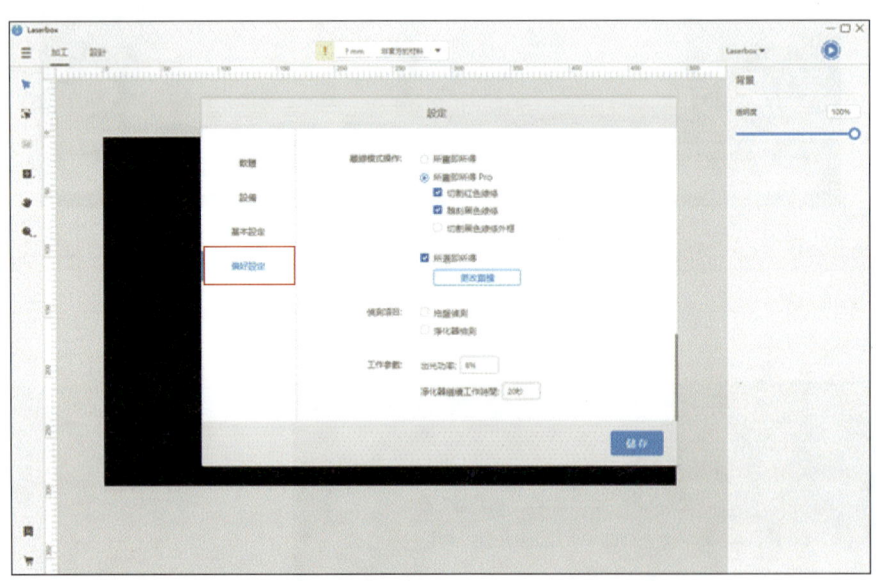

**Step 2** 從網址 https://reurl.cc/4RLqov 下載官方圖檔並列印出來。

選好想要的圖案之後,用黑色麥克筆塗滿該圖案右下角,並在下方的虛線框中畫上圖案、字樣。

 將圖紙與有環形碼的專用板材放進工作平台,圖紙在左側、板材在右側,切齊蜂巢板上緣中間間隔 2cm 以上。

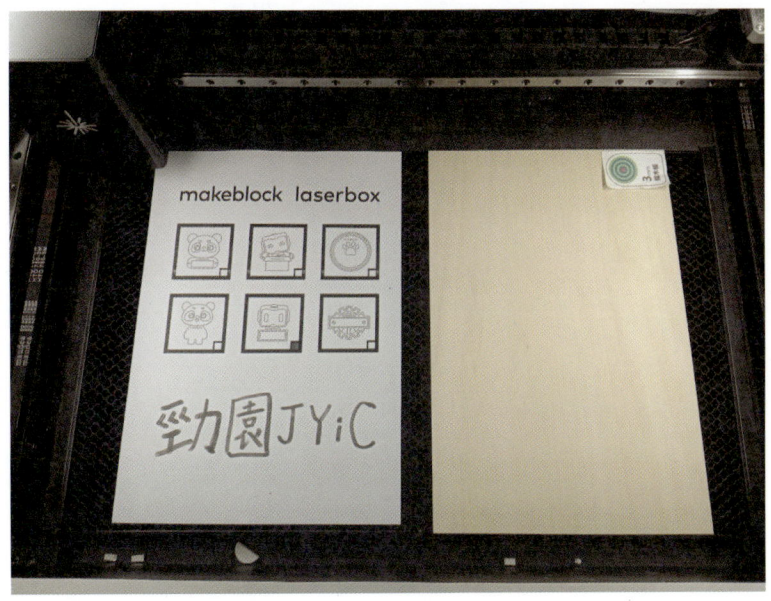

**Step 5** 關上激光寶盒上蓋按下啟動鈕，靜待加工完成，再開啟上蓋取出作品。

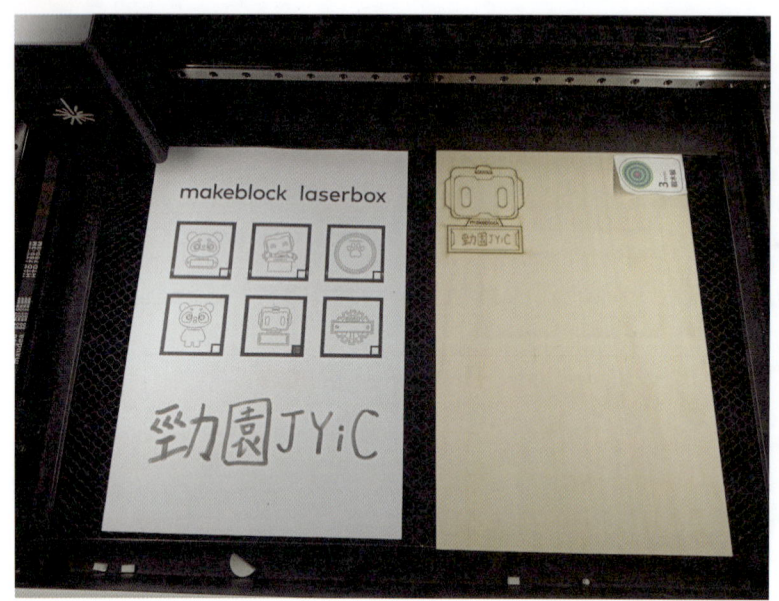 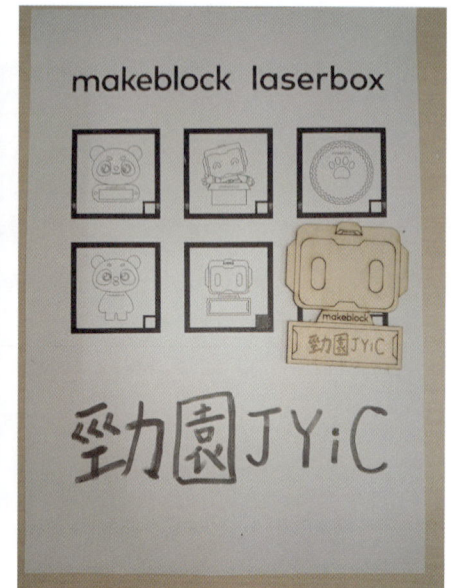

所選即所得加工出來的作品，較為精美且又不失客製化的成分，每個圖檔也都包含切割與雕刻兩種效果，非常適合在各種體驗活動作展示。

## 2-3　LaserBox 軟體介紹

　　每種雷射切割機都有專屬的驅動軟體，用於機體控制、調整參數與簡易的繪圖，激光寶盒也不例外，他的專屬驅動軟體是 LaserBox。

### 一、軟體下載與安裝

進入 Makeblock 官方載點

https://www.makeblock.com/cn/laserbox-specs，選擇相對應的作業系統下載。

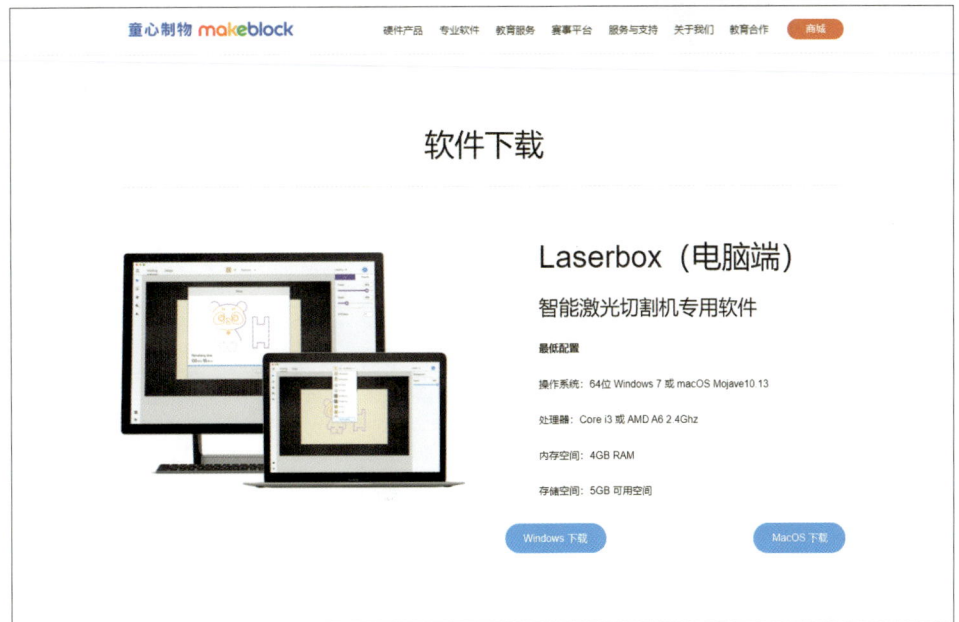

下載完成後，點擊 LaserBox 安裝檔進行安裝。

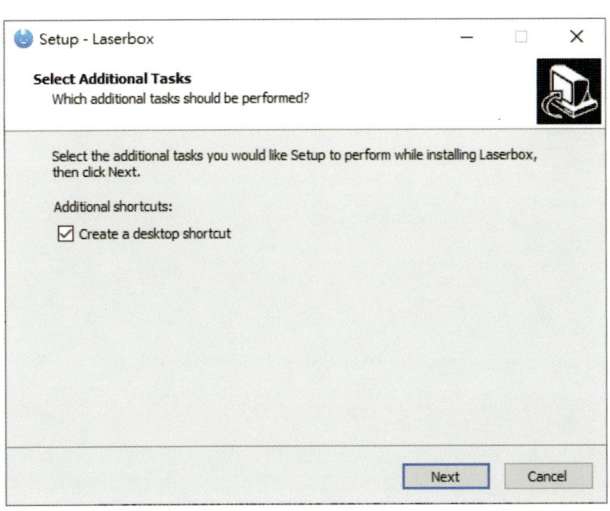
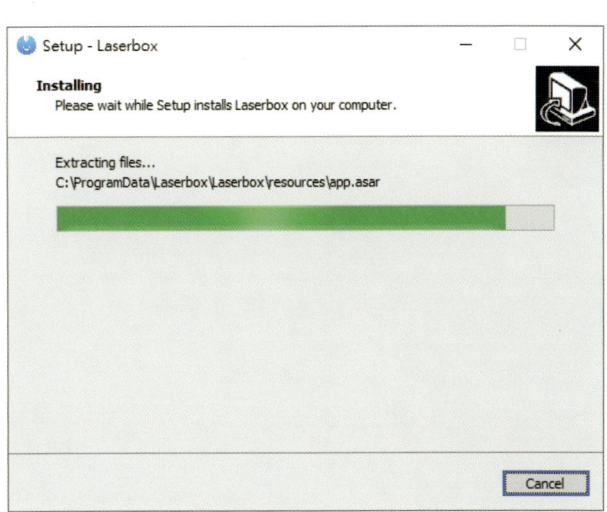

**Step 3** 安裝完成後點擊 Finish，並開啟 LaserBox 軟體。

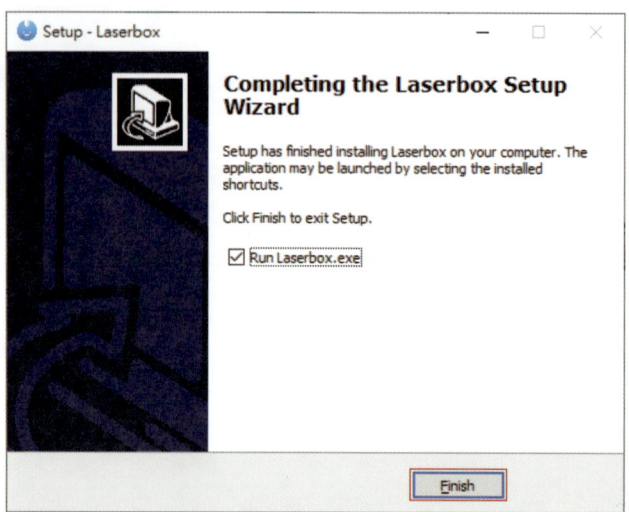

**Step 4** 開啟軟體後，首先看到的是範例專案頁，這些範例稍後作使用，先點選左上有「+」的方格開啟空白專案。

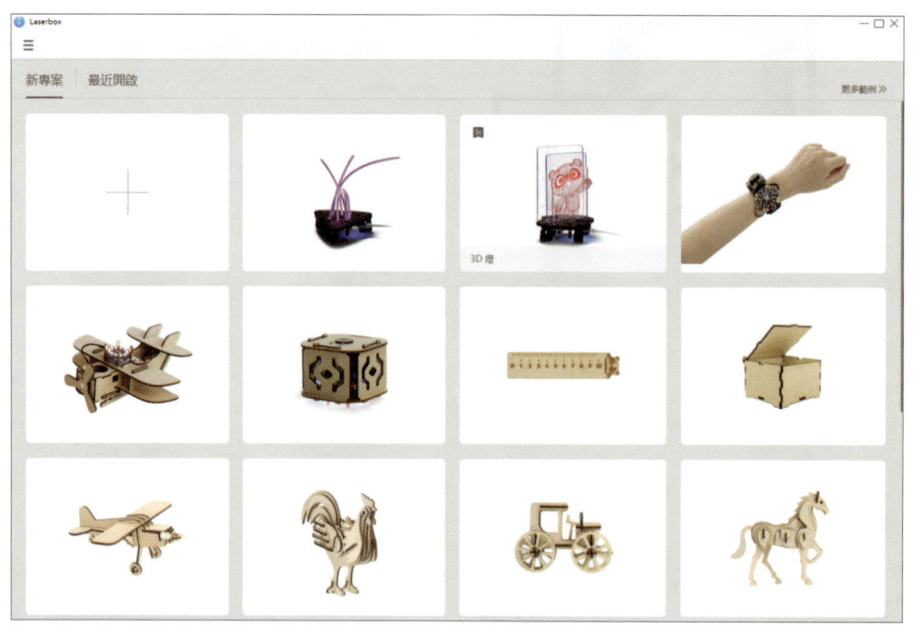

**Step 5**　進入主頁面後，中間的區域是空白的，整個面板的功能之後會作簡介，點選右上 ◉ 按鈕進行連接。

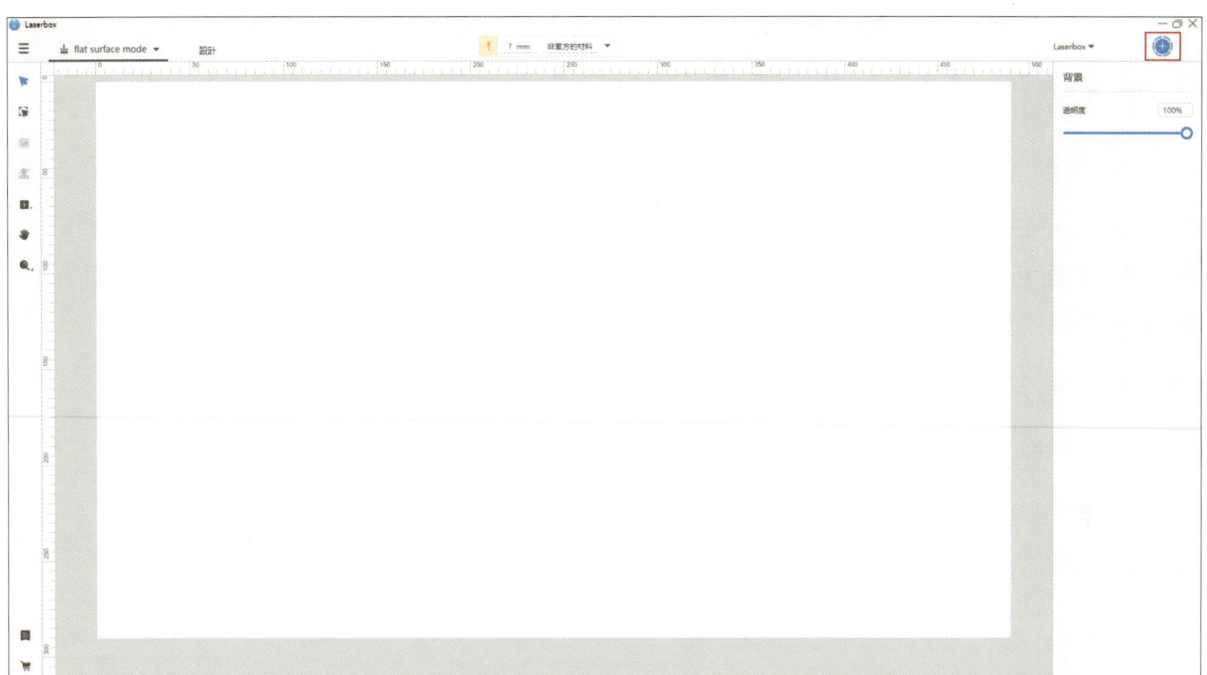

**Step 6**　先將激光寶盒上的 USB 傳輸線連接電腦，再點擊 [USB] 選項進行設備連接。

**Step 7** 完成連接後，中間原本空白的區域會變成鏡頭所拍攝到工作平台的畫面。

LaserBox 在與設備連接前，只能進行繪圖設計等動作，有一些進階的設定需要連線成功後才能操作，例如前述的所畫即所得、所選即所得的設置。

## 二、客製化範例作品

前面說到 LaserBox 的範例專案頁面，提供了許多現成圖檔可直接使用，飛禽走獸到飛機汽車內容包羅萬象，結構從簡單的到複雜的都有，官網上也提供每個範例詳細的組裝教學，除了直接下載就切割出來，還能在編輯區作一些客制化的修改，以下用最簡單的直尺做示範。

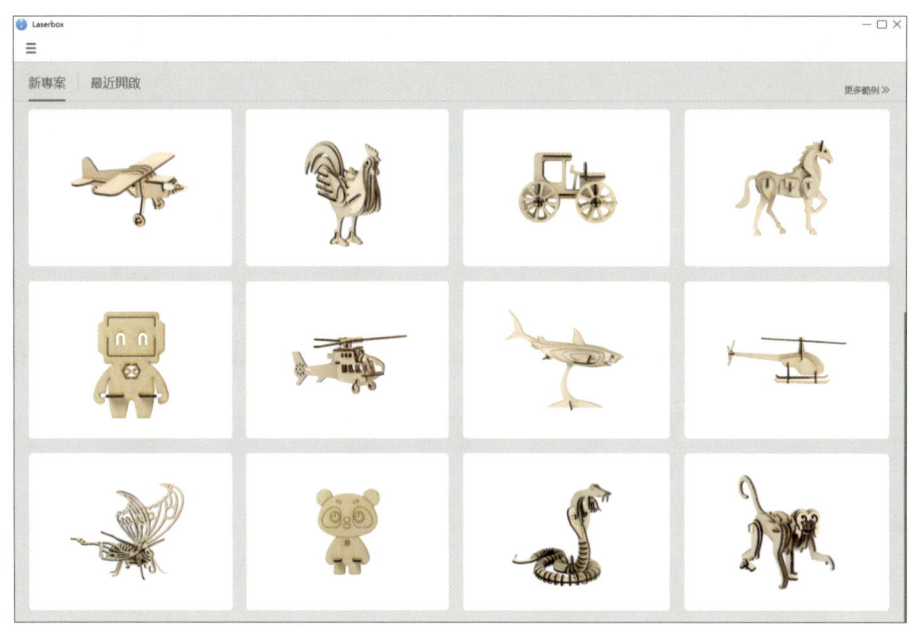

**Step 1** 找到想套用的圖檔，點擊後設計圖會直接出現在編輯區。

游標移到該專案圖框後，點擊左上角出現的圖案，可進入官網查看詳細組裝教學。

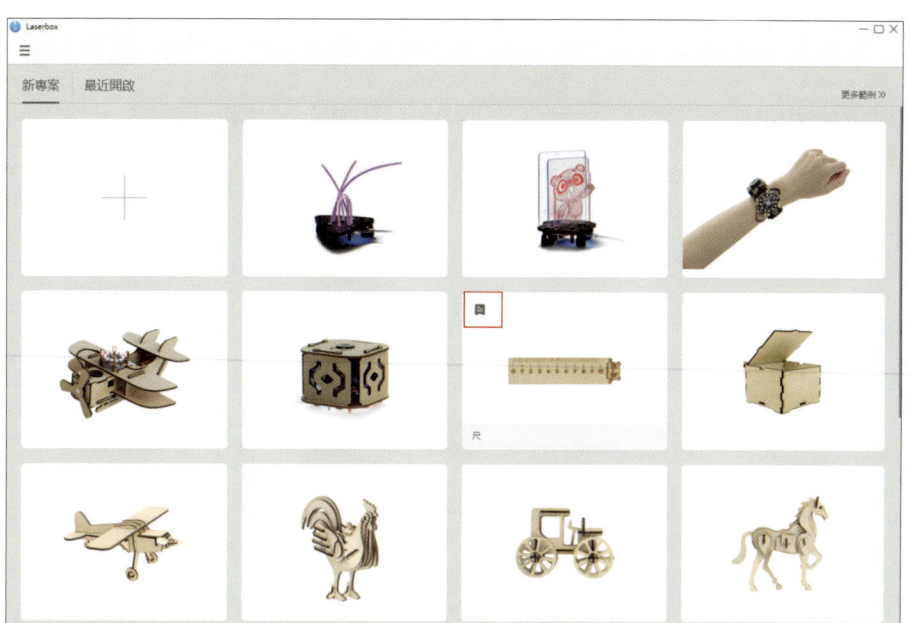

**Step 2** 設計圖出現在編輯區，白畫面表示此時 LaserBox 尚未連接設備，點擊左上角的「設計」分頁進行客製化。

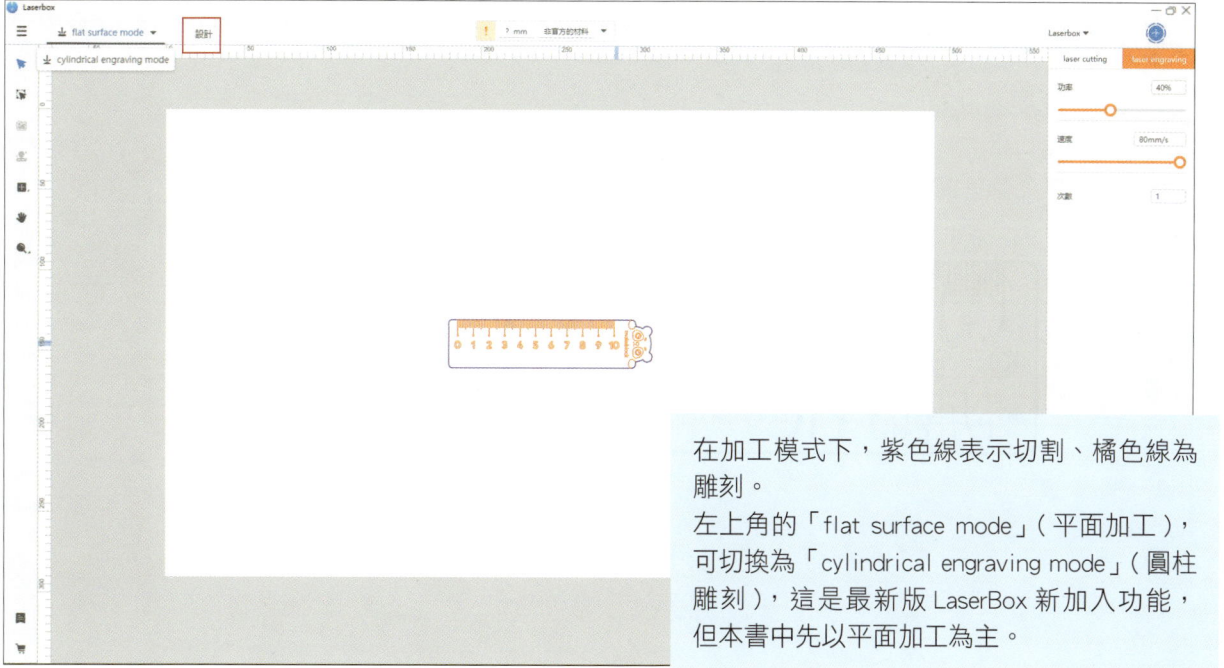

在加工模式下，紫色線表示切割、橘色線為雕刻。

左上角的「flat surface mode」（平面加工），可切換為「cylindrical engraving mode」（圓柱雕刻），這是最新版 LaserBox 新加入功能，但本書中先以平面加工為主。

**Step 3** 在設計模式下線段都是黑線,點選左側的 T 文字工具,準備在尺上加入文字。

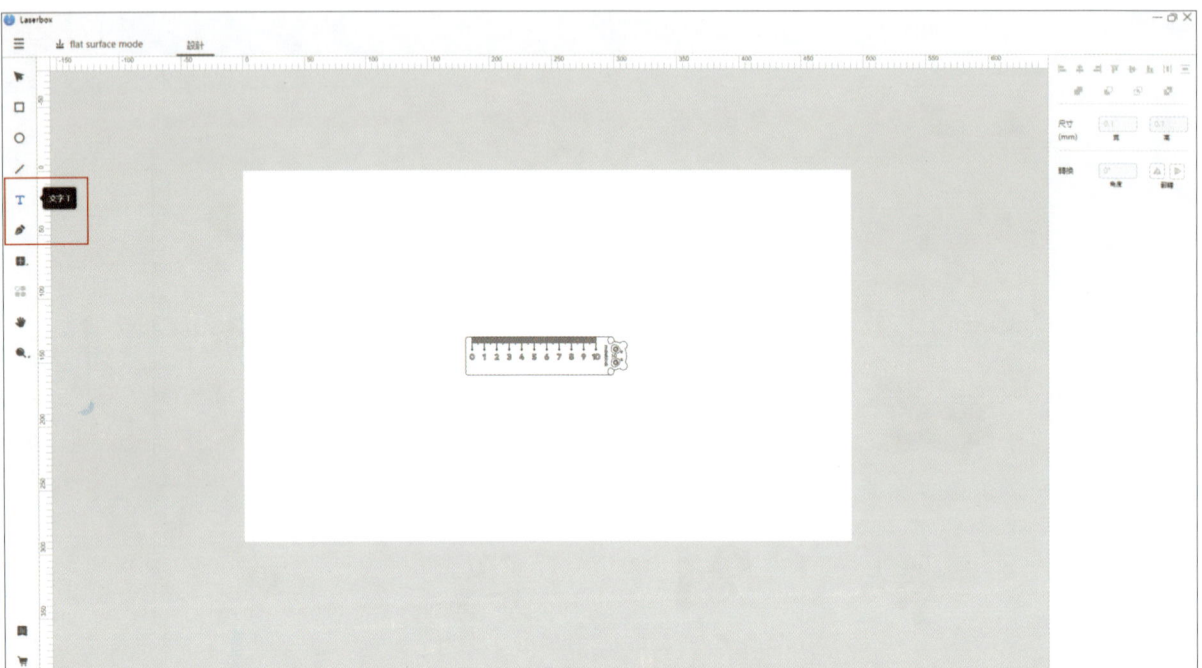

**Step 4** 在空白處加入文字並調整大小,讓文字全部都在尺的輪廓範圍內。

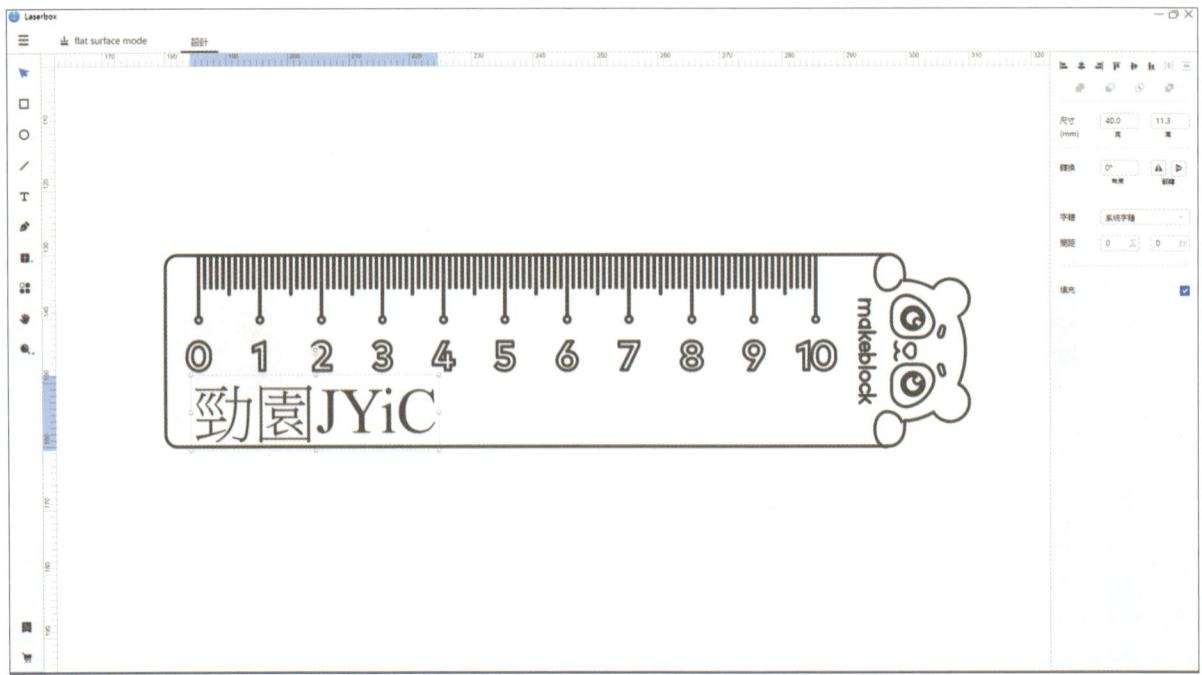

**Step 5** 自行嘗試左側的各種繪圖工具，畫出自己喜歡的造型。

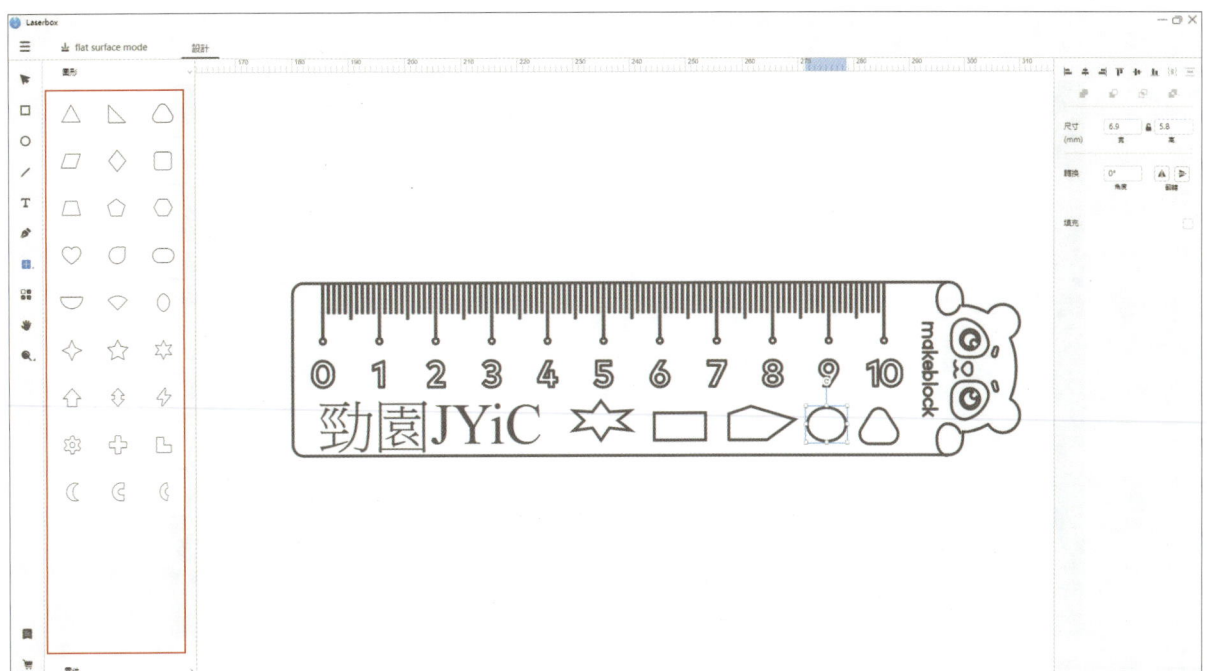

**Step 6** 切換回平面加工模式，開啟激光寶盒放入專用板材，並將 LaserBox 與設備連線。

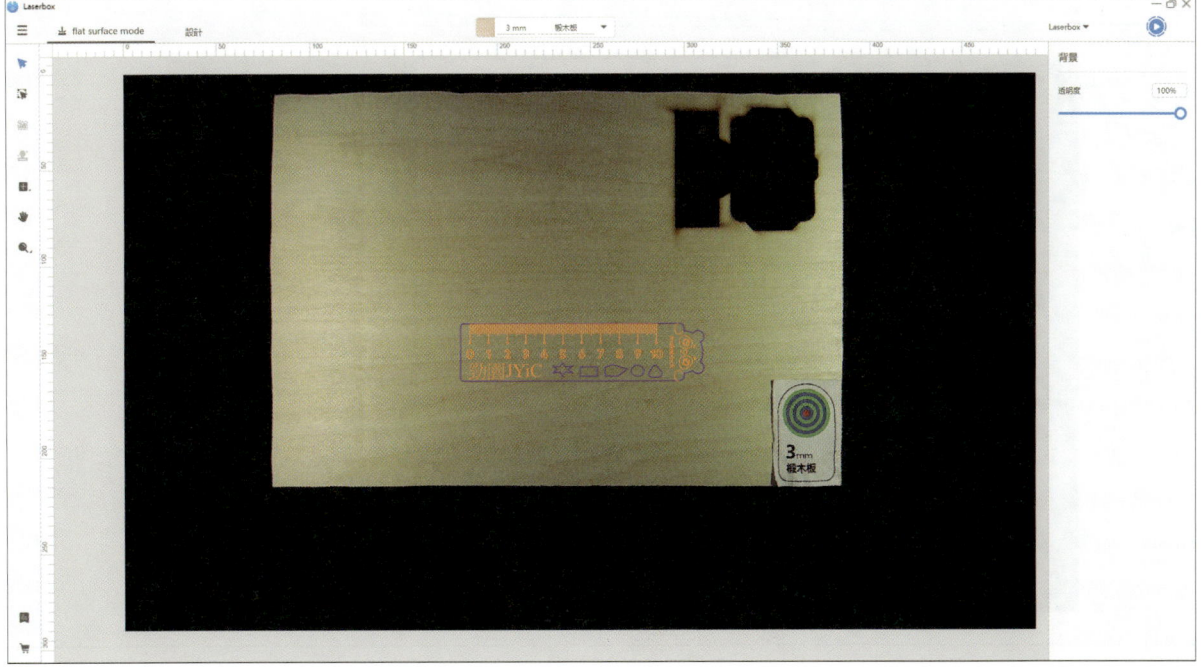

**Step 7** 將圖檔移動製版材邊緣，盡量增加板材的利用率，學習科技的同時也培養愛物惜物的素養。

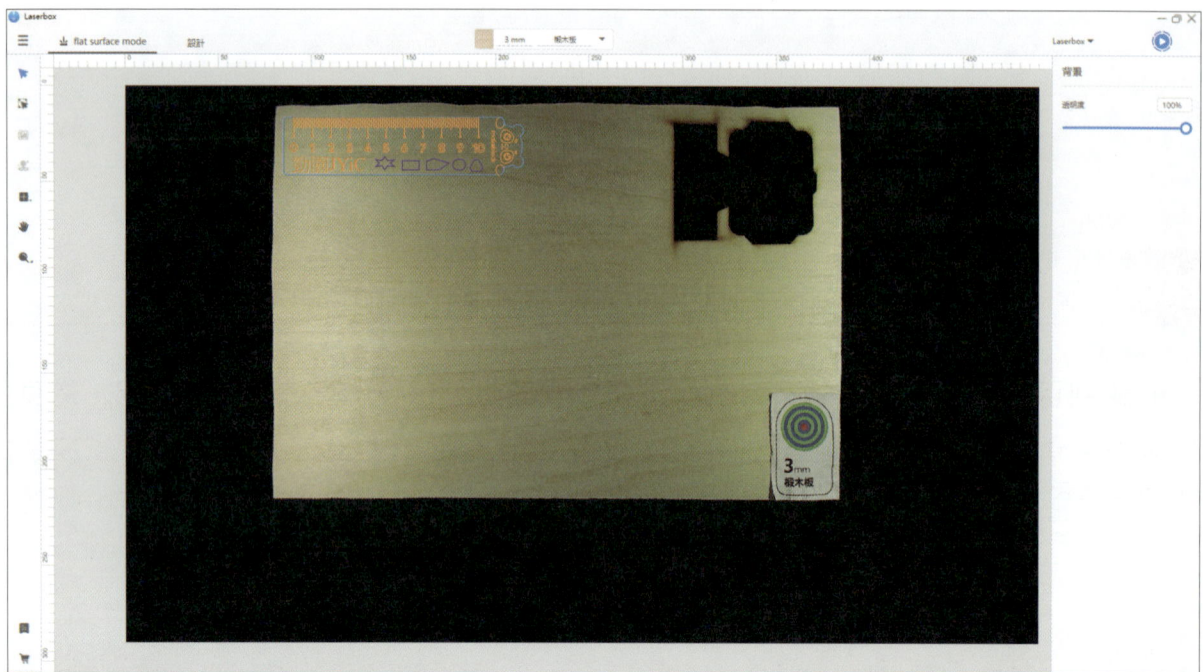

**Step 8** 確認圖檔內容與位置無誤後，點擊右上角的  圖案，按下發送按鈕，再按下激光寶盒上的啟動鍵。

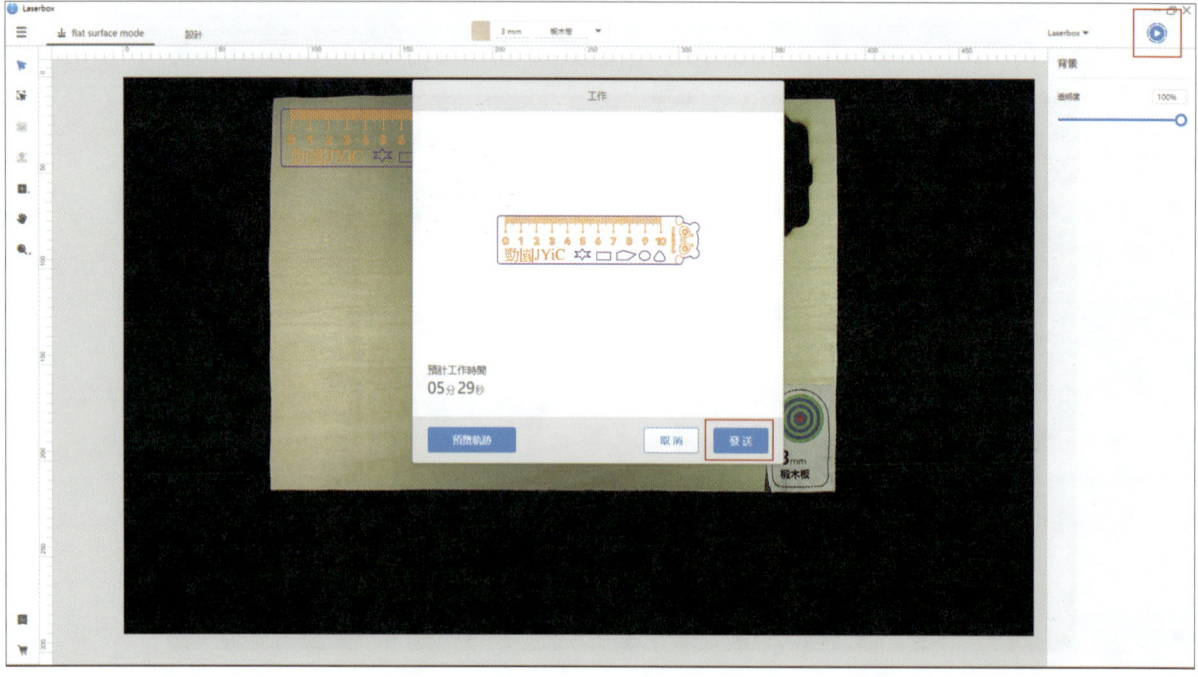

 **Step 9** 加工完成後取出作品，並試試看雷切尺的功能。

## 2-4 非官方板材與圖形提取

　　介紹到目前為止，對激光寶盒有一定認識的同時，想必也產生了許多疑問，常見的問題例如，我不想用官方的專用板材可以用自備的板材嗎？還有哪些材料可以用於雷射切割？我自己的字跡與畫畫可以放進雷切作品嗎？在網路上找到的圖案可以放進作品裡嗎？

### 一、使用非官方板材

　　廣義來說激光寶盒加工平台高度 22mm，去掉蜂巢板後高度是 52mm，任何放的進加工平台的材料都可以試試看，考慮使用的是 $CO_2$ 激光，只有非金屬才能吸收該波段激光的能量，也就是只有非金屬才有機會切斷，而經過陽極化處理的金屬表面，雷射離刻也會有紋路 ( 但切不斷 )。

　　考慮到安全性易燃易爆炸的材料就不要考慮，燃燒時會產生有毒致癌物質的材料，如塑膠、橡膠等就盡量不要用，非用不可加工時人員不要在旁邊，其實經過上述層層淘汰，剩下可用的材料幾乎官方都有提供。

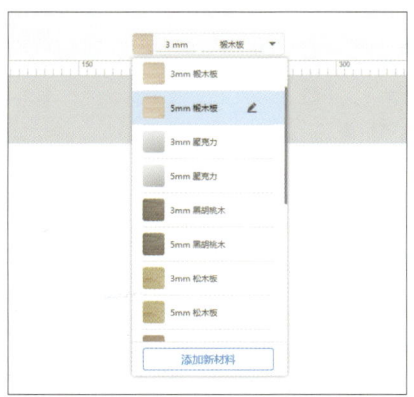

　　所有的官方專用板材，鏡頭在掃描的環形碼之前，就會自動設定切割與雕刻模式時，激光強度與雷射頭的移動速度參數，如果還是有使用非官方板材的需求，就需要自行添加新材料並設定上述參數。

26　雷射切割與 3D 列印結合應用秘笈 20 招

**Step 1**　點選畫面中上的材料庫，所有官方提供的板材數據都在這，點選「添加新材料」。

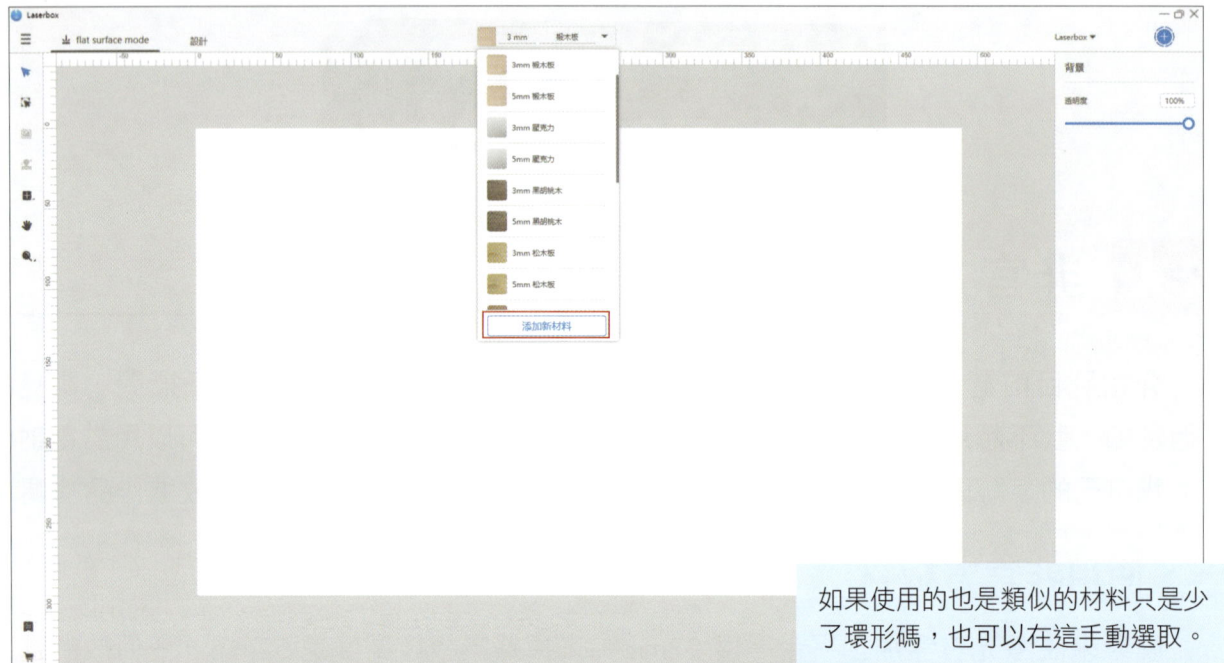

如果使用的也是類似的材料只是少了環形碼，也可以在這手動選取。

**Step 2**　輸入自備板材的名稱，並設定厚度以及四個參數，至於什麼樣的參數組合是最好的，這就需要使用者自己花時間測試了。

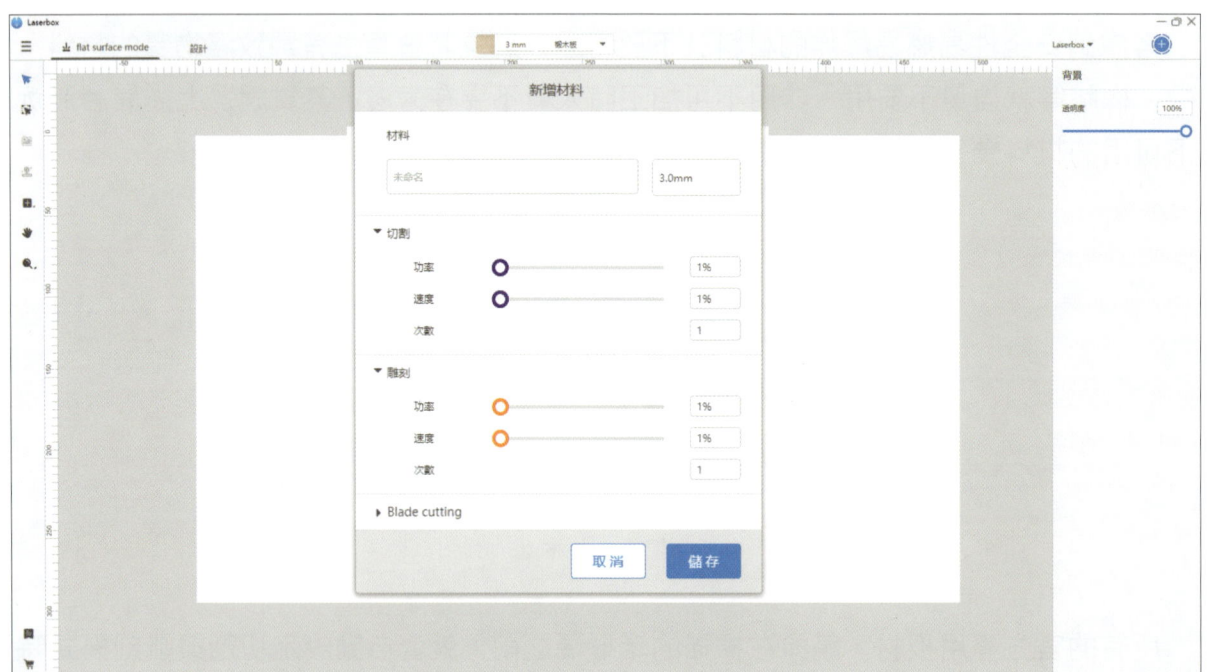

設定完成後,就會在材料庫的最上方出現自定義的材料。

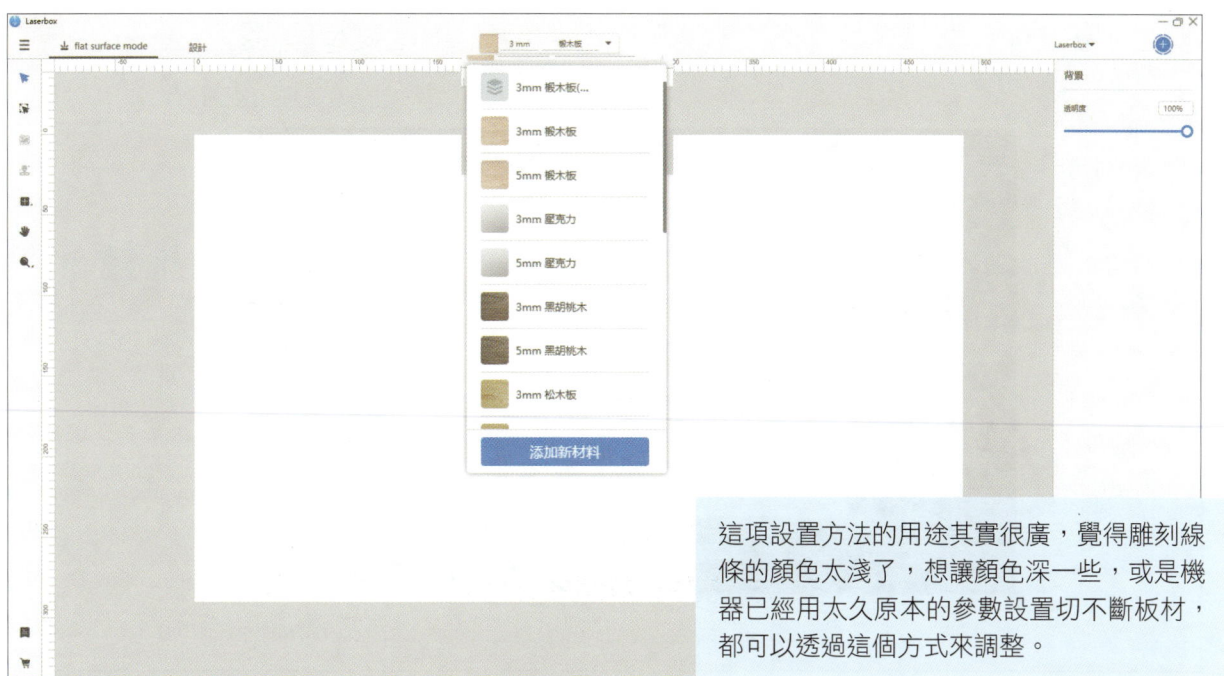

這項設置方法的用途其實很廣,覺得雕刻線條的顏色太淺了,想讓顏色深一些,或是機器已經用太久原本的參數設置切不斷板材,都可以透過這個方式來調整。

原則上想讓板材刻深一些,就是加強功率、降低速度,反之想刻淺一些則降低功率、加快速度,由於調整功率會增加激光管的負荷,因此想調整加工效果先以調整速度為主。

## 二、實體圖形提取

前一節介紹過的所畫即所得功能雖然簡單方便,但是畫什麼樣加工出來就是什麼樣,沒有任何縮放、裁切等調整的空間,有了實體圖形提取的功能,就能從鏡頭拍攝到的畫面抓取圖案。

**Step 1** 在一張白紙上用黑色麥克筆畫出任何圖形，將紙放進激光寶盒中，並將電腦與設備連線。

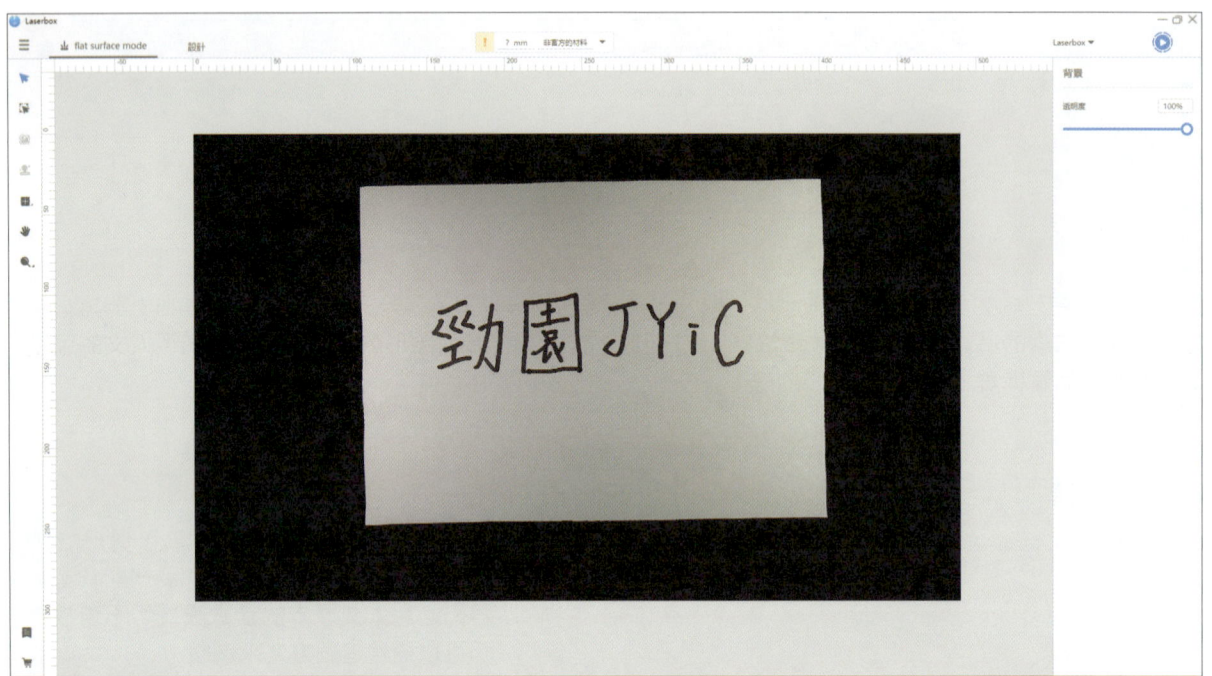

**Step 2** 點擊左側的 圖案，並框選出想提取的圖案，被提取出來的圖案以橘色呈現。

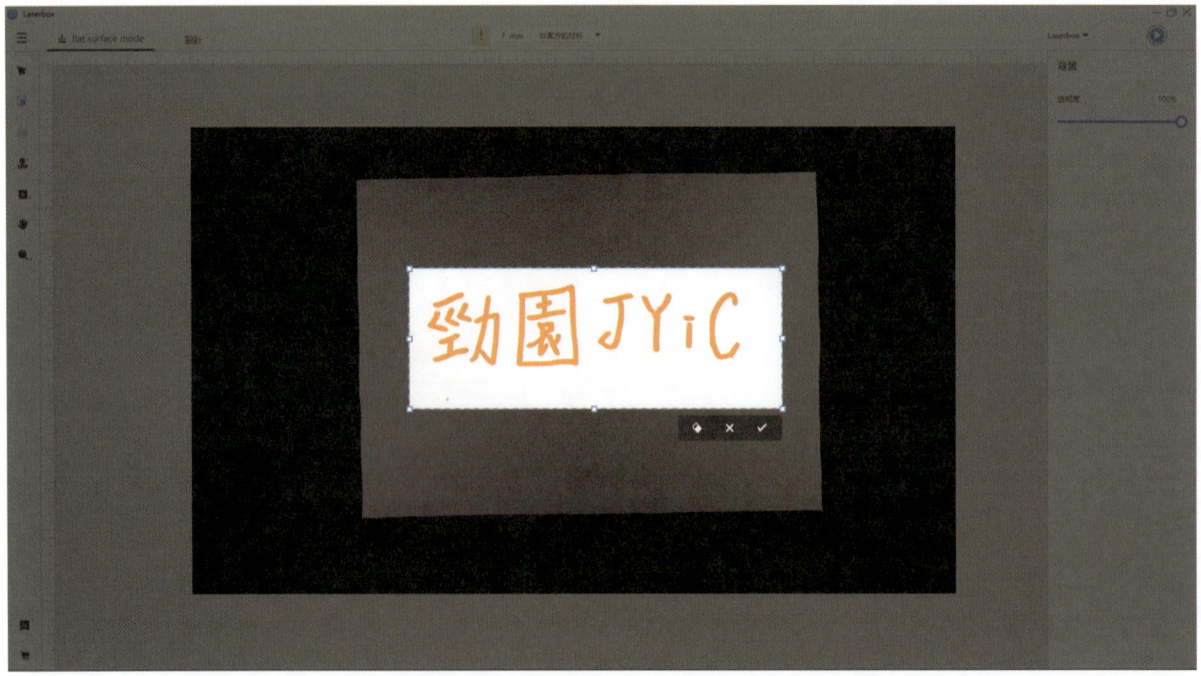

**Step 3** 可做進一步的設計，或簡單加個外框加工出來。

這項功能必須滿足雷切設備中有鏡頭，並且還要有 AI 圖形辨識兩項先決條件，可說是 Mackblock 的黑科技，能夠提取書法家的墨寶、抑或是藝術家的名畫，讓原本充斥冰冷幾何圖形的設計，瞬間充滿了人文的溫度，更讓雷切作品有機會上升到藝術層次。

## 三、圖檔輪廓提取

除了從實體的圖文提取圖形，在網路上找到的圖片也可以放進雷切作品中，原本就是數位檔案載入還更為方便。

 **Step 1** 首先當然是要在網路上找到喜歡的圖案，並下載到桌面。
例如這隻可愛的小老虎。

**Step 2** 直接將圖檔拖進工作區，圖檔會轉成橘色有深有淺的圖形，接著點選左側的 輪廓提取。

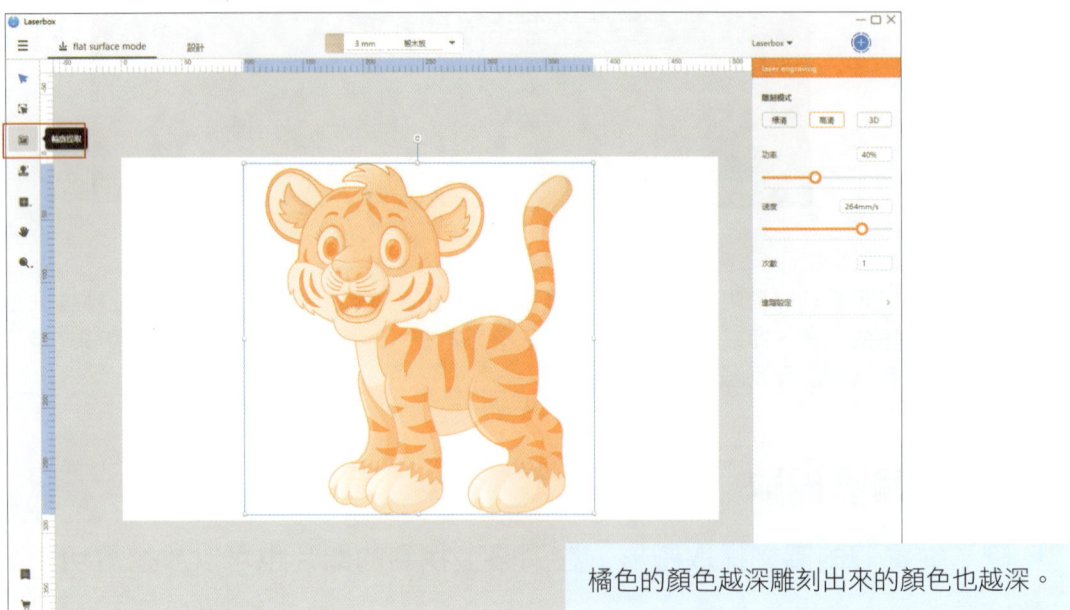

橘色的顏色越深雕刻出來的顏色也越深。

**Step 3** 第一次勾勒出來的輪廓線是橘色的，點選到輪廓線再點擊右側的 laser cutting，轉成紫色線表示為切割模式。

**Step 4** 調整大小後直接加工出來。

事實上，在圖檔載入軟體之後，即便沒有提取出輪廓，也一樣能加工出深淺灰階的效果，結合前面的實體圖形提取功能，就可以做出可愛的卡通書籤，或是文藝氣息滿滿的水墨書籤。

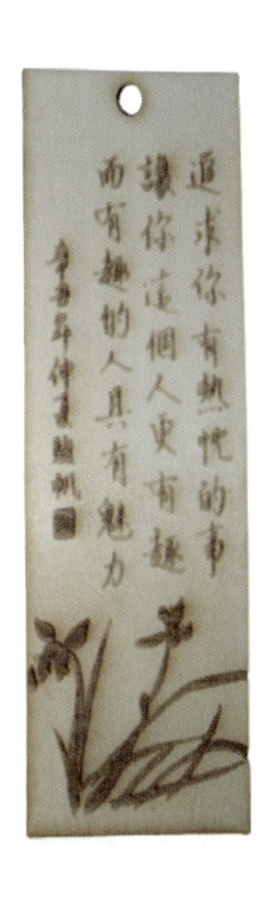

# note

# LibreCAD 雷切商品設計

# 3

3-1　認識 LibreCAD
3-2　簡易收納盒製作
3-3　圖層系統與描圖
3-4　卡通立牌製作
3-5　雷切陀螺設計
3-6　作品商品化
3-7　室內設計套件組裝

## 3-1 認識 LibreCAD

　　所謂創客素養除了有藝術 (Art) 的美感還要有工程 (Engineer) 的嚴謹，前一章介紹了使用激光寶盒搭配 LaserBox 的應用，能夠製作出來的作品已經很精彩，他們共通點是都只是單一片的形式，沒有兩個以上組裝的結構，在尺寸規格上也較為隨興，很難清楚的控制每個線條的長度、每個節點的位置，兩個雷切零件要能夠組裝，精準的製圖工具是尤其重要的。

　　為此介紹一款免費且開源的 2D 製圖軟體 LibreCAD，除了直線、圓弧、橢圓等各式各樣的繪圖工具外，還有多種對齊模式 (Snap Mode)，能夠精準的控制線段的長度、圓弧的角度、節點的位置等等，圖型的所有細節盡在掌握之中。

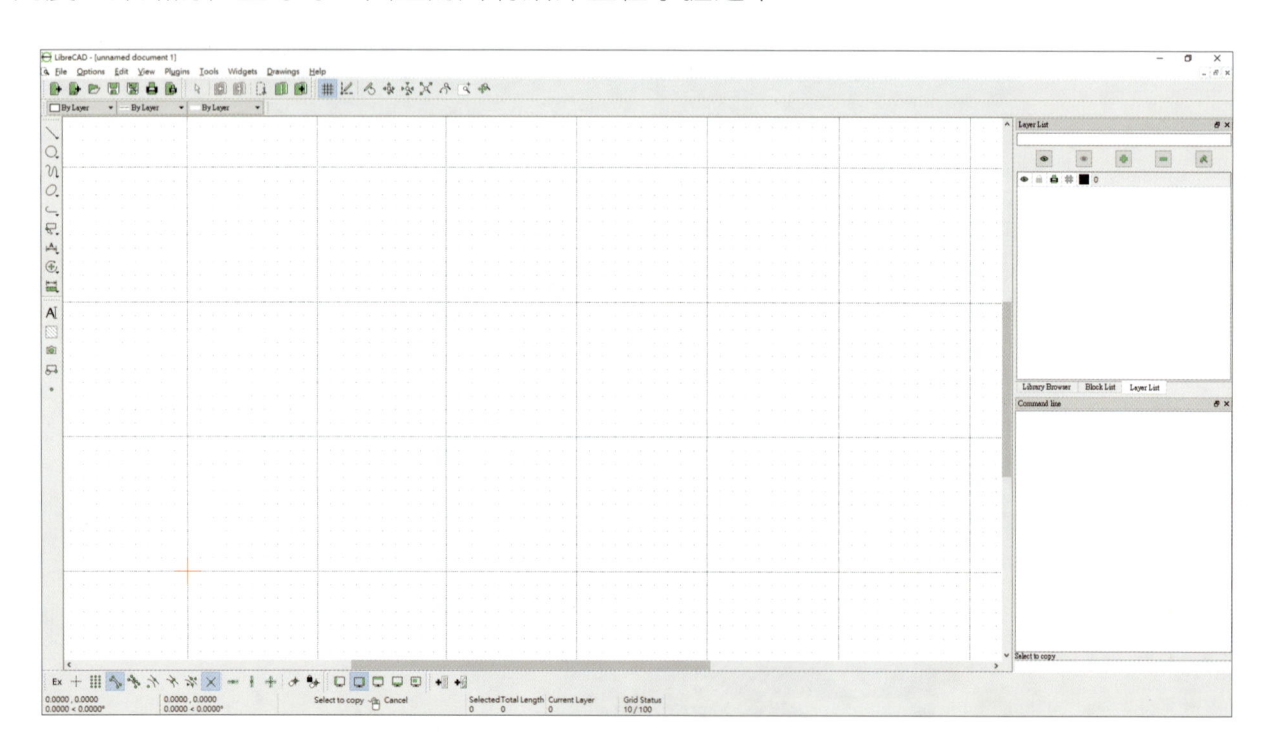

## 一、軟體下載與安裝

**Step 1** 進入 LibreCAD 官網 https://librecad.org/，點擊右上角 Download 進入下載頁面。

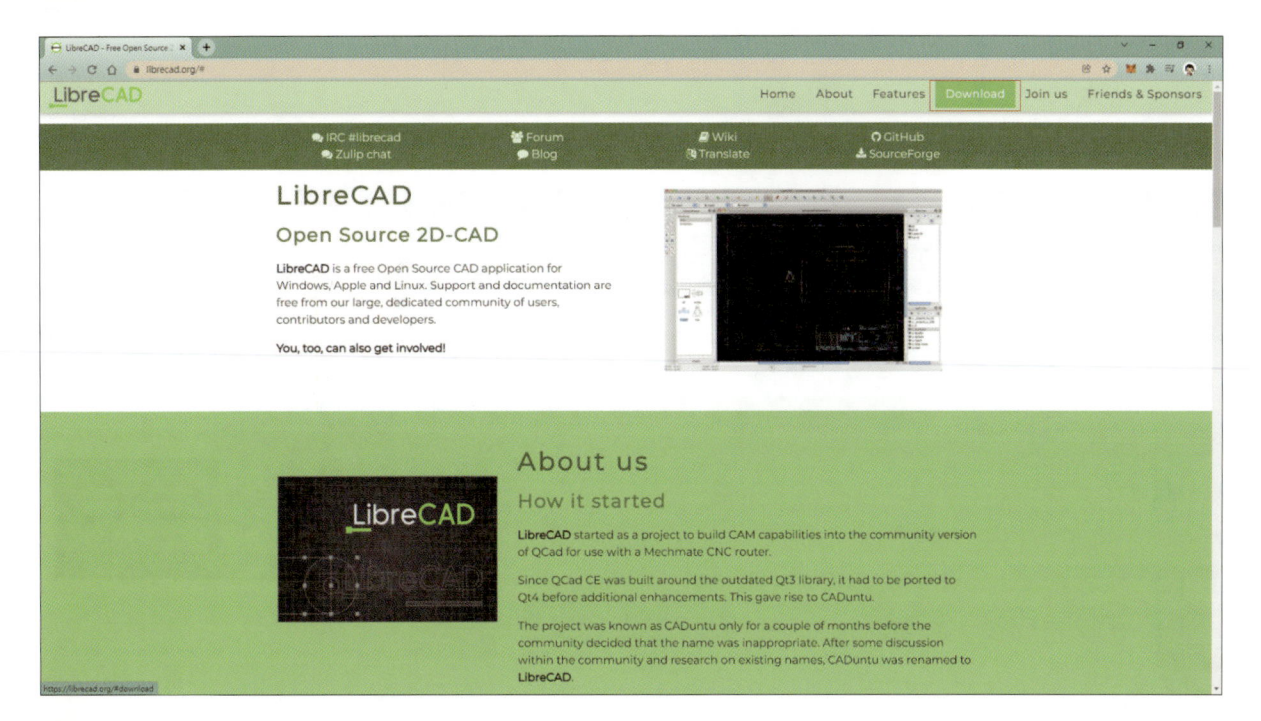

**Step 2** 點擊對應作業系統版本的 from SourceForge 連結，進入 SourceForge 網頁。

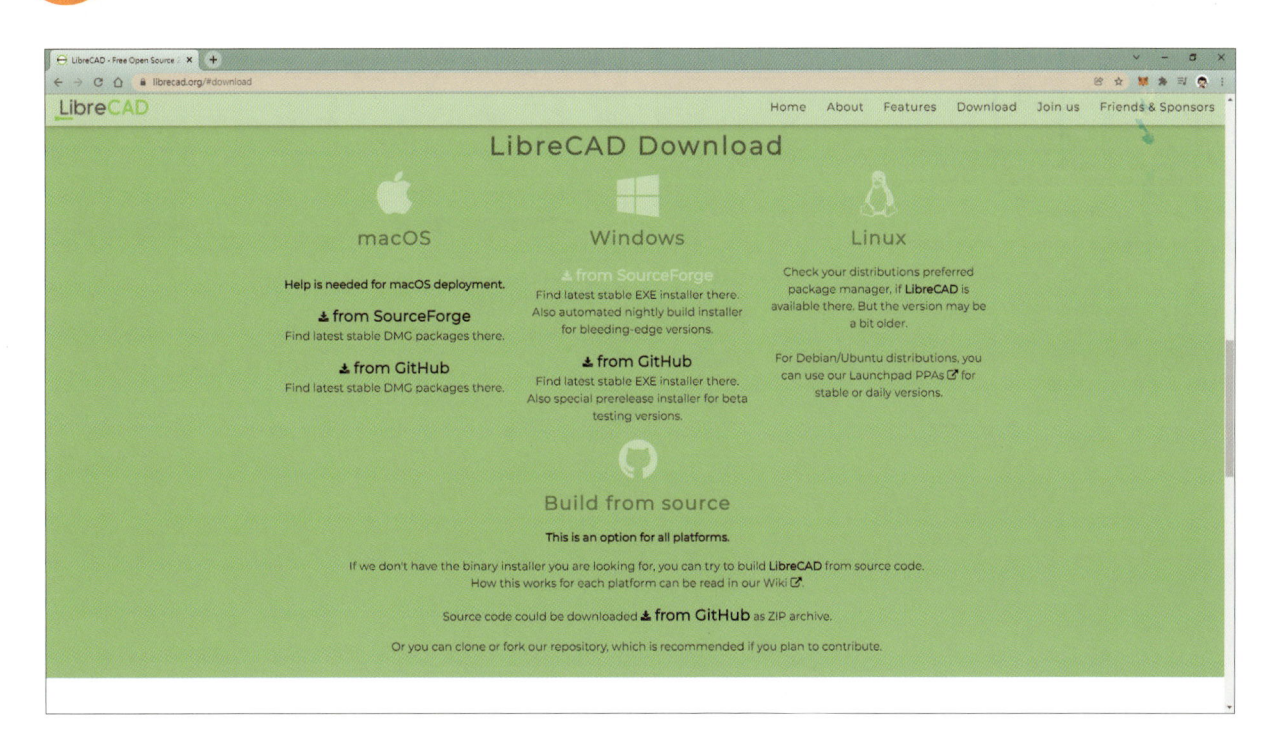

**Step 3** 點擊 Download Latest Version 下載最新版本，

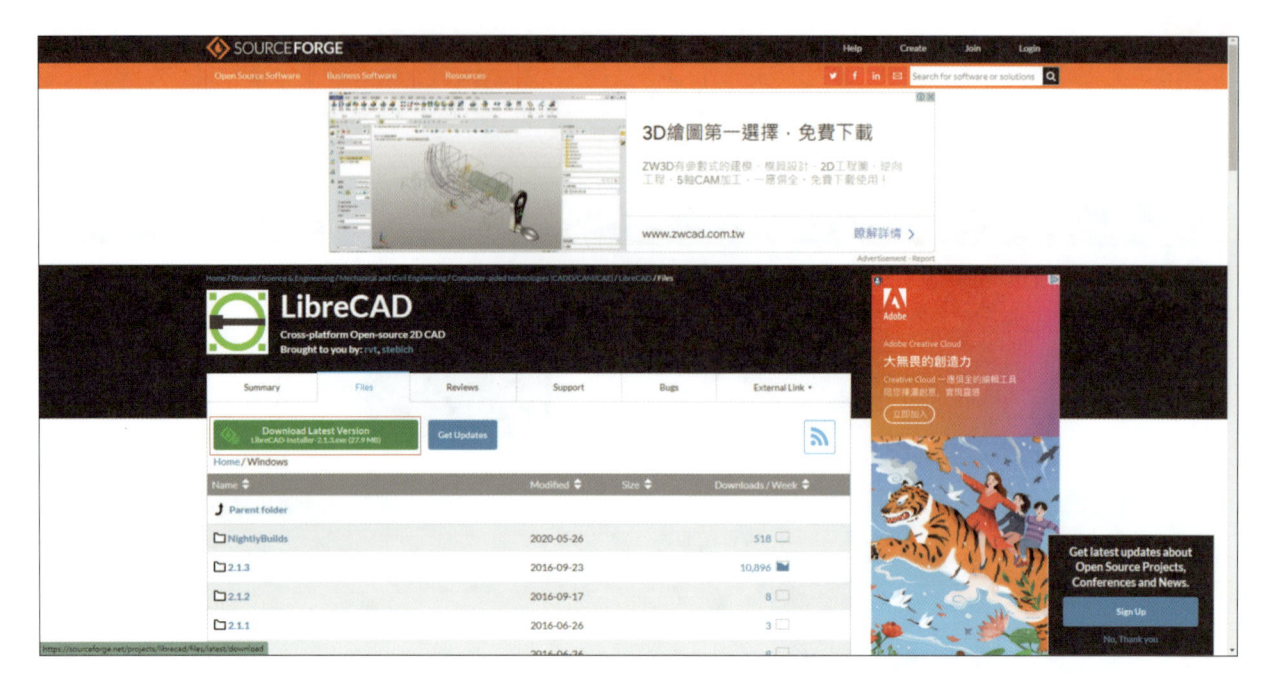

**Step 4** 下載完成後，點擊 LibreCAD 安裝檔進行安裝。

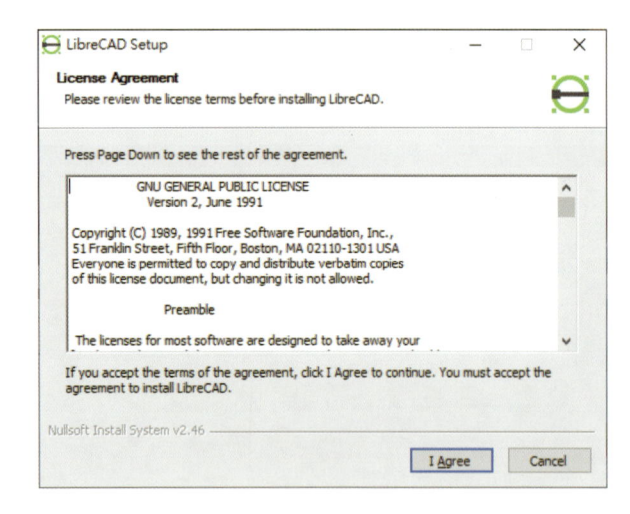

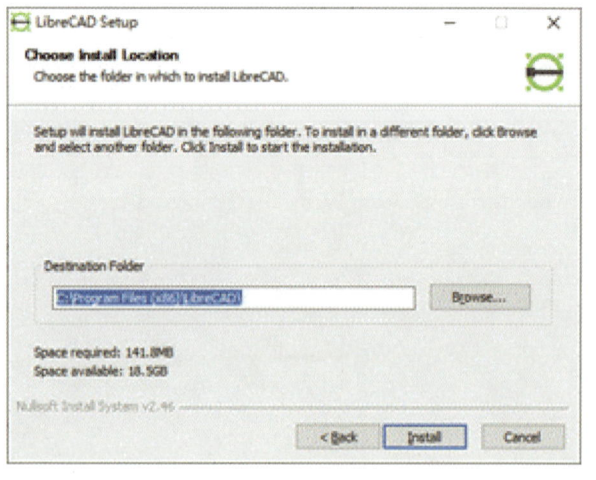

**Step 5** 安裝完成點擊 Close 關閉安裝程式，並開啟 LibreCAD 軟體。

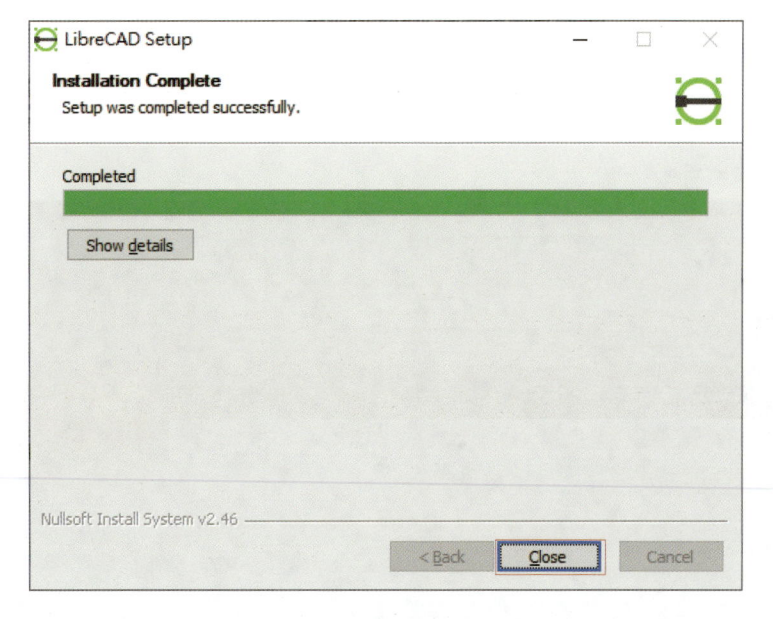

**Step 6** 第一次開啟會需要設定視窗，不須更動直接按 OK，預設單位 (mm)、語言為英文。軟體中幾乎所有工具都有圖示，讀者不必對英文介面太過焦慮。

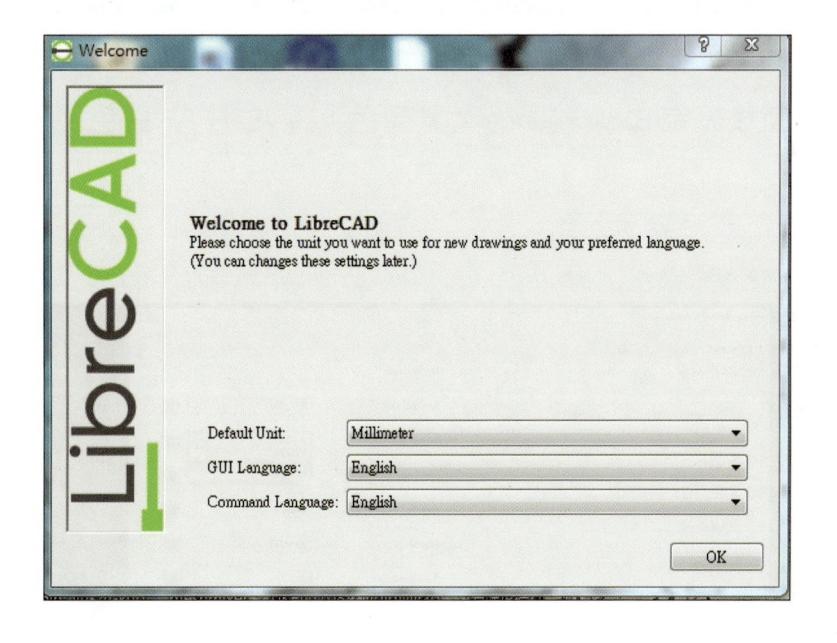

**Step 7**　預設的顏色配置為黑底白線，點擊左上角 Option > ⚙ Application Preference，視個人使用習慣可調整成白底黑線。

如果習慣黑底白線的介面到這裡就安裝完成了。

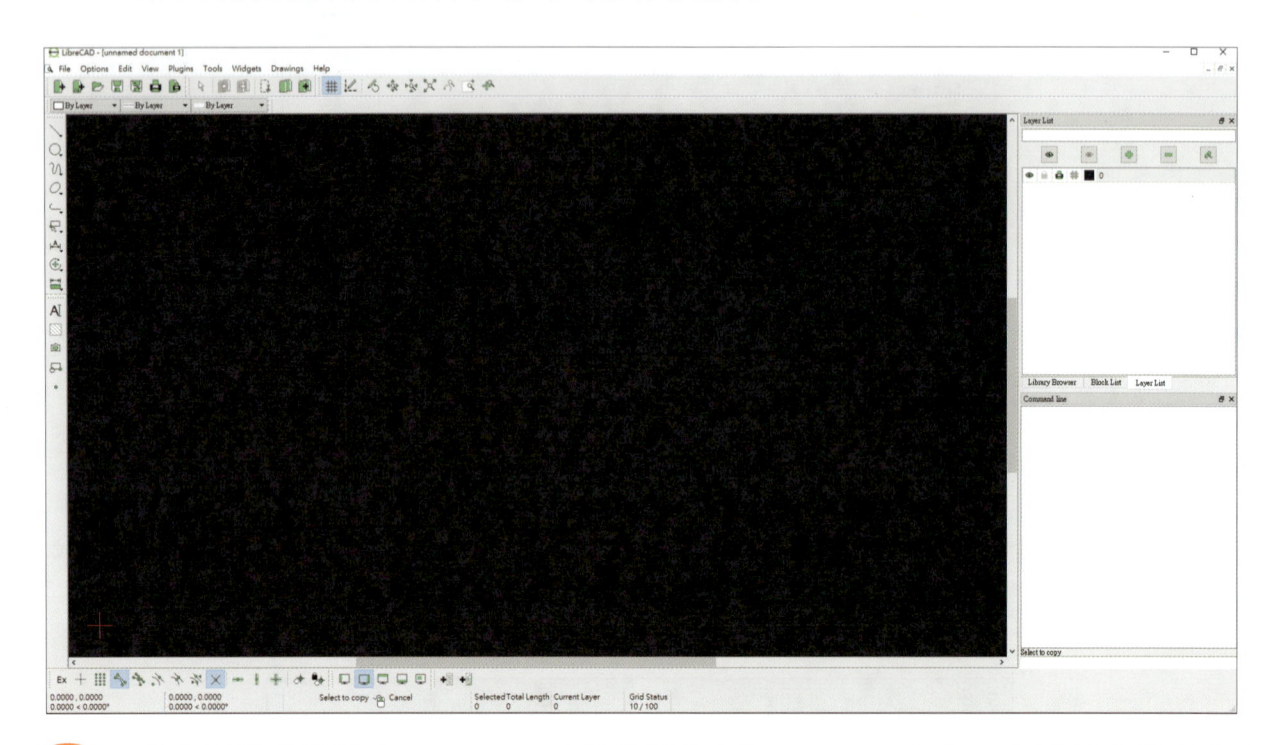

**Step 8**　跳出子視窗後設定 Background（背景顏色）為 #FFFFFF 白色，介面就會變成白底黑線。

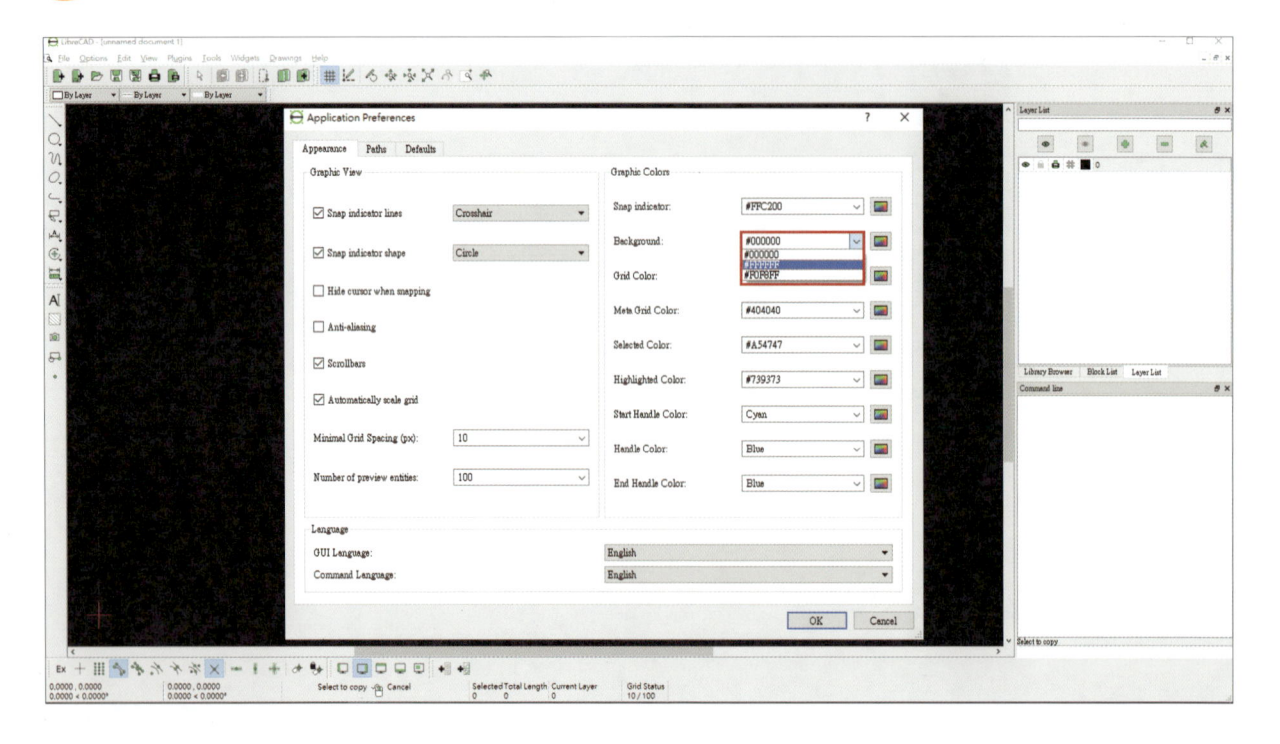

**Step 9** 線段顏色自動調整成黑線，介面就會變成白底黑線，到這裡就安裝完成了。

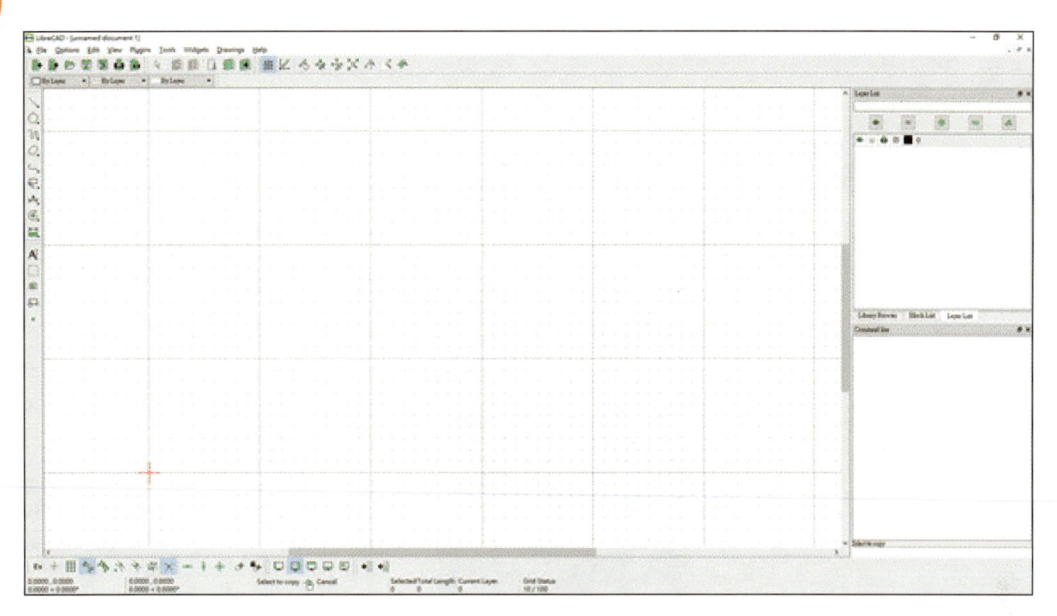

## 二、軟體操作簡介

　　學習任何一款軟體，無論是文字、影音等等的編輯器，都不是翻開軟體參考書從頭讀到尾，熟記每個功能之後才開始做應用，在這之前你早就崩潰暈倒了，筆者自己也不敢說已經透徹了解軟體的每個功能。

　　而是先瞭解個大概，設定一個最簡單的目標，用軟體裡最初階的功能達成他，做出一點小成果得到成就感，支撐起自己繼續學習下去的動力，然後逐漸提高作品的複雜度，學習進階功能的用法，逐漸加深對該軟體的熟悉度、精進使用上的技巧。

　　因此接下來對該軟體的介紹，也不是對面板上各個功能事無鉅細的講述，而是針對初學者必須知道的內容挑重點講。

### (1) 滑鼠用法

左鍵：操作各個製圖工具關鍵點的落點，例如線段的起點、終點，或拖曳框選目前畫出的線段。

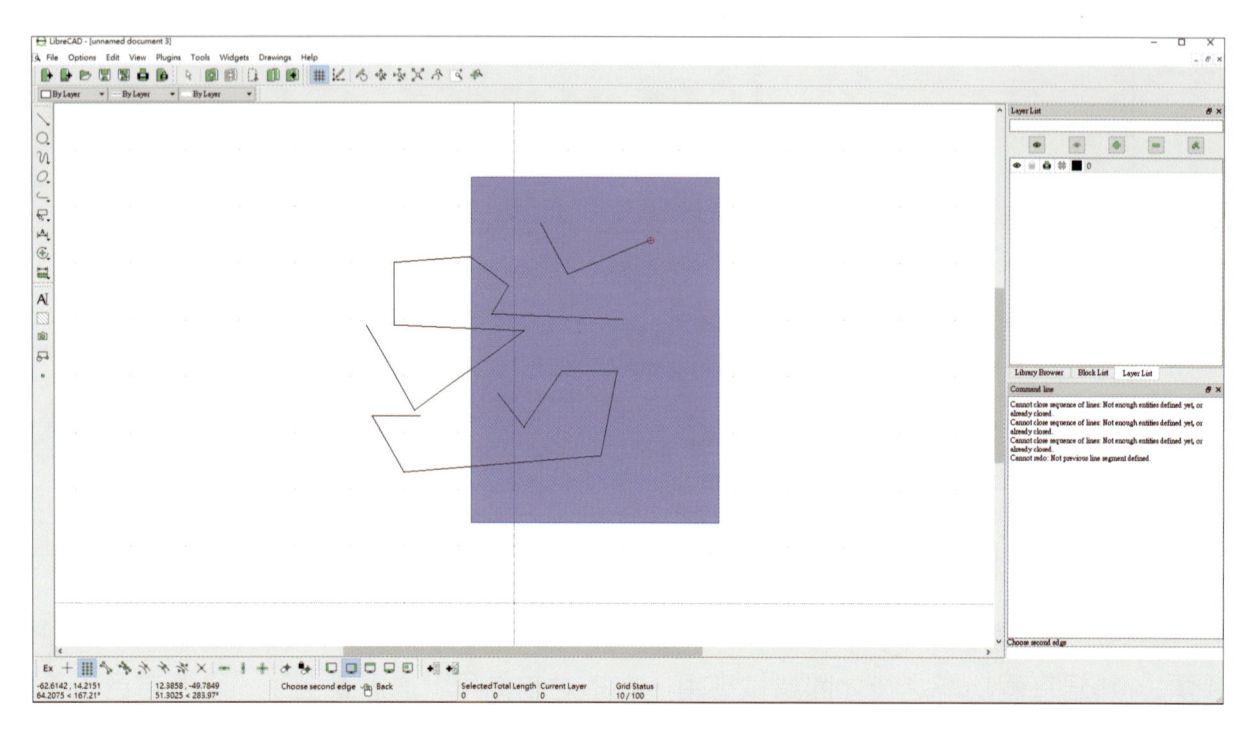

按滾輪：拖動整個工作區。

轉滾輪：縮放工作區的比例 ( 不要一下轉太多，會迷失尺寸 )。

右鍵：暫停、停止操作製圖工具，或顯示之前用過的工具。

沒在使用工具時，對編輯區按右鍵會跳出列表，顯示之前使用過的工具，是非常實用的小功能。

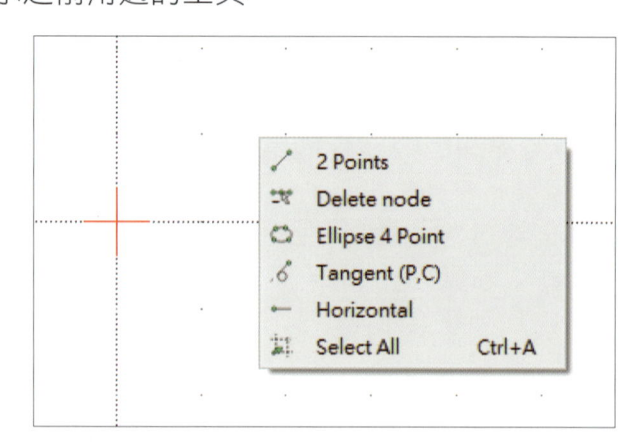

### (2) 鍵盤 Esc

整套軟體並沒有非記不可的快捷鍵功能，唯一會用到的只有 Esc 鍵，用於取消選取被左鍵框選到的線段，或暫停、停止操作製圖工具，此功能與滑鼠右鍵相同。

(3) 製圖工具列 - 左側

所有的製圖工具都集中在這，包含直線、圓、曲線、橢圓等類別，每個類別點開才是個別的工具，看不懂英文別緊張每個工具都有小圖標，可以順便學新的單字也很好。

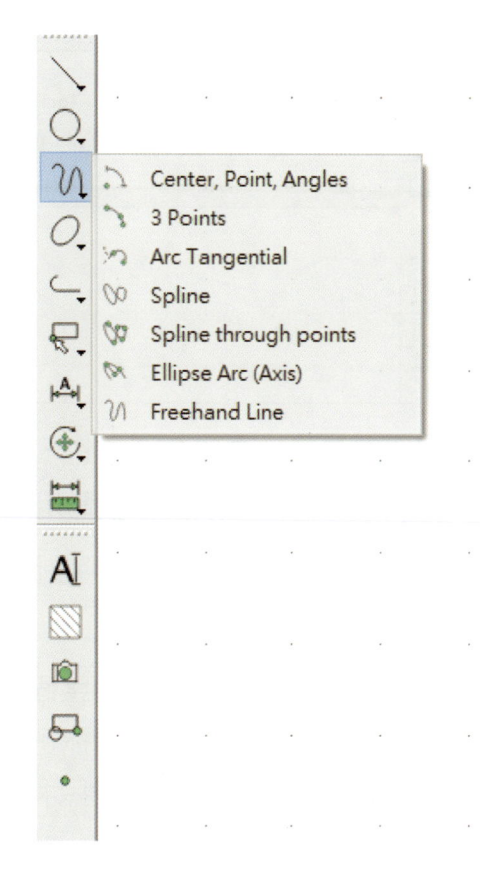

(4) 對齊模式列 - 左下

包含磁吸模式在內，這區的圖標不要亂點。

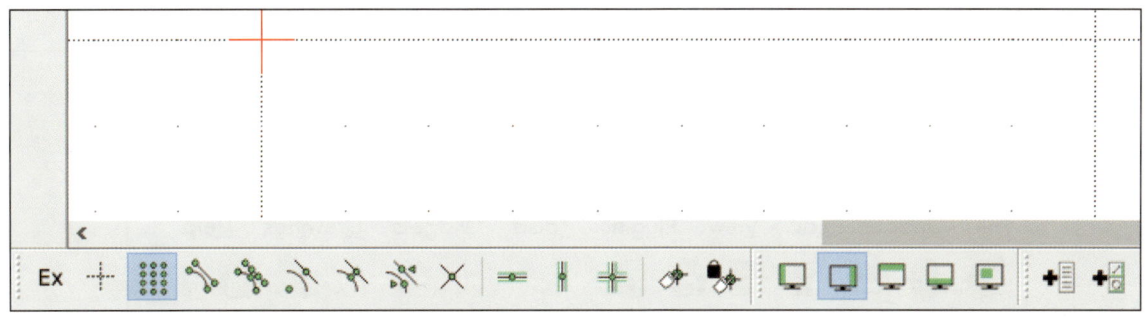

靠左側的 9 個圖標是各種對齊模式，稱之為磁吸模式可能形容的更為貼切，包含網格、端點、交點之類的磁吸，雖然不是實際畫出線條圖型的工具，但卻是製圖能精準的靈魂所在，不同的磁吸模式對製圖工具的用法有巨大的影響。

(5) 通用工具列 - 左上

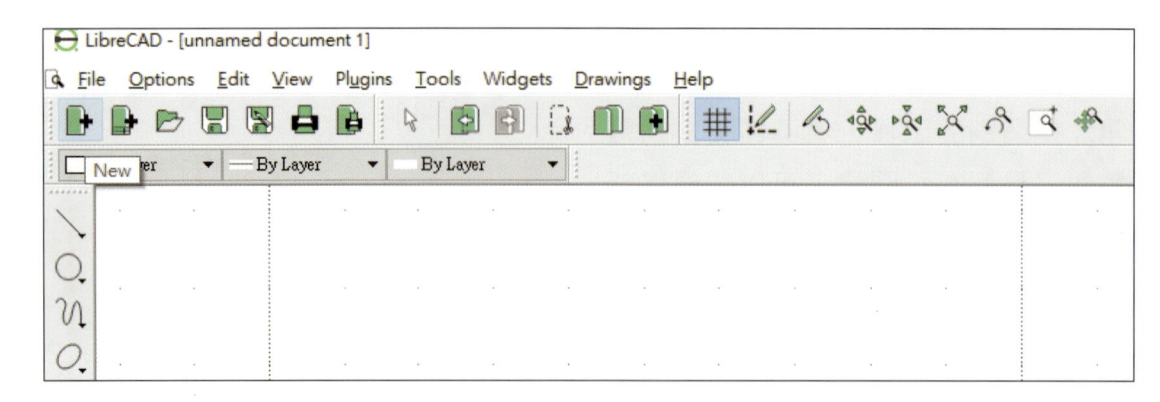

在這一區包涵文字與圖標按鈕，當中最常用的只有 File 這個類別，用於開啟新舊檔案、儲存檔案等功能，跟其他軟體用法都一樣。

另外就是在此區中間的 ⊞ 網格圖標，表示開啟 / 關閉網格線，永遠保持開啟就對了。

如果你在繪圖的過程中突然整個編輯區變空白，之前畫的東西都消失了，那你可能是點到了左上角的 開啟新檔圖標，這時不要緊張點擊右上角的還原視窗。

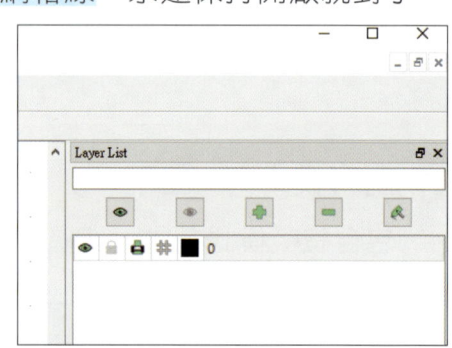

你之前做的東西還在第一個視窗裡，把這個視窗放大回來就好了。

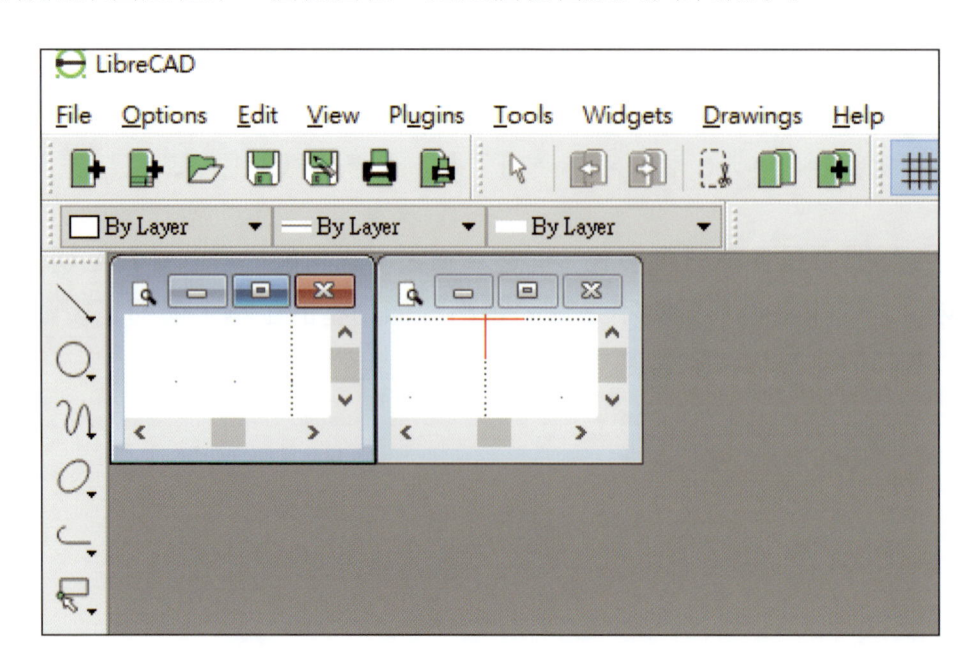

## (6) 工作區 - 中央

最後是中間最大塊的工作區，有開啟顯示網格就會看見畫面中，出現虛線與大量的小點，虛線表示粗網格、小點為細網格，細網格的間距是粗網格的 1/10，例如粗網格一格是 1cm，細網格就是 1mm。

紅色十字是整個工作區的原點位置，無論當下工作區的比例為何，它的大小都不會變，通常製圖實讓他落於左下角。

啟用製圖工具後游標在工作區移動，會有一橫一直兩條黃色虛線跟隨在旁邊，但交點不一定會完全等同游標的位置，他標示滑鼠左鍵點擊時實際作用的位置，磁吸模式的效果就是作用在他身上，網格磁吸的模式下，黃色準心會吸附在離游標最接近的細網格點上。

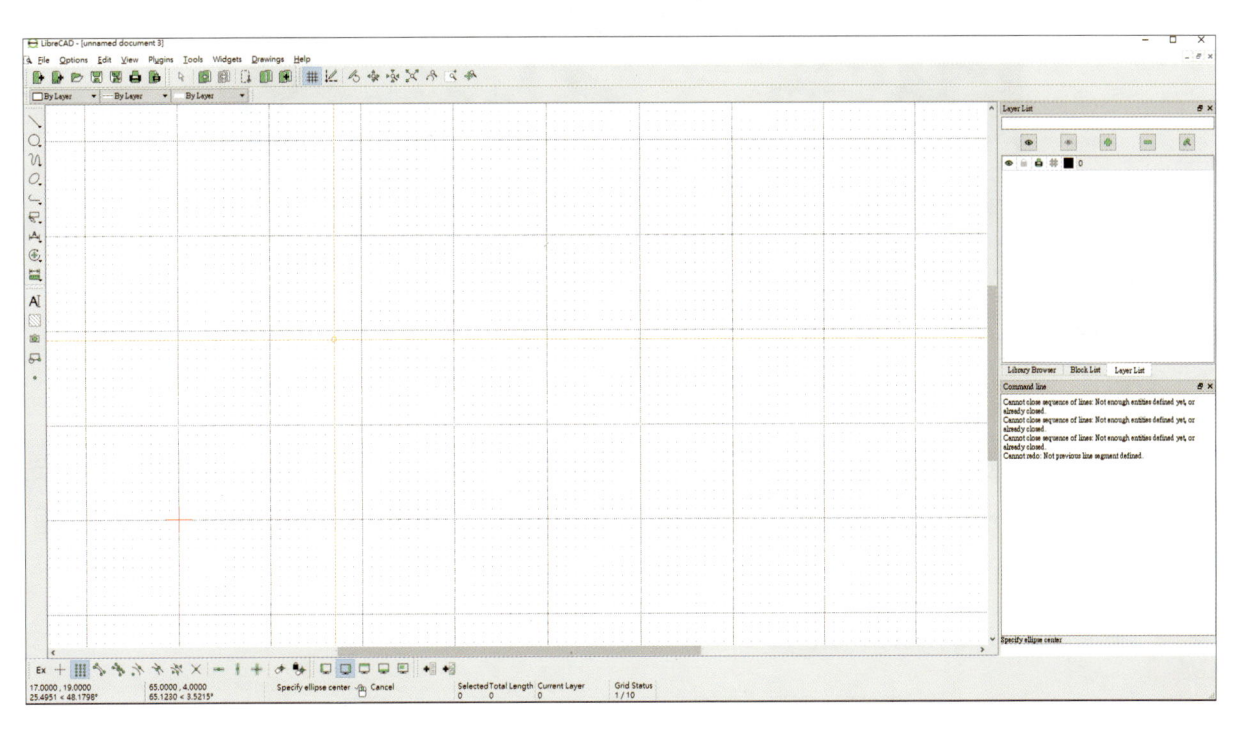

簡單了解以上內容就可以準備來畫第一個作品了。

## 3-2　簡易收納盒製作

　　使用 LibreCAD 製作的第一個作品，是一個用 3mm 厚板材製作的簡易收納盒，整個流程分成上蓋製圖與箱體組裝兩個環節，上蓋沒有現成的輪廓圖檔，需要由讀者按照既定的規格自行繪製，並添加客製化的外觀；而箱體的部分有提供圖檔，讀者自行加工出來後按照步驟組裝，與上蓋組合成完整的收納盒。

### 一、校正比例

　　前一節提到過不要隨意轉動滑鼠滾輪，尤其是在畫面完全空白的時候，轉來轉去畫面上看起來都是一堆網格、網點，但比例已經完全跑掉了，一條線畫上去可能是幾公里，也能是幾奈米，所以製圖的起手式都是要先確認比例。

**Step 1**　確認磁吸模式只有開啟 ⊞ Snap on grid 網格磁吸。

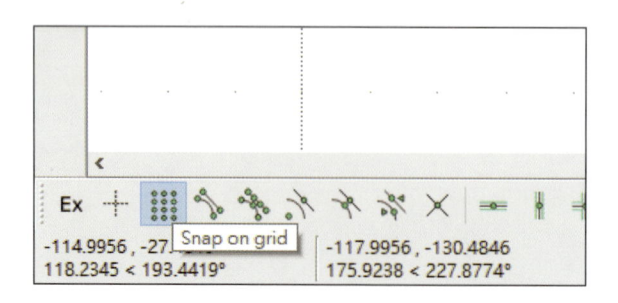

**Step 2**　點選製圖工具第一類裡的水平 Horizontal。

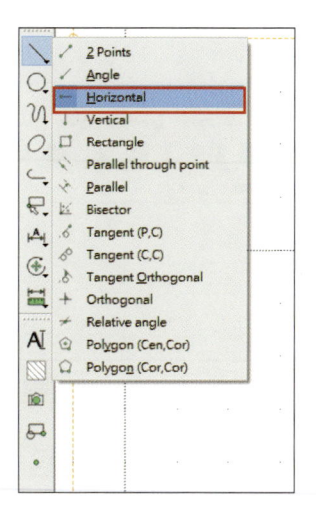

**Step 3**　確定 Length 的參數為 10mm ( 預設單位 )，即一公分。

啟用一個製圖工具後，編輯區上方會彈出關於此工具可設定參數的欄位。

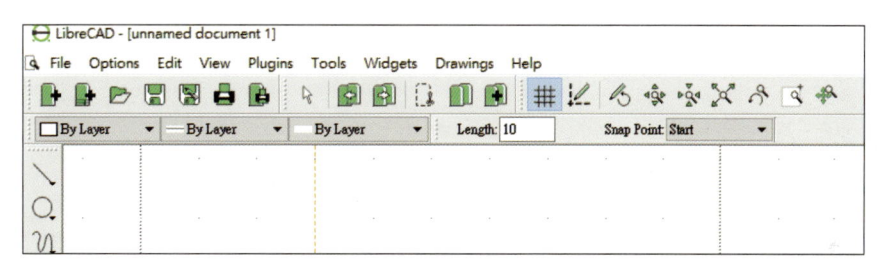

**Step 4**　把游標移到工作區，直接左鍵點在紅色十字的附近，出現一個紅圈加一條黑色橫線，這條橫線就是一公分長。

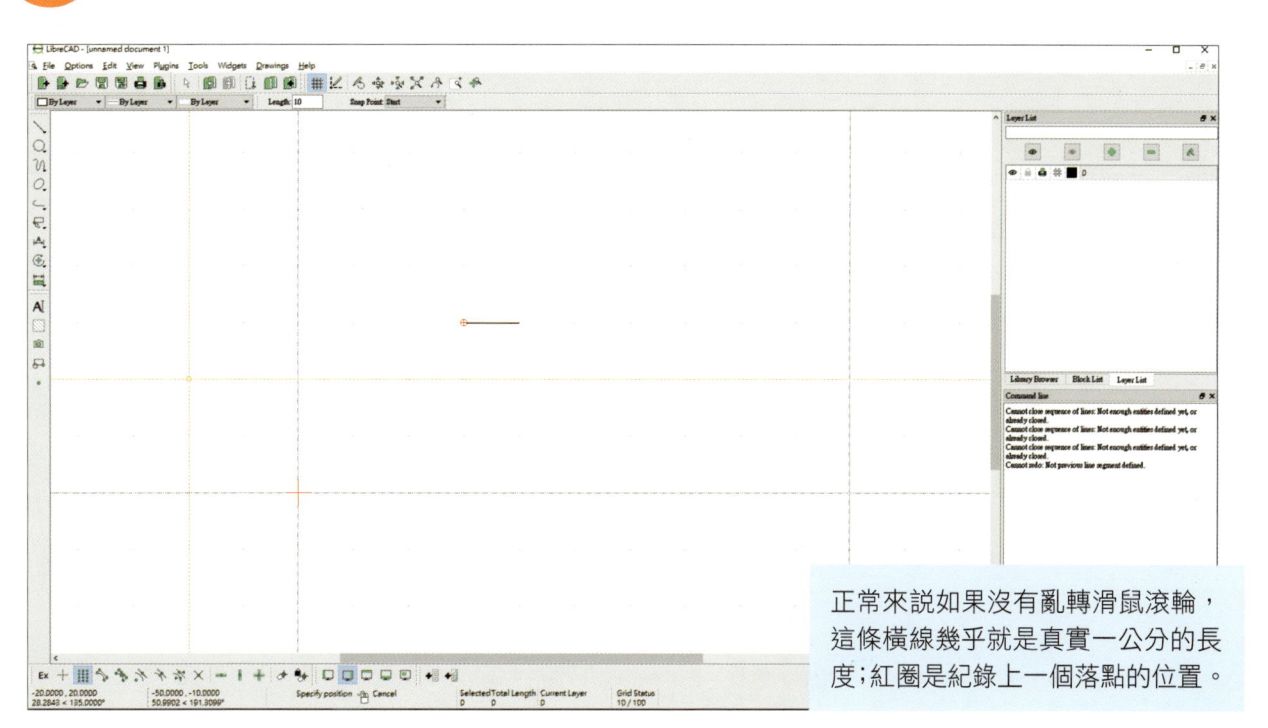

> 正常來説如果沒有亂轉滑鼠滾輪，這條橫線幾乎就是真實一公分的長度；紅圈是紀錄上一個落點的位置。

**Step 5** 如果出現的線看不到結尾，表示工作區比例拉太大，或只靠到紅點看不到線，表示工作區比例拉太小，點擊工作區上方的 Auto Zoom 功能。

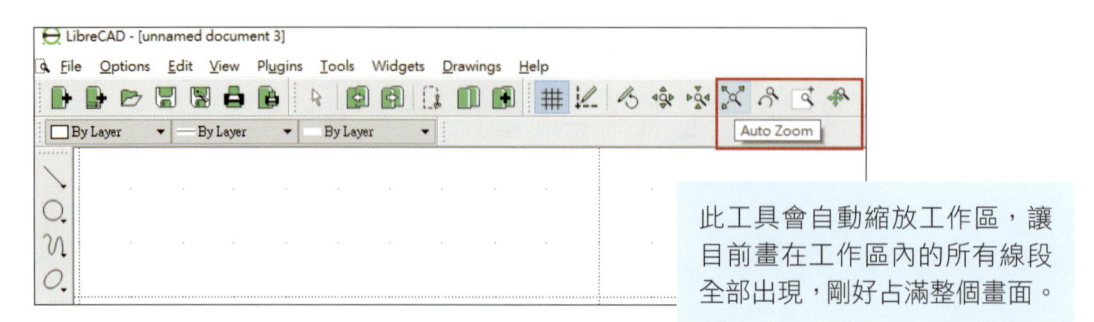

此工具會自動縮放工作區，讓目前畫在工作區內的所有線段全部出現，剛好占滿整個畫面。

**Step 6** 適度轉動滑鼠滾輪，使得畫出來的 1cm 橫線，剛好是粗網格的間距，細網格點的間距代表 1mm，並且可以看到 10 格左右的粗網格，這是最適合製圖的比例。

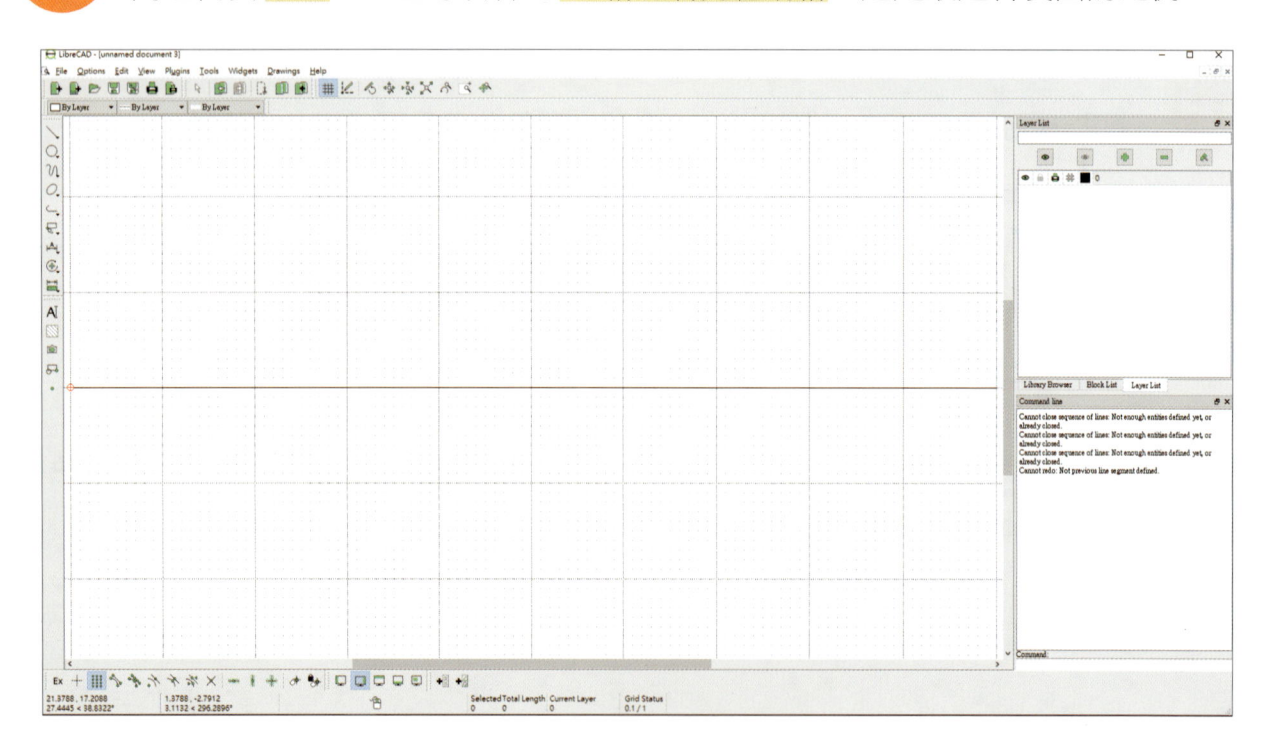

## 二、繪製上蓋

**Step 1** 選用第一類直線工具中的 2 Points。

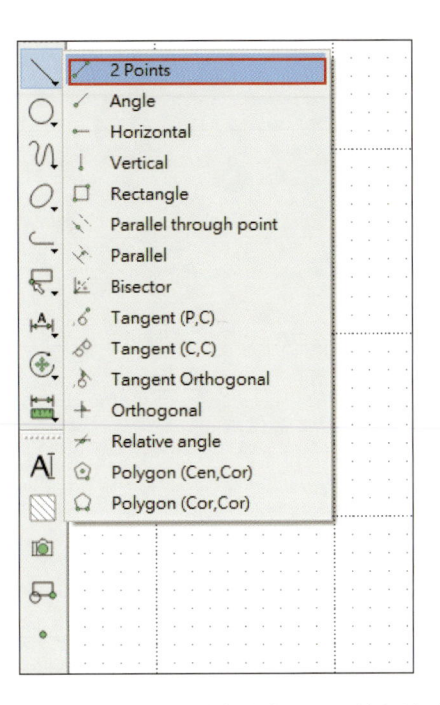

**Step 2** 在工作區簡單測試 2 Point 功能,測試完框選測試線段並刪除。

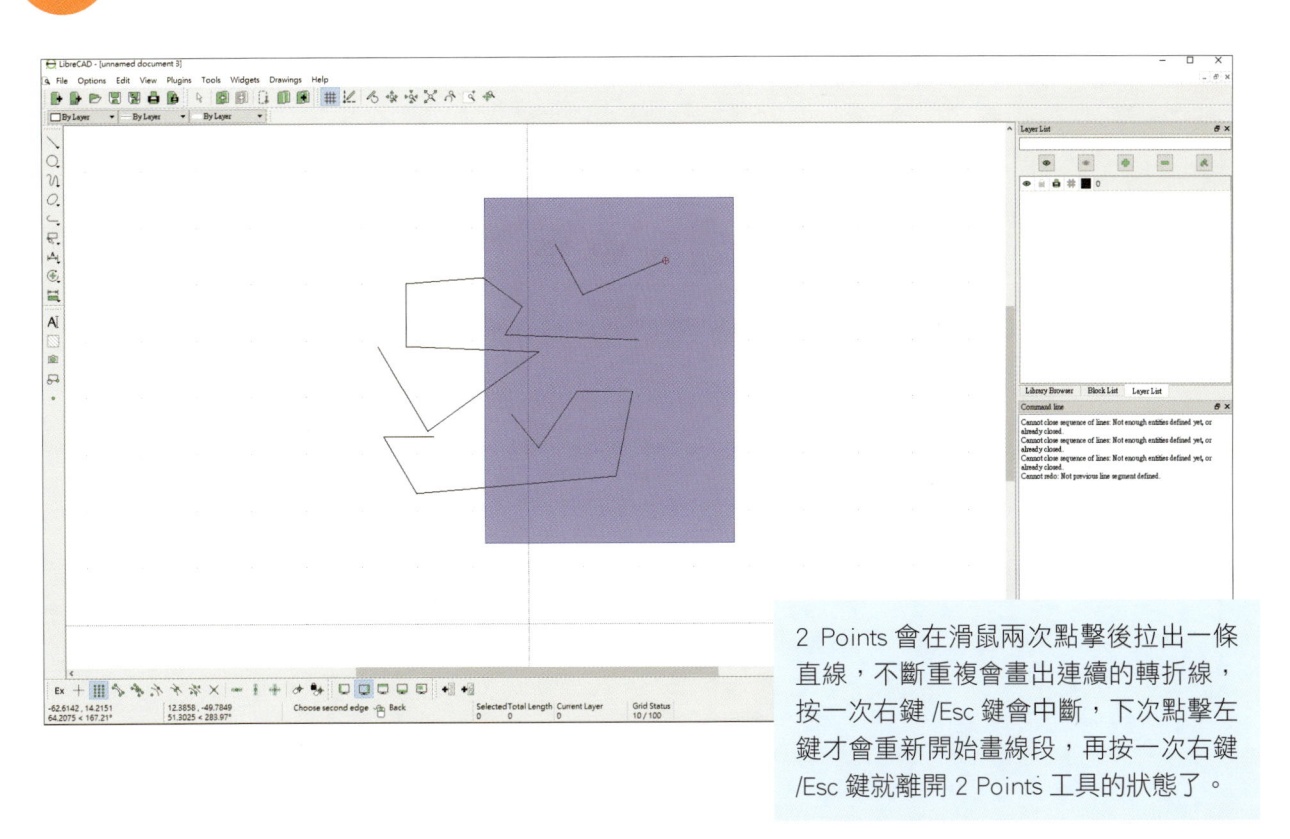

2 Points 會在滑鼠兩次點擊後拉出一條直線,不斷重複會畫出連續的轉折線,按一次右鍵 /Esc 鍵會中斷,下次點擊左鍵才會重新開始畫線段,再按一次右鍵 /Esc 鍵就離開 2 Points 工具的狀態了。

**Step 3** 按照圖中的黑線畫出一模一樣的形狀,請仔細觀察每個線段的長度。
每個長度標註數字的單位為 mm

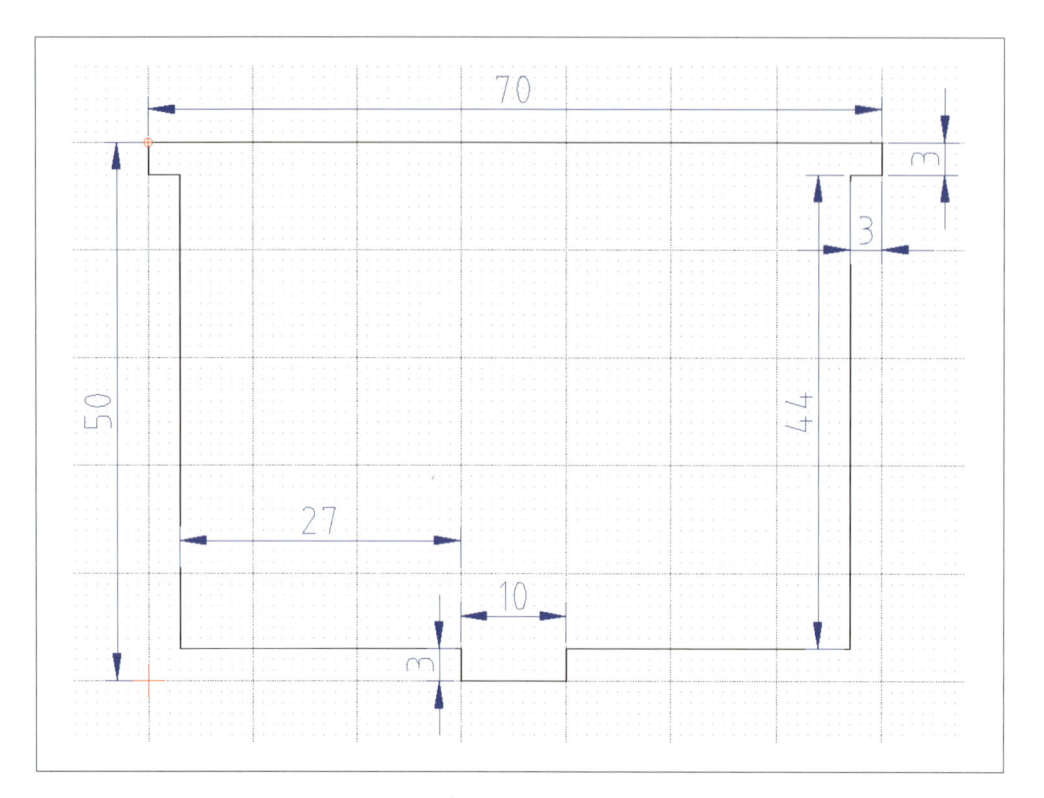

**Step 4** 記得刪除用於確認比例的 1cm 線段及其他多餘雜線,按下左上的存檔圖標儲存於桌面備用,檔名為 cover.dxf。

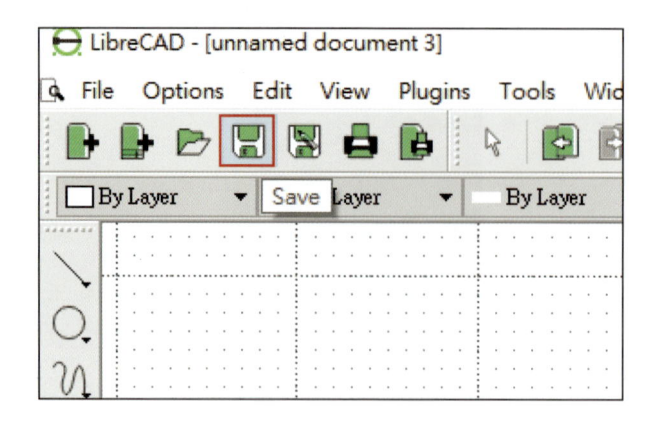

**Step 5** 回到 LaserBox 軟體，如同先前匯入圖片方式匯入 cover.dxf 檔，並確定長度單位為公制（1mm）。

**Step 6** 成功載入後可自行加入雕刻花紋的設計，但注意不要有切割的線條，以免破壞上蓋結構。

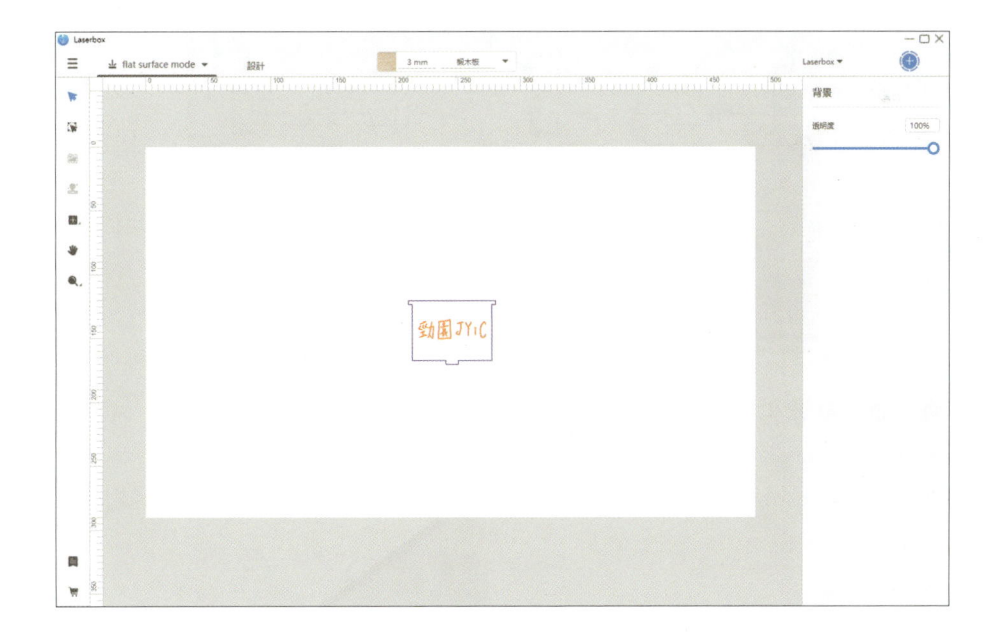

**Step 7** 以激光寶盒加工 3mm 板材，得到上蓋零件。

## 三、組裝盒子

　　收納盒的其他零件已經有現成的圖檔，並且整合成商品化的零件板，老師可在上課前事先準備好一人一片，也可讓學生加上雕刻花紋後自己加工出來。

　　先不要馬上看組裝說明，仔細觀察零件形狀，嘗試組裝收納盒，如果真的組裝不出來或覺得哪裡怪怪的，再按照以下步驟進行組裝。

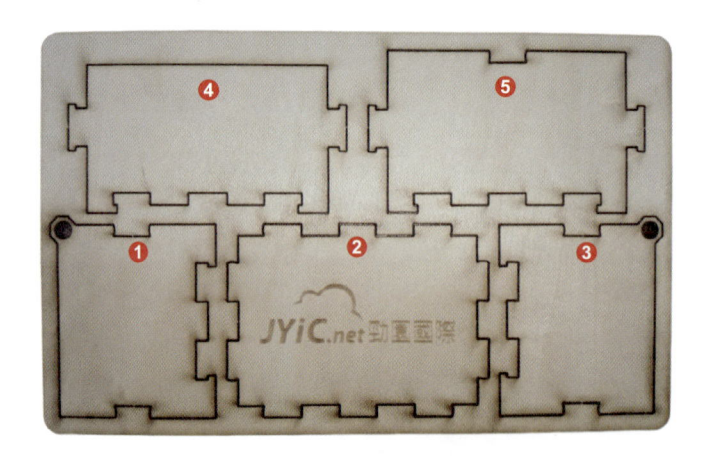

**Step 1** 取下❶、❷、❸零件板，❶、❸扣進❷的左右兩側。

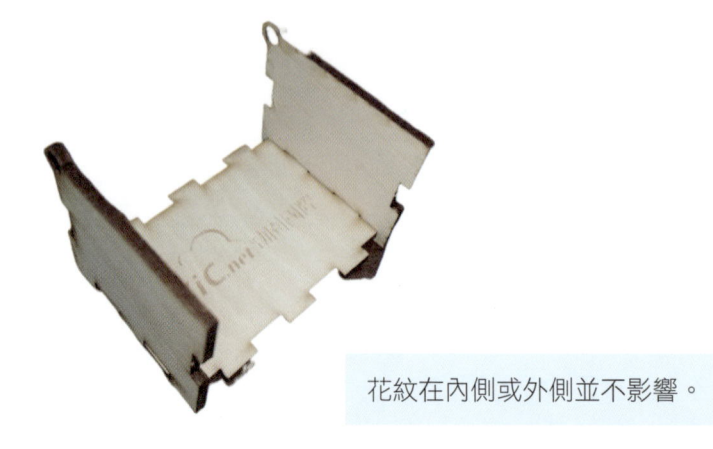

花紋在內側或外側並不影響。

**Step 2** 先前做好的上蓋，插進 ❶、❸ 左右兩個圓孔。

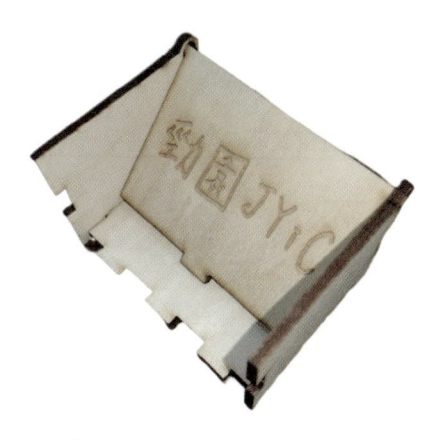

**Step 3** 取下 ❹ 扣在靠近圓孔的一面。

**Step 4** ❺ 扣在另外一面。

**Step 5** 蓋上上蓋完成組裝，如果覺得組裝起來零件鬆鬆。

會組裝一個收納盒並不困難，自己設計一個能組裝的盒子又是另一個故事了。

雖然目前只學會畫收納盒的一個蓋子，但觀察別人的設計也是一種學習，在組裝的過程中仔細觀察每一片零件的結構，為甚麼零件板上的零件不會掉下來？這個零件為甚麼要畫成這個樣子？如果不按照既定的流程組裝會發生什麼事？這些都是可以先思考的問題。

在後續的作品中，我們會逐步學到進階的雷切結構畫法，包含如何畫出能兩片、三片甚至更多零件組裝的結構，如何讓零件卡在零件板不掉下來？

最後設計出能組裝的盒子。

## 3-3　圖層系統與描圖

前一章介紹到如何將圖片載入 LaserBox，並放進雷切作品中，但在實作過程中不難發現這個方法有許多問題，首先在加工的時候圖案是用塗滿的方式，占用的時間特別長，而且在選擇圖片時有許多條件限制，背景要純白、輪廓要清晰，出來的效果才會好，最後載入進來的圖型除了放大縮小外，並不能做太多的延伸設計。

在這一節要介紹在 LibreCAD 的圖層 Layer 系統與描圖手法，結合兩片零件組裝的榫卯結構，並以此做出一個可愛的卡通立牌。

### 一、圖層系統

在軟體介面的右側區域是圖層控制面板，軟體一開啟就預設有一個名稱為 0 的圖層，按下 ➕ 符號會新增一個圖層，而 ➖ 則為刪除。

按下 ➕ 符號後會彈出新圖層的樣式設定視窗，能夠設定同層的名稱 (Layer Name)、顏色 (Color)、線寬 (Width) 及線條形式 (Line Type) 等等。

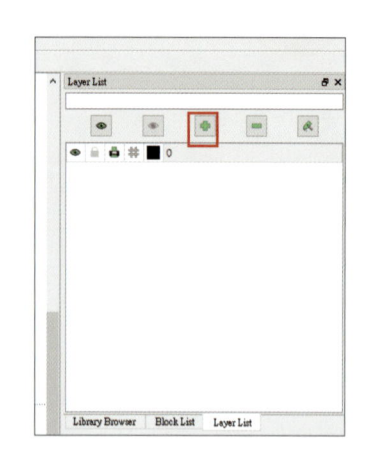

這裡將名稱設為 line，顏色調整成紅色，線條粗細為 1mm。

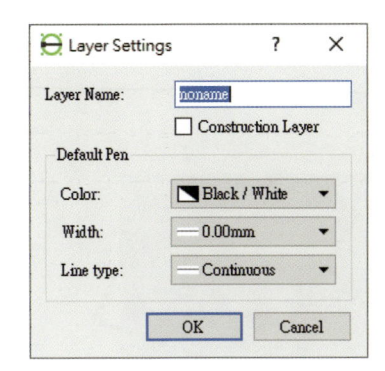

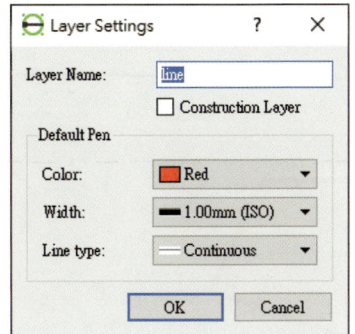

有了一個以上的圖層之後，就會看到只有一個圖層的欄位是灰色，表示目前正在該圖層進行編輯，製圖時需要注意目前切到了哪個圖層。

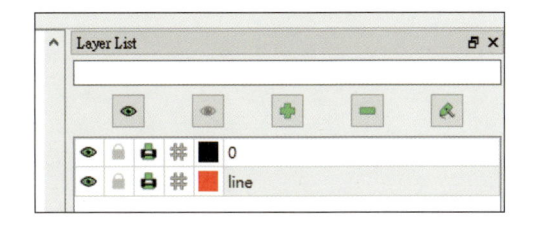

在每一個圖層前方都有 4 個圖示， 👁 表示是否顯示該圖層的內容， 🔒 表示鎖定該圖層的內容，被鎖定的線段就無法被框選或做任何修改，這是四個圖示中最常用到的兩個功能。

如果在新增圖層之後，還想要修改該圖層的樣式，可以直接對該圖層點右鍵，再點擊 Edit Layer Attributes，就會重新彈出樣式設定視窗。

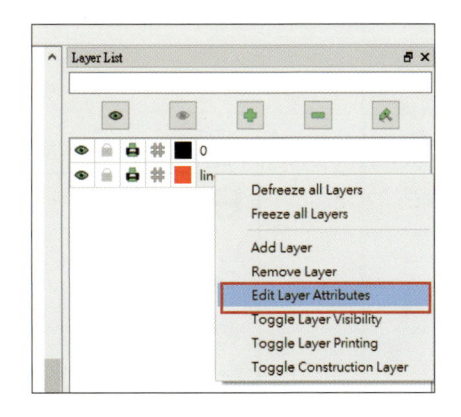

而如果真的不小心，畫了好多東西才發現自己用錯圖層了，也不用刪掉重畫，還是有方法可以補救。

例如下圖的紅色多邊形，是屬於紅色的 Line 圖層，我想將它換進初始的黑色 0 圖層，先將紅色多邊形框選起來。

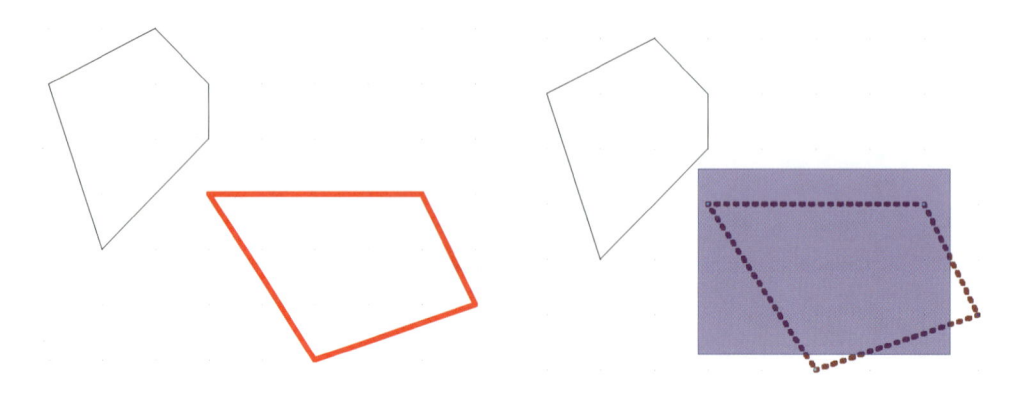

接著點選左側修飾 Modify 類別中的屬性 Attributes，就會跳出屬性 Attributes 子視窗，可直接調整當前框選線段的屬性，第一個下拉選項就是調整該線段隸屬的圖層。

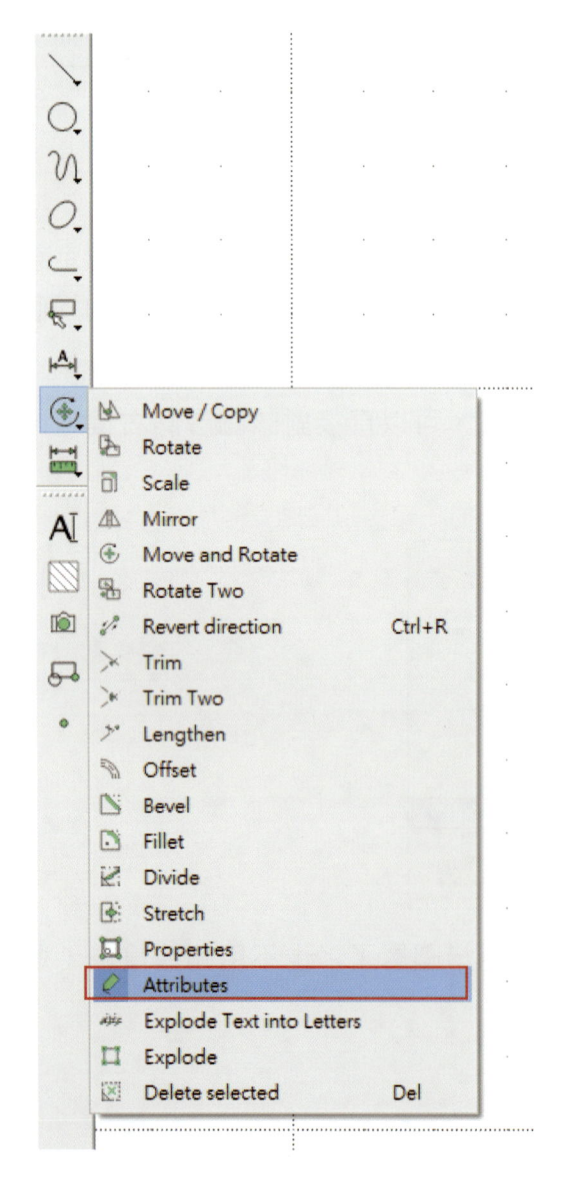

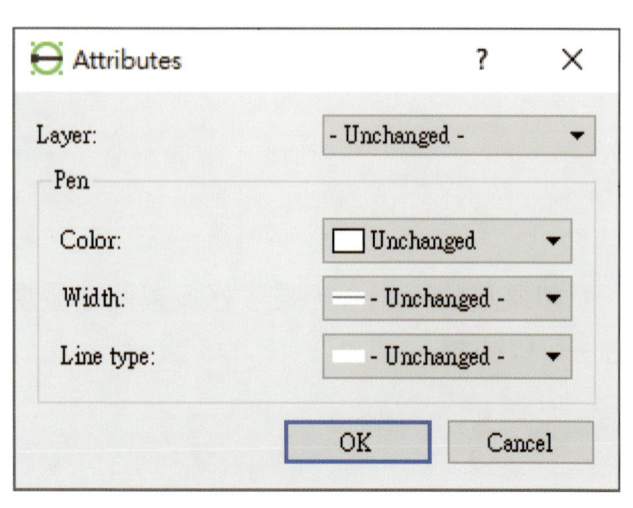

以上對圖層系統操作的概述，第一次接觸可能有點混亂，接下來的描圖就會實際運用到圖層的功能。

## 二、描圖手法

所謂描圖手法，就是手動描繪圖形的輪廓，以下以形狀最簡單的憤怒鳥作示範，讀者也可以使用自己喜歡的卡通圖，建議第一次操作描圖，盡量不要找太複雜的圖案。

**Step 1** 找到自己喜歡的卡通圖，儲存在桌面。

**Step 2** 如同前一小節建立一個名為 line 的紅線圖層。

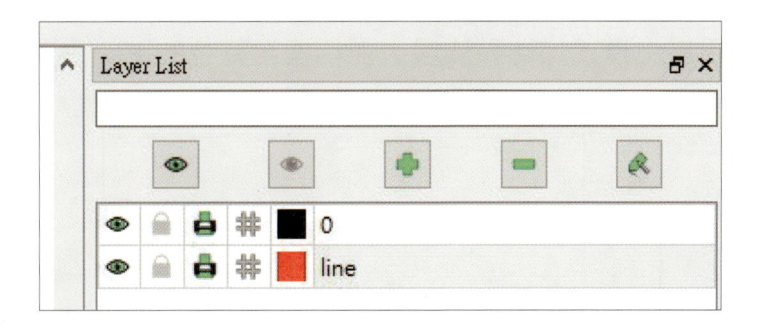

**Step 3** 使用預設的黑色 0 圖層，並點選 File>Import>Insert Image，選擇存在桌面的卡通圖。

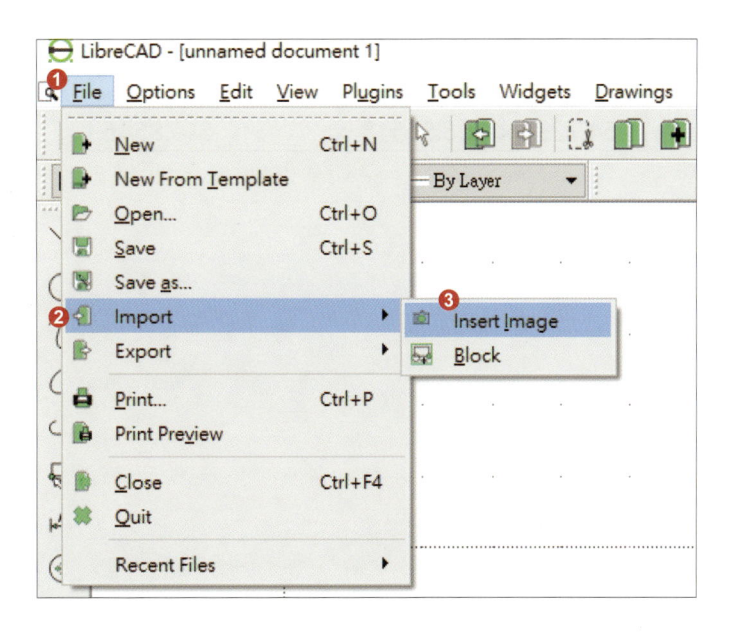

**Step 4** 游標點擊工作區的紅色十字,圖片左下角會對準在這,並用水平 Horizontal 工具在旁邊畫上 1cm 參考線。

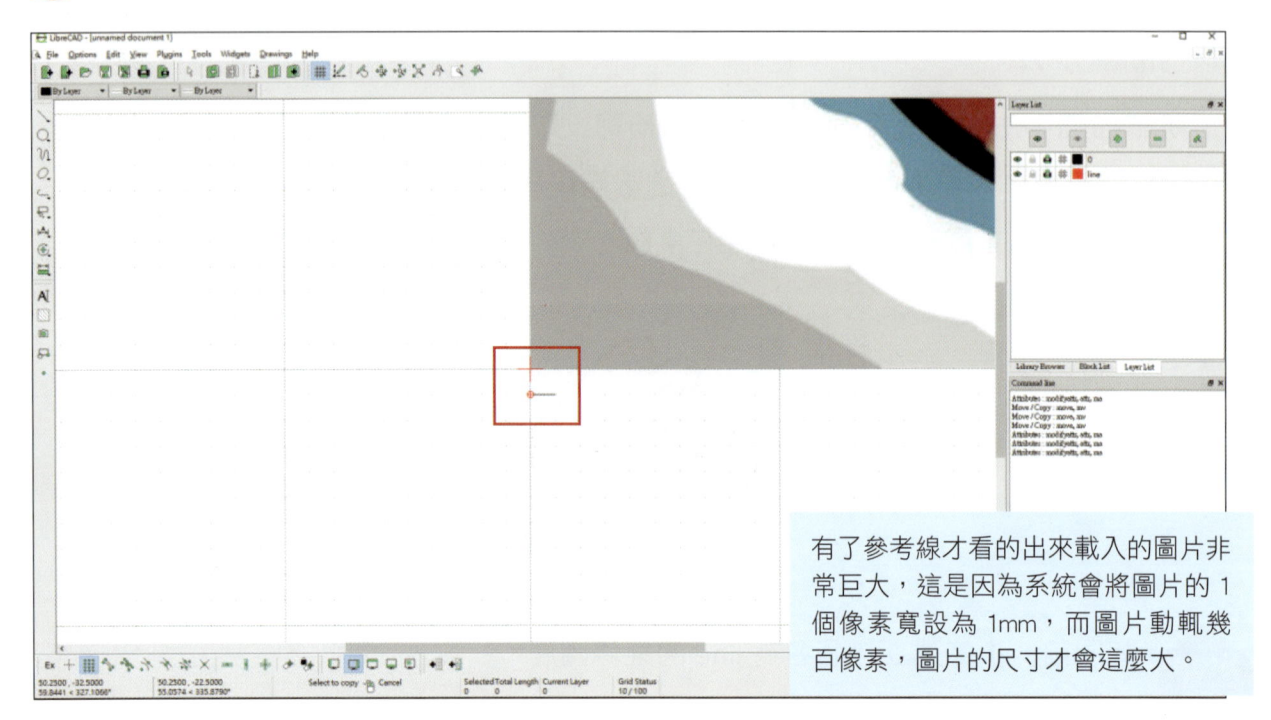

> 有了參考線才看的出來載入的圖片非常巨大,這是因為系統會將圖片的 1 個像素寬設為 1mm,而圖片動輒幾百像素,圖片的尺寸才會這麼大。

**Step 5** 磁吸模式使用自由模式加端點磁吸,並切換至紅色的 line 圖層。

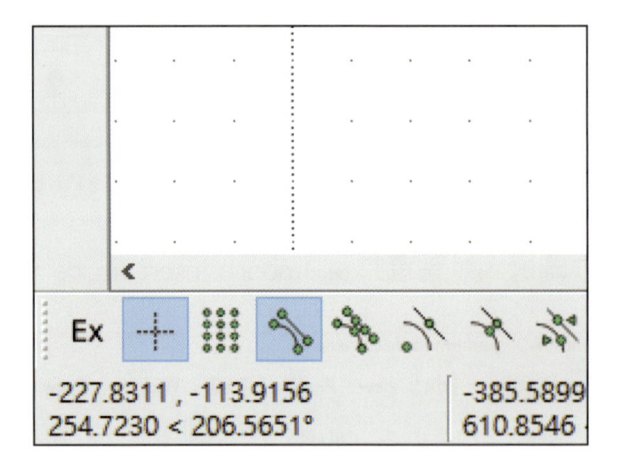

Chapter 3　LibreCAD 雷切商品設計　57

**Step 6**　製圖工具使用曲線 Curve 中的 3 Points，三點決定一圓弧。

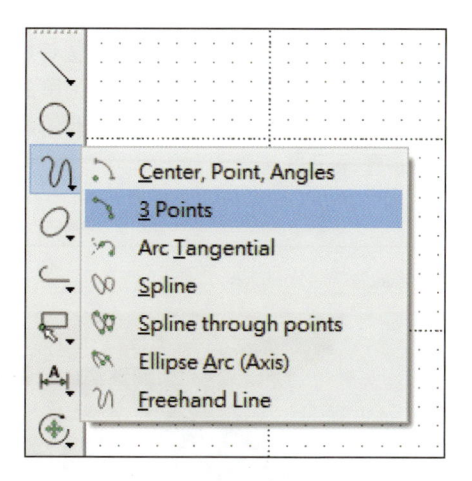

**Step 7**　簡單在空白處練習 3 Points 工具的使用，畫記得請刪掉。

> 此工具的使用方法需要依序點下三個落點，用三個落點決定一段唯一的圓弧；左圖為第 1、2 點相同，但第三點不同；右圖為第 1、3 點相同，但第二點不同；從這裡已經開始可以看出 LibreCAD 非常適合與數學科做跨領域的課程，在使用製圖工具的同時有在培養幾何的概念（更適合數學老師出考卷時畫圖）。

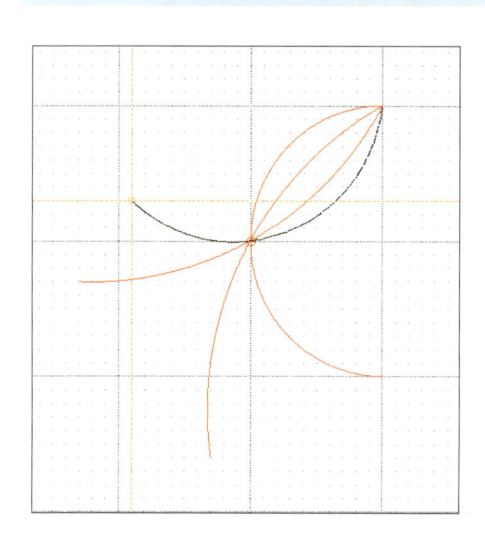

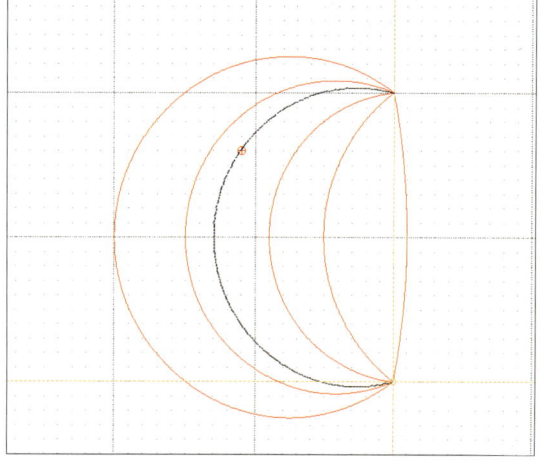

**Step 8** 在卡通圖上任意找一個起點，開始進行描邊，盡量讓畫出來的曲線貼合輪廓。

前文中會將 line 圖層設為紅色並調粗，就是為了能在描圖時能夠看清楚掃描的線與圖案輪廓是否吻合；而會選用 3 PointS 曲線，是因為大部分的卡通圖輪廓都是圓弧組成的，至於如何決定 3 個落點好讓圓弧能完美貼合，則需要使用者大量練習累積經驗，另外如果輪廓有部分為直線當然要切回介紹過的 2 Points 直線工具。

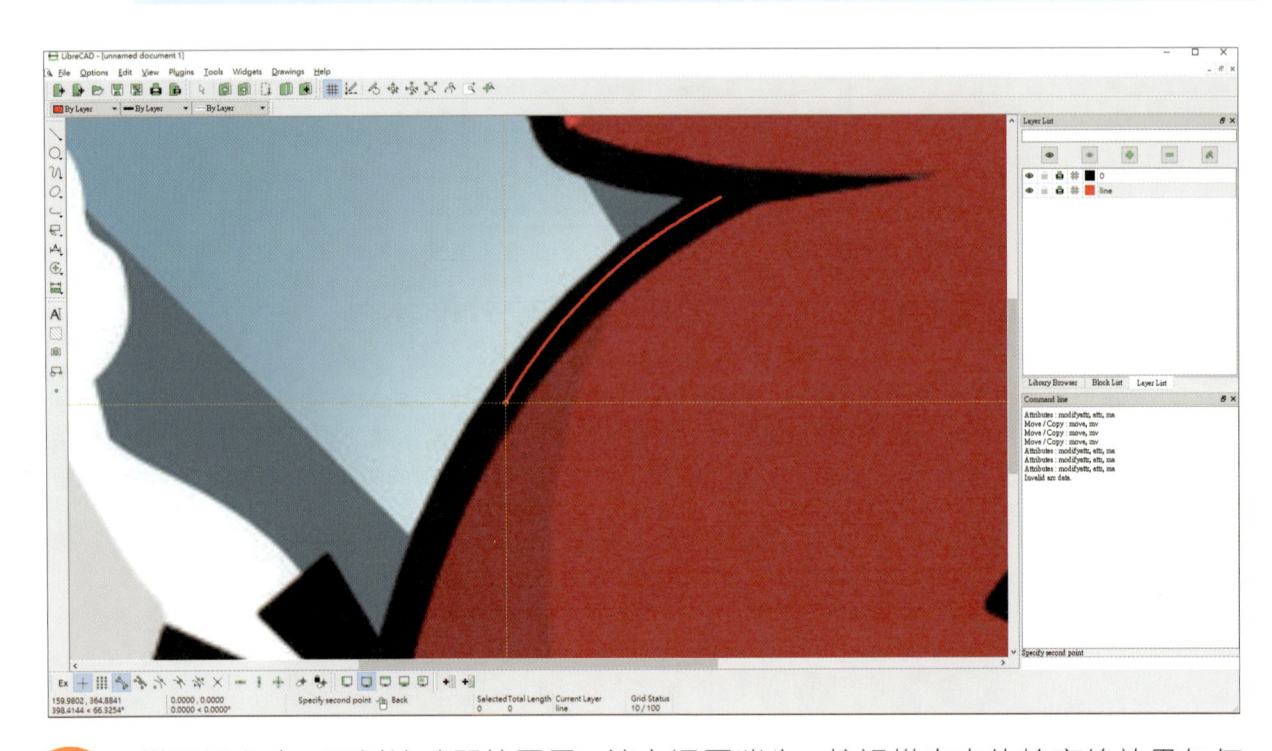

**Step 9** 描圖過程中，可以適時關掉圖層 0 讓卡通圖消失，檢視描出來的輪廓線效果如何。

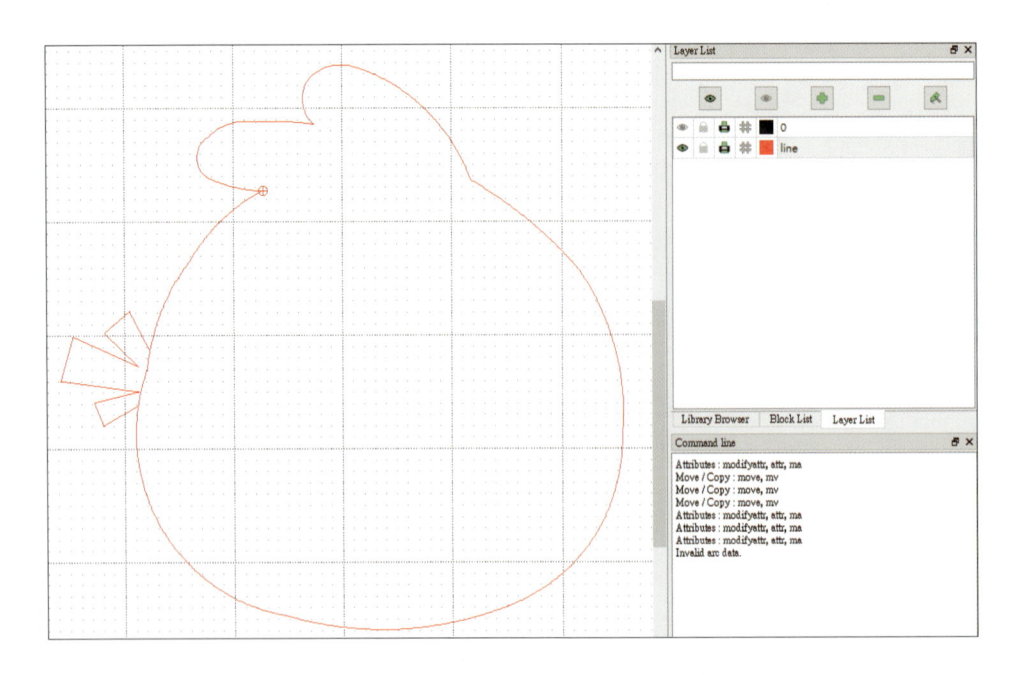

> **Step 10** 把所有你想描繪的細節都用上述方法描出來，到這裡關鍵的描圖操作就完成了。到目前為止還只是把線圖描繪出來，距離能放進激光寶盒加工出來，還有一段路要走。

## 3-4 卡通立牌製作

### 一、複製與縮放

當前描繪出來的圖案尺寸是非常巨大的，真的加工出來可能 10 張木板都不夠用，因此要先複製一份線圖並縮小尺寸。

#### (1) 複製

首先複製圖案的步驟如下：

> **Step 1** 將要複製的線圖全部框選起來，並點選 Modify 類中的 Move/Copy 工具。

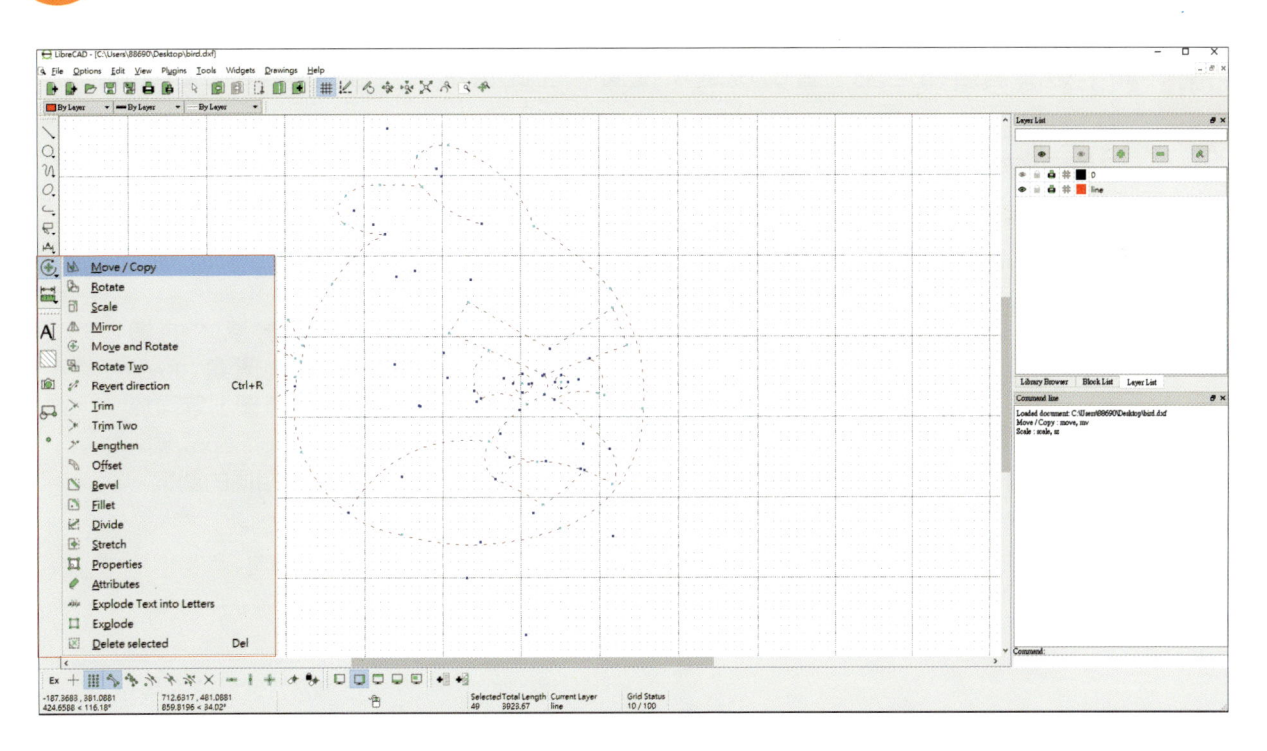

**Step 2**　Move/Copy 的使用方法，第一次點擊決定參考點，整個圖形依據這個參考點跟著游標移動，直到點下第二的點決定新的落點。

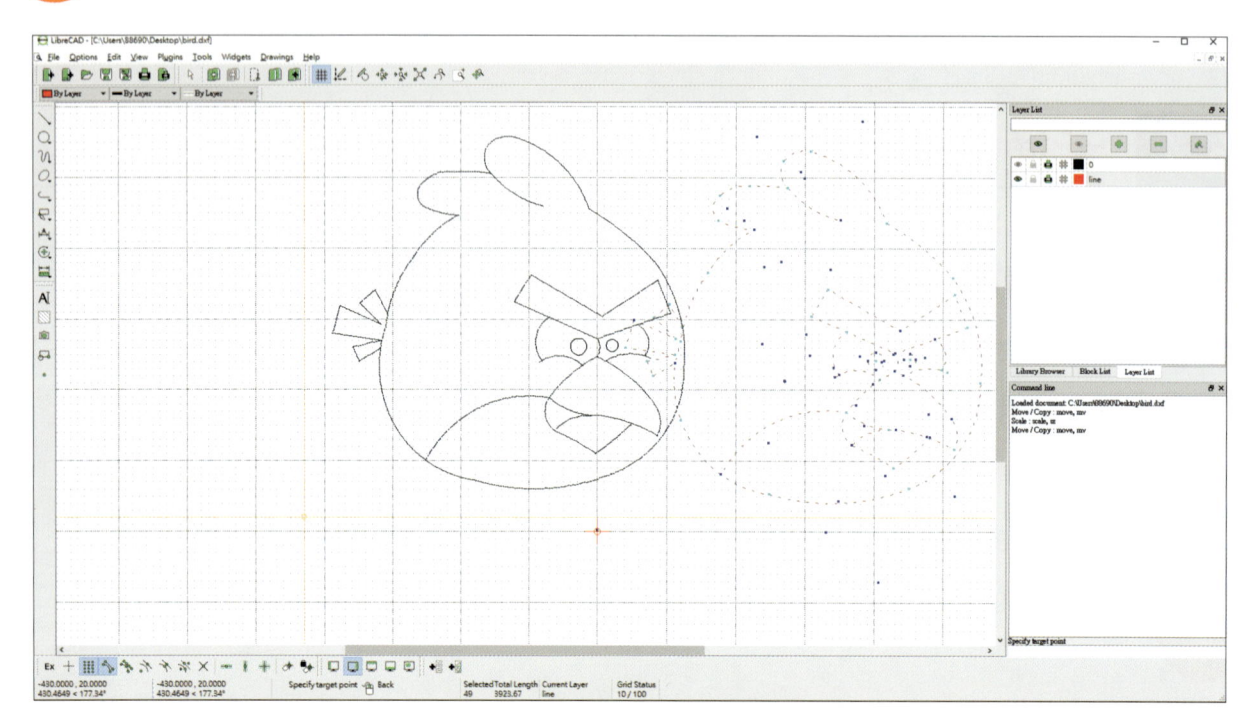

**Step 3**　點下第二個落點之後，會出現選項視窗，在此選用第二個選項 Keep Original。

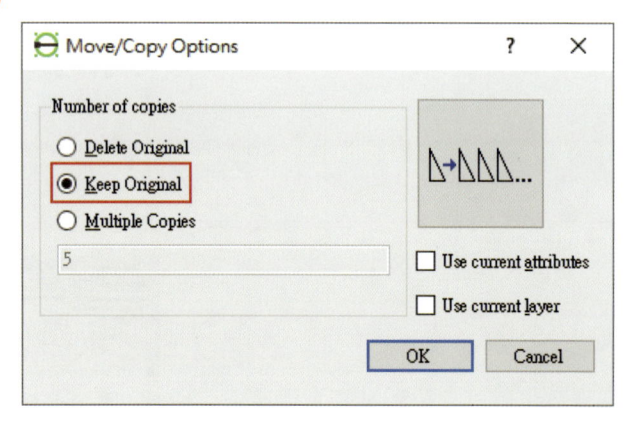

Delete Original 會將原本的圖刪掉，等同是移動圖案；Keep Original 則會保留原圖，等同於複製的功能；Multiple Copies 則會等間距多重複製相同的圖案。

Chapter 3　LibreCAD 雷切商品設計　61

**Step 4**　按下 OK 完成複製後，新的圖案還是呈現被框選的狀態。

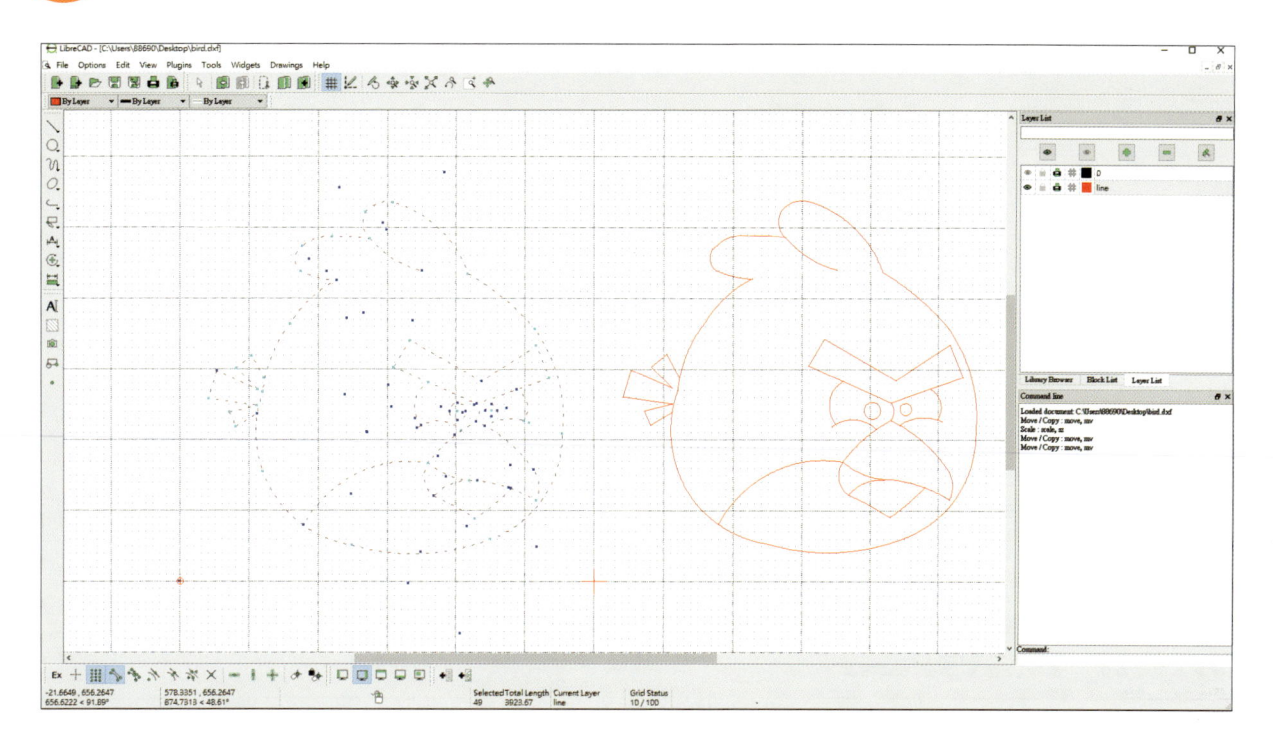

## (2) 縮小

接著要將圖案縮小為原本的 1/10：

**Step 1**　要被縮小的圖案保持被框選的狀態，點選 Modify 類中的 Scale 工具。

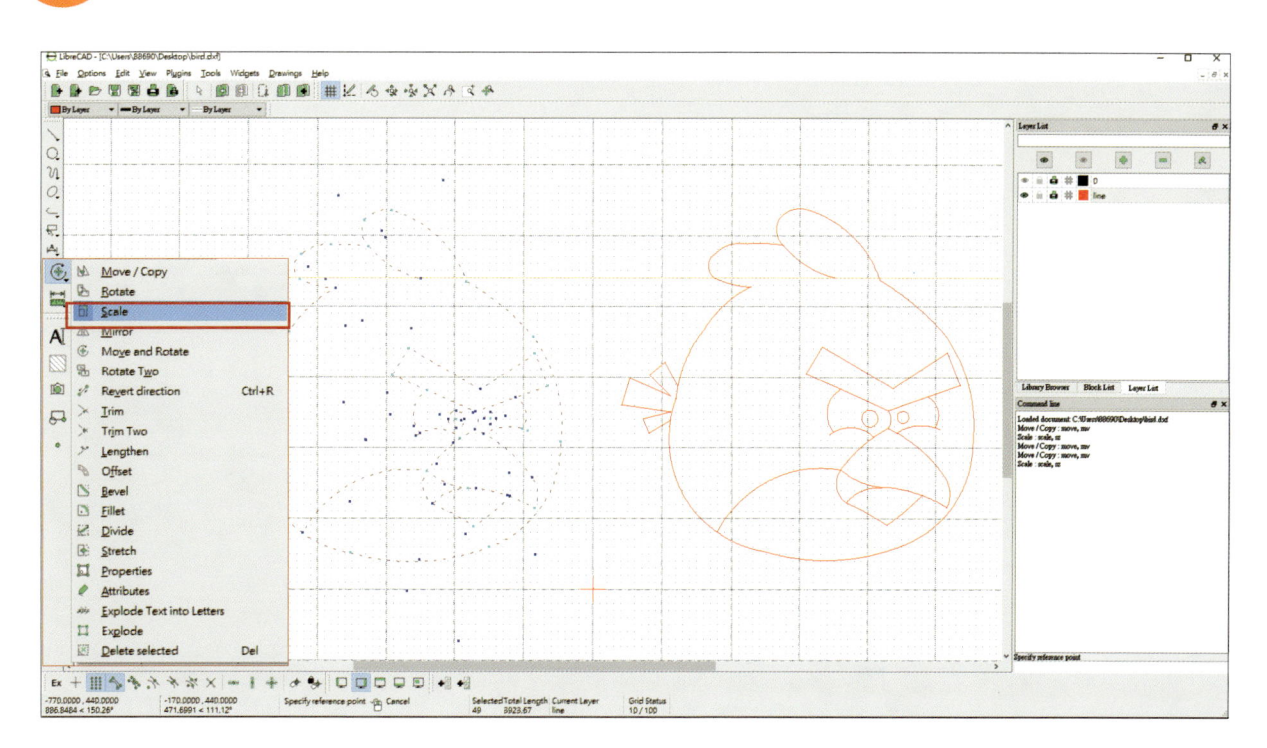

| Step 2 | 點下第一個參考點之後,會跳出選項視窗,左側三個選項與 Move/Copy 相同,這邊選用 Delete Original,重點是右邊縮放係數的設定,<u>縮小變成原本的 1/10 係數就設為 0.1</u>。 |

| Step 3 | 按下 OK 完成縮小 1/10,並將大圖以卡通圖及其他雜線刪除,轉存成 <u>bird.dxf</u> 於桌面。 |

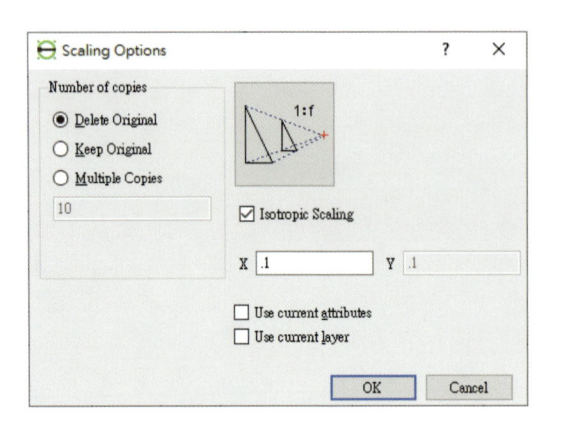

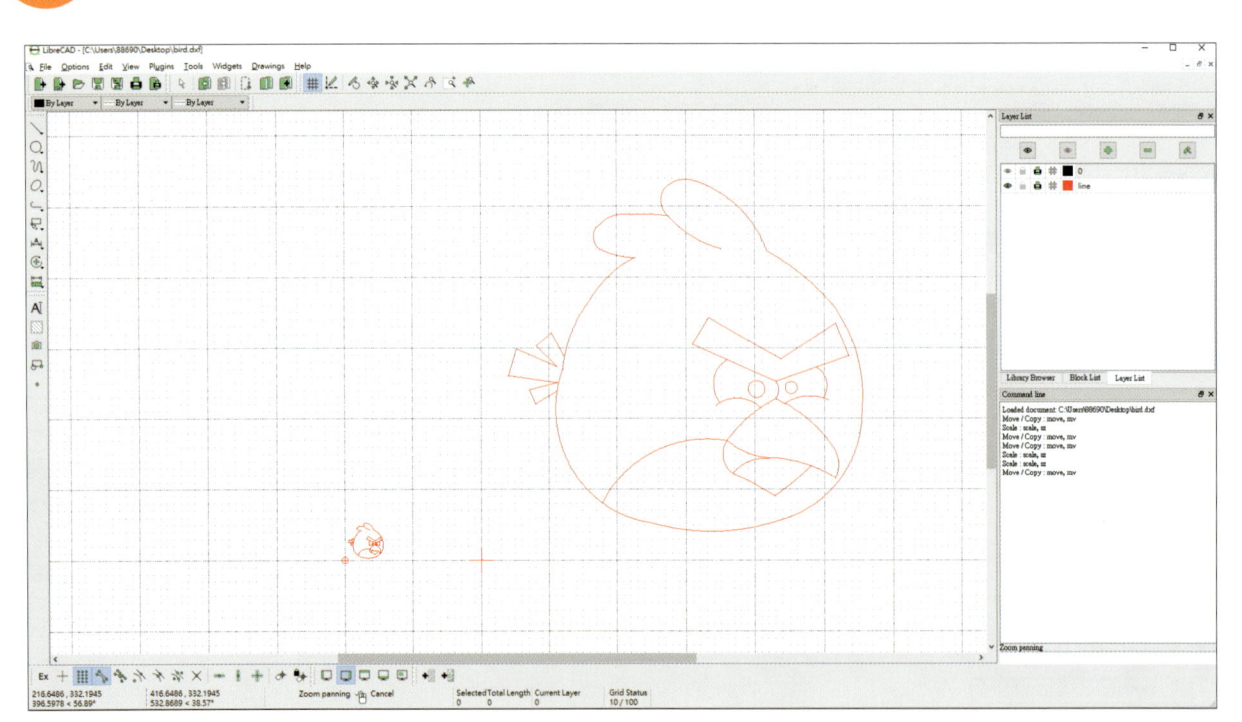

**Step 4** 回到 LaserBox 載入縮小過的卡通線圖，目前的尺寸約為 5cm 左右，可以進一步調整大小，記得要將卡通線圖換成橘色線的==雕刻 (laser engraving)==，並簡單做個可完整切割的外框，再打個洞就成了鑰匙圈。

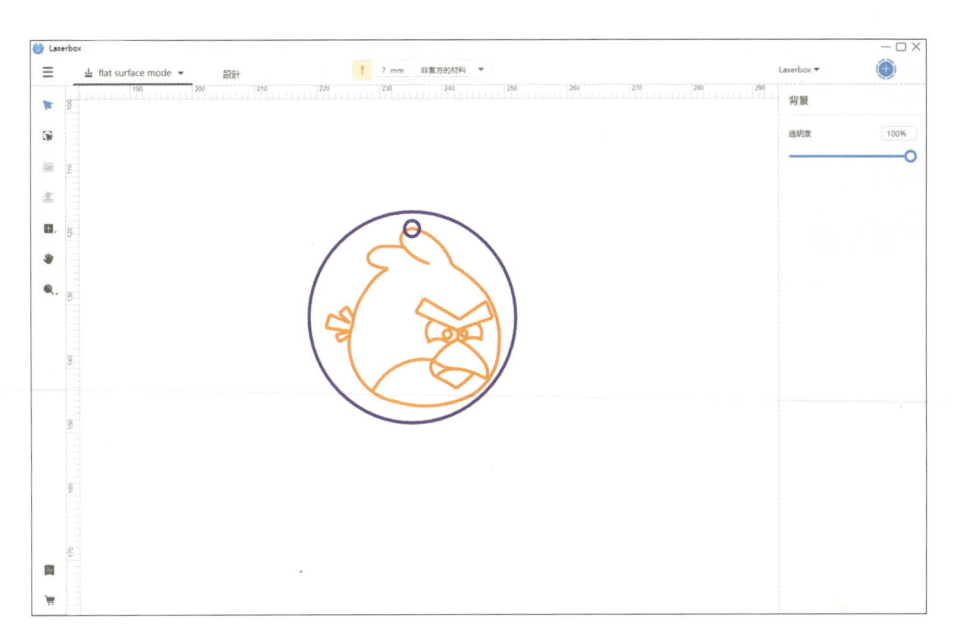

實際放進激光寶盒加工，描圖的優點馬上就凸顯出來了，除了線條清晰之外，更重要的是加工時間縮短了很多，原本要刷很久的圖簡化成幾條線，十幾秒就能做出一個可愛的卡通鑰匙圈，雖然描圖的步驟很繁瑣，但是效果是值得的。

另外由於是手動描圖，對圖案的限制變少了，一些原本背景太混亂不適合用於雕刻的圖也能納入使用。

作品分享

**雷切卡通鑰匙圈**

## 二、立牌結構

上一個作品卡通鑰匙圈，基本上還是沒有組裝的單片結構，接下來就要想辦法讓卡通牌站起來。

要讓卡通立牌站起來最簡單的方法就是加一個底座，下面用 3D 立體圖來做說明，一樣是粗網格一格 1cm、細網格一格 1mm，青與綠色是分開的兩塊雷切件，兩者後，青色是卡通立牌、綠色是底座。

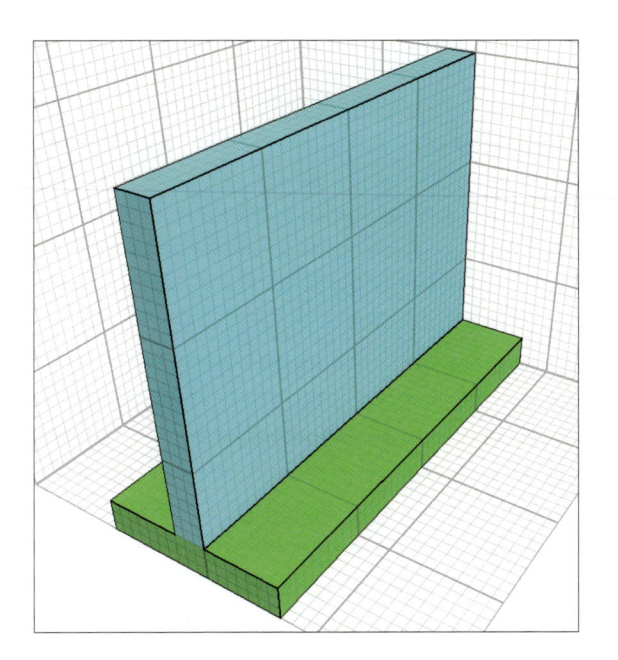

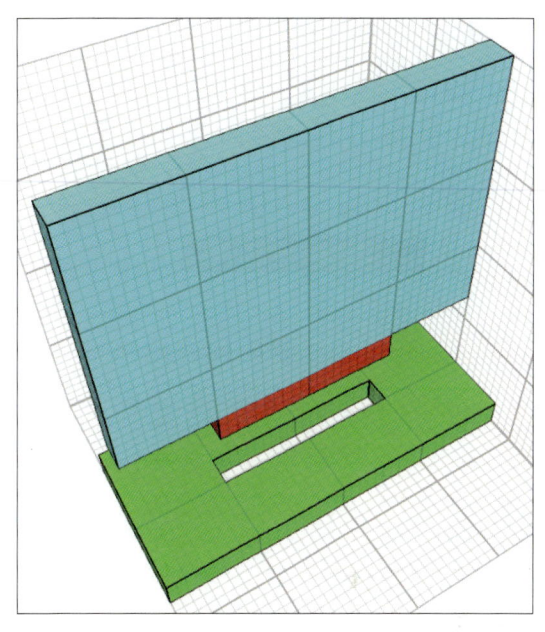

要讓這兩塊零件可以互相結合，用的是類似榫卯的結構，拆開後可以看到青色的底下有多一塊紅色的凸起，而綠色中間有挖孔。

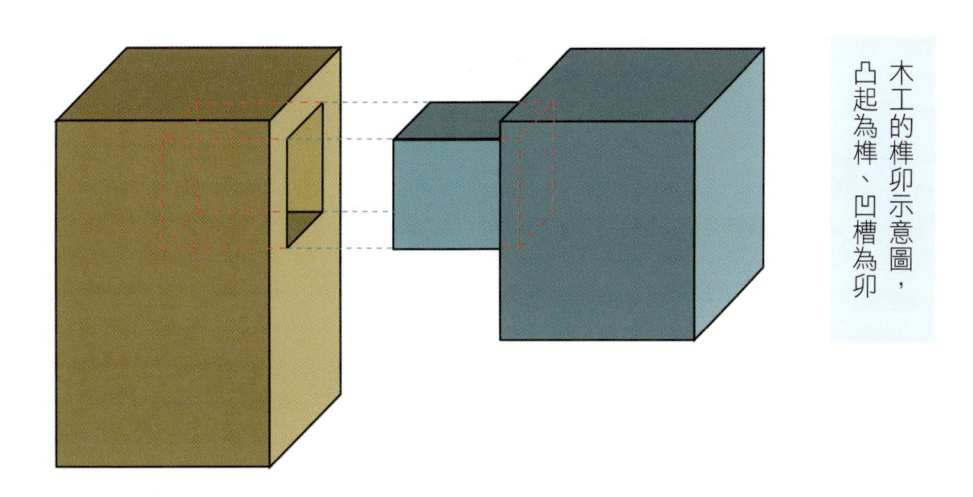

木工的榫卯示意圖，凸起為榫、凹槽為卯

兩塊零件從正面看，可以更清楚的觀察到一些細節，紅色榫頭與綠色卯口的高度都是 3mm，這是取決於使用板材的厚度為 3mm，多一點少一點都不行，如果使用不同厚度的板材，這兩處的高度也要隨之調整；而寬度都是 2cm，這個數字就沒有硬性規定，指需兩者統一即可。

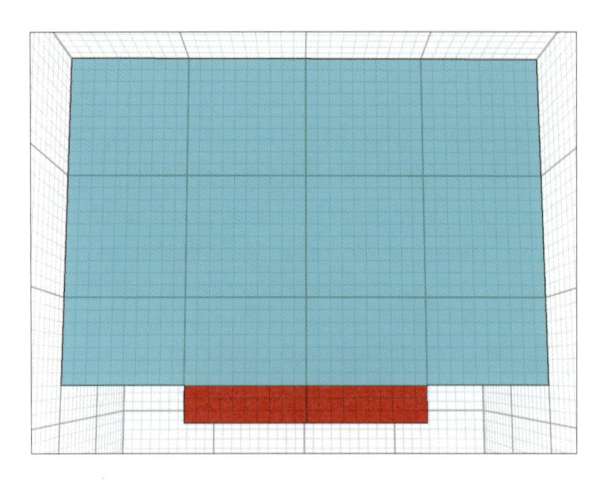

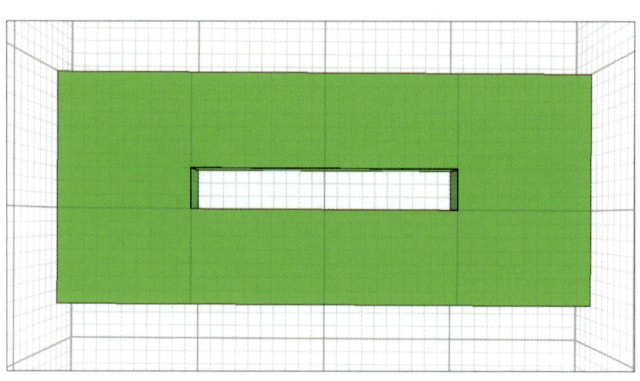

　　那麼在 LibreCAD 要如何畫出這種榫卯結構呢。

**Step 1** 回到 LibreCAD 製圖軟體中，重新打開網格磁吸 (Snap on grid) 模式，可以再次使用 Scale 工具調整圖案大小，並記得將舊的圖案刪掉。

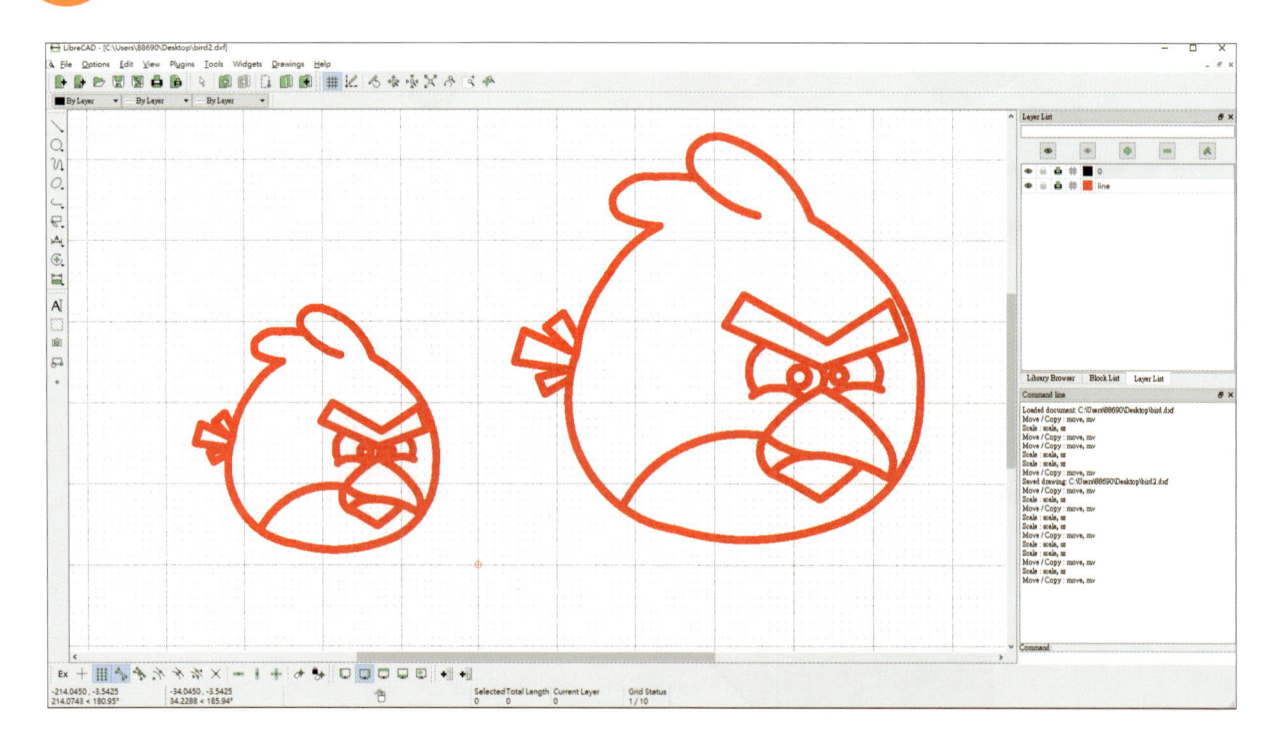

**Step 2** 用黑色圖層 0，畫出黑色上半部外框，形狀不限不要切到卡通圖或離卡通圖太遠即可，起點與終點略低於卡通圖底部並切齊。

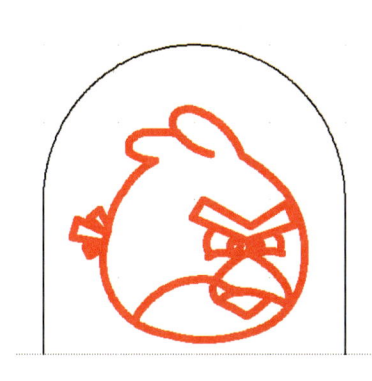

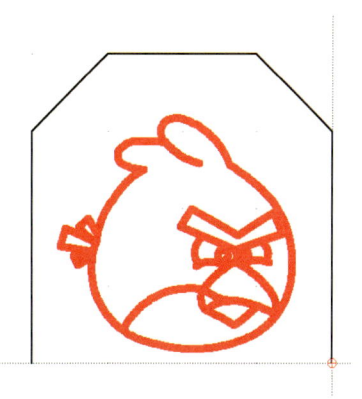

一次示範兩種造型的上緣輪廓，請活用先前教過的製圖工具

**Step 3** 將細網格精度調整為 1mm 等級，以 2 Points 工具畫出深度為 3mm 的榫頭。

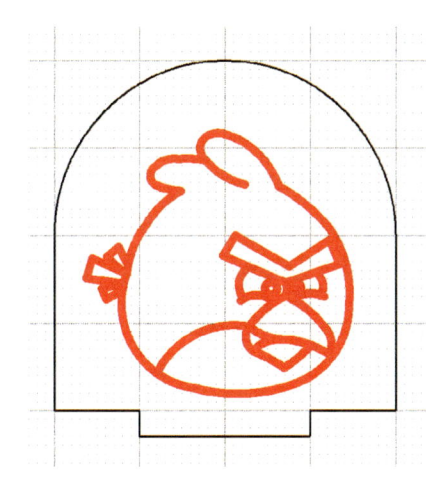

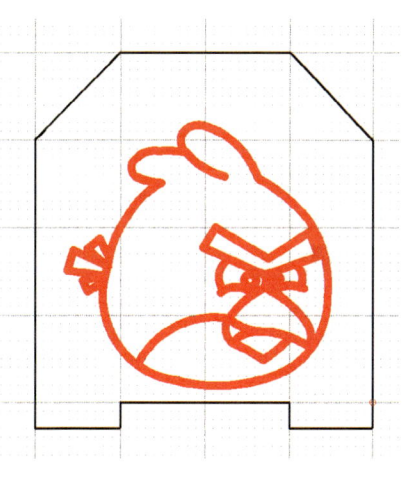

榫頭的數量也不限於一個，越多卡的越緊但也越難組裝。

**Step 4** 畫出任意造型底座，並加上高 3mm 的卯孔，寬度與榫頭對應，完成後存成 DXF 檔。

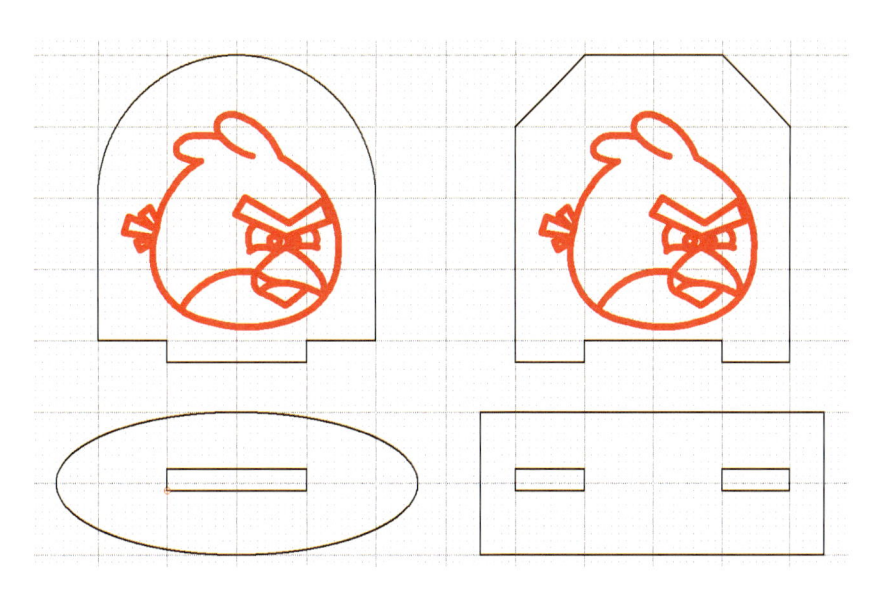

底座不要比卡通牌大太多，能容納卯孔即可，試試看怎麼畫橢圓型，可以用橢圓類的第一個 Ellipse(Axis) 工具。

**Step 5** 接縫處加入修正量，細網格拉近至 0.1mm 等級，每個榫頭左右兩側變成多凸出 0.3mm 的圓弧。

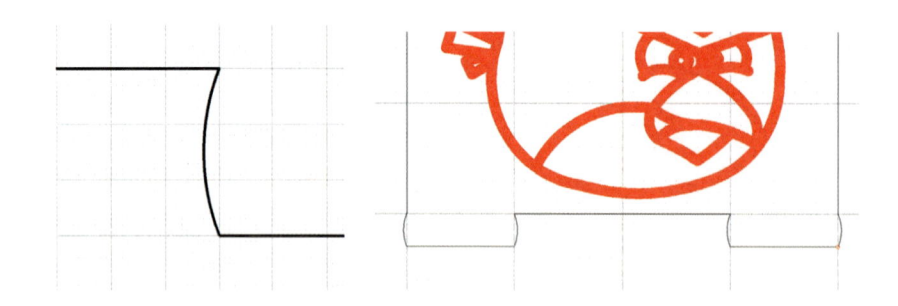

這是由於雷射光的光點，打在板材上也是有一定的面積，一定會比切割線往左右再多燒掉一點，如果只是照理論上的數據製圖，加工出來的零件組裝一定會鬆脫。

**Step 6** 回到 LaserBox 軟體，開啟設定視窗，勾選顯示色塊選項，畫面左下多出一排小色塊。

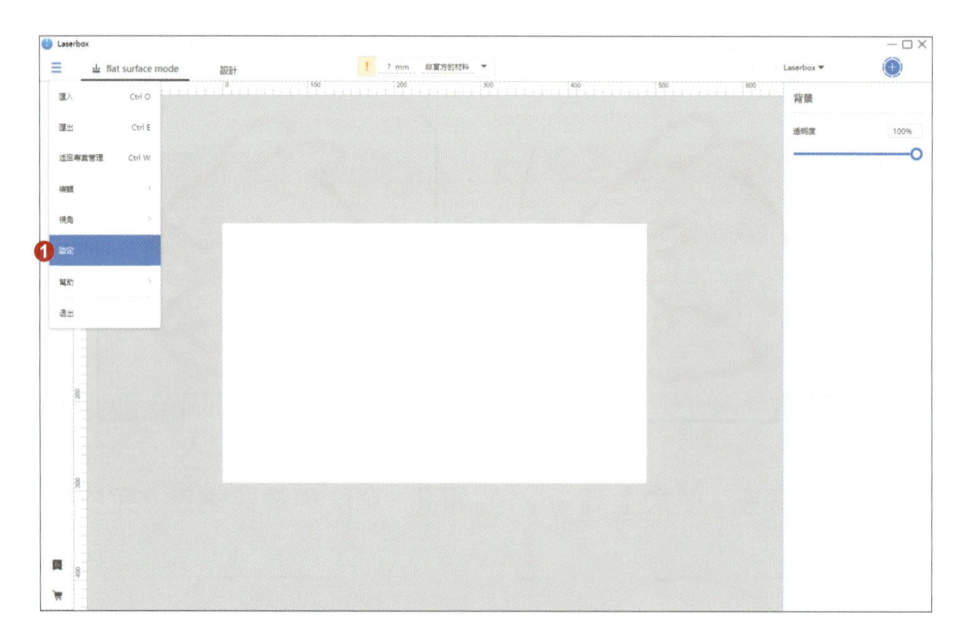

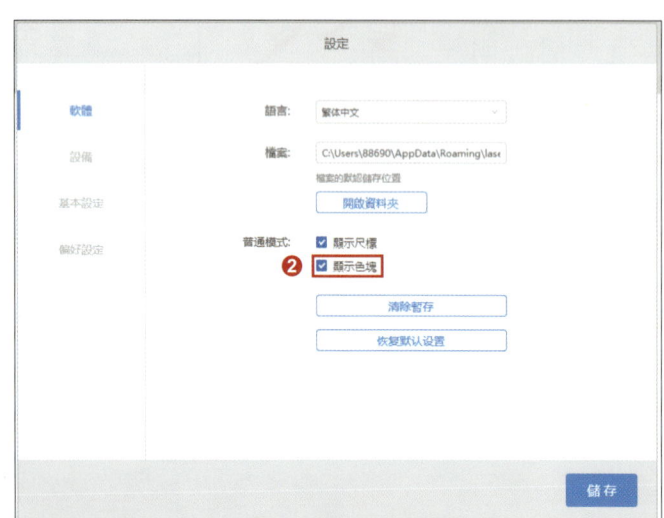

| Step 7 | 一樣的方法載入圖檔，圖形就會依照在 LibreCAD 中設定的顏色顯示，右上角可以設定每個圖層的功率與速度。 |

| Step 8 | 點開上方材料庫的編輯模式，可以查看該板材預設的加工參數。 |

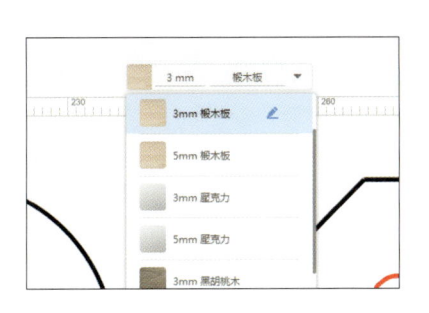

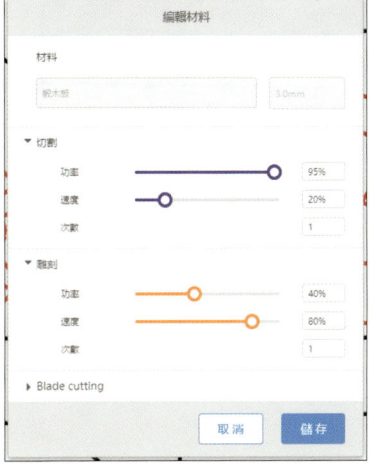

**Step 9** 切換成英文輸入法，並將預設板材的參數填入對應圖層中。

| 圖層 | 速度 (mm/s) | 功率 (%) | 次數 |
|---|---|---|---|
| 🟥 | 64 | 40 | 1 |
| ⬛ | 25 | 95 | 1 |

注意此時黑色為切割、紅色為雕刻

**Step 10** 加工完成，測試組裝後是否會出現零件鬆脫，或是太緊無法組裝等問題，就要視情況加減榫卯接縫處的修正量。

卡通立牌一次結合了描圖技巧與榫卯結構，雖然只是簡單兩個零件的組合，但加入一點小巧思也可以成為很棒的雷切小作品。

Chapter 3　LibreCAD 雷切商品設計　71

作品分享

卡通立牌

## 3-5 雷切陀螺設計

這一節我們要做出一個真的可以轉的陀螺，需由三片以上雷切零件板組合而成，分成軸心（紅、黃）與旋轉片（青）兩個部分做講解。

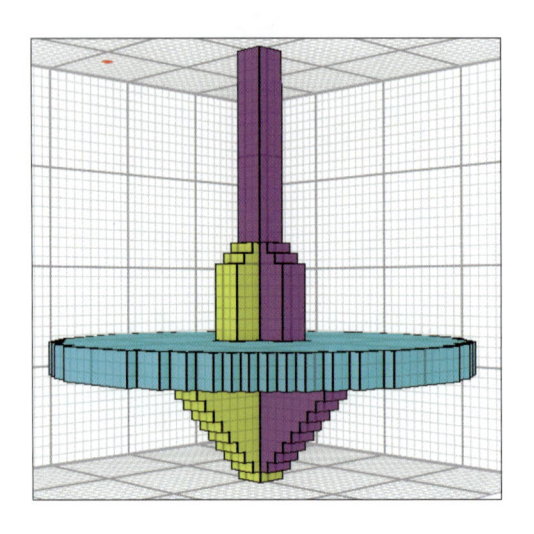

### 一、軸心製圖

陀螺的軸心由兩片零件組合而成，用類似木工十字搭接的結構，將兩片平面的零件搭出圓對稱的柱狀結構。

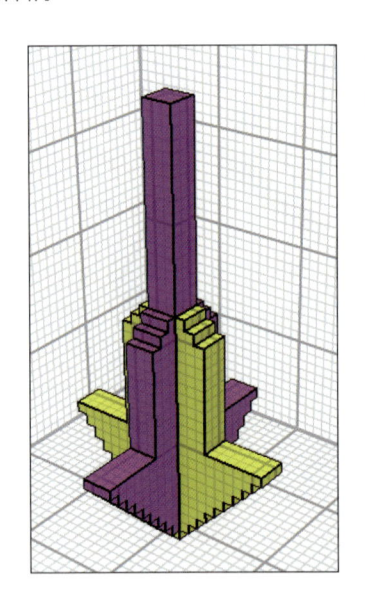

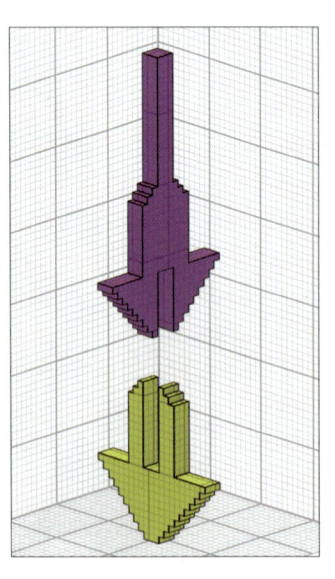

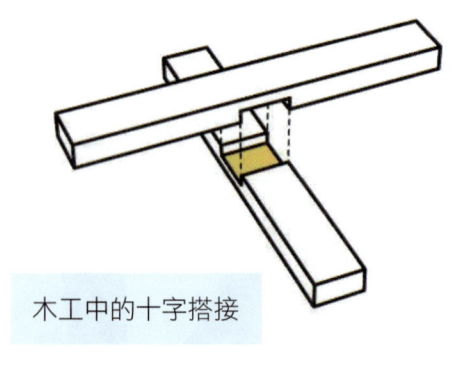

木工中的十字搭接

軸心結構分解圖

**Step 1** 使用 2 Points 工具搭配網格磁吸，按下圖畫出一樣的結構。

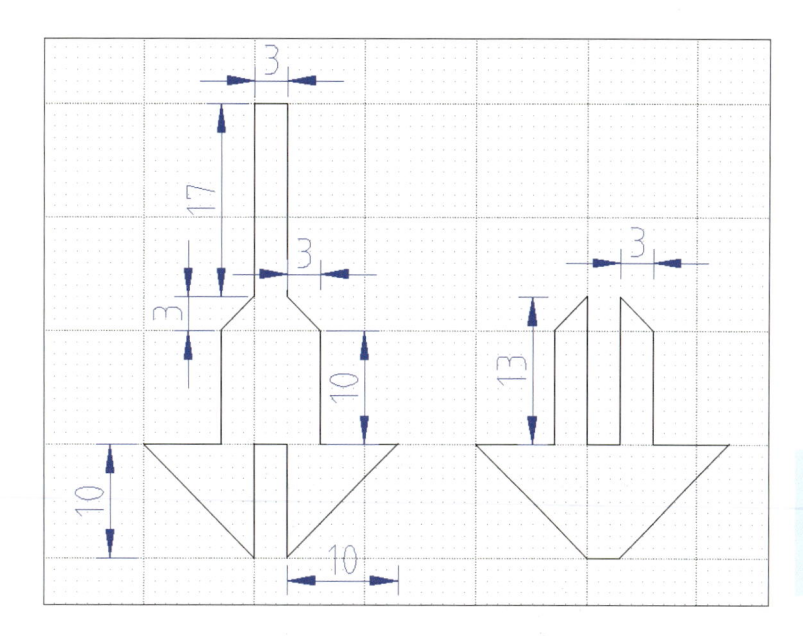

**Step 2** 左邊零件加入誤差修正量，一樣是凸出 0.3mm 的圓弧。

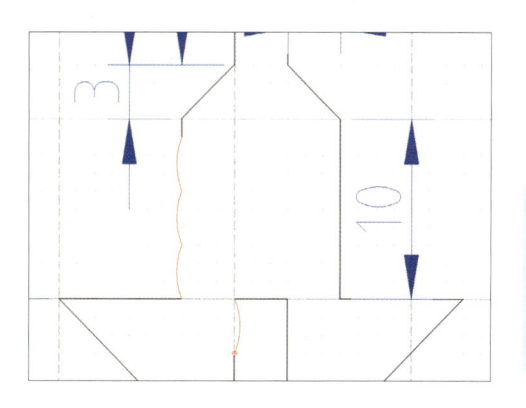

中間接縫處開口的寬度 3mm 也是取決於板材厚度。

軸心的兩個零件之間、軸心與旋轉片之間卡等更緊密，圖中以紅線繪製較為明顯，讀者一樣用黑線畫即可。

**Step 3** 加工出來，測試軸心組裝後兩個零件是否容易鬆脫。

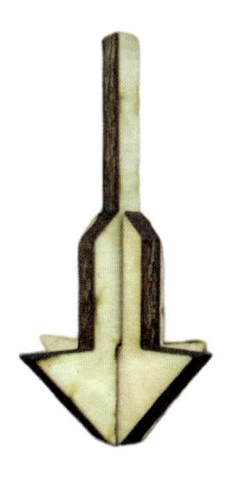

## 二、旋轉片設計

要讓陀螺可以順利轉起來，旋轉片的形狀至關重要，簡而言之形狀必須是旋轉對稱，圓對稱與一般我們所知的對稱不同，我們所熟知的對稱形狀如同一面鏡子擺在對稱線上，故稱之為鏡像對稱。

這裡的圓對稱，並不是數學物理領域那種嚴謹的圓對稱，而是形狀經過等角度旋轉後完全相同，例如太極圖、星型、正多邊形等等。其中又依照圖形旋轉幾次都全等，稱之為 n 次對稱，例如雪花的形狀就是 6 次對稱。

各種旋轉對稱圖形

那麼要怎麼在 LibreCAD 中畫出圓對稱的陀螺旋轉片呢。

**Step 1** 使用 2 Points 工具如下圖畫出十字卯口。

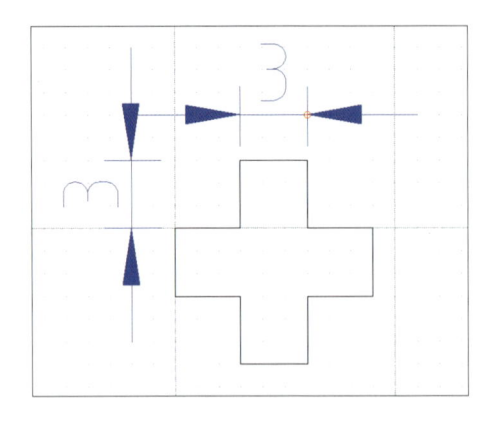

**Step 2** 拉近至 0.1mm 精度，找到十字卯口的正中間，並以 Move/Copy 工具將中心點移動到以 1cm 為粗網格線的交點。

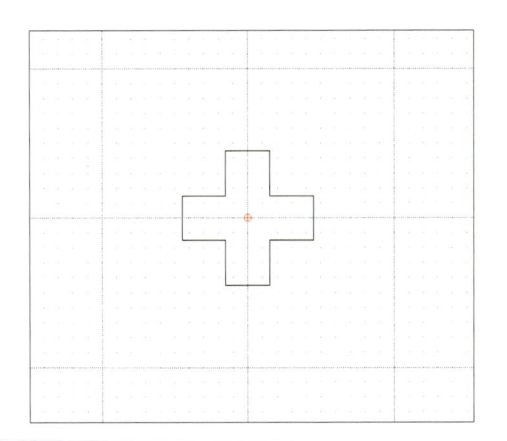

**Step 3** 使用圓型製圖類別中的第一個，Center/Point 工具，以卯口中心點畫一個半徑 3cm 的圓。

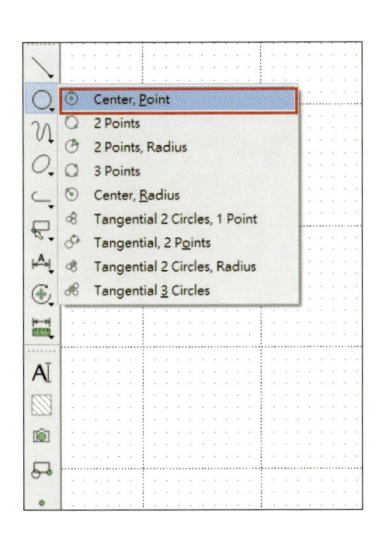

此工具第一個落點決定圓心，第二個落點決定半徑。

**Step 4** 以 2 Points 工具從圓心向上畫一條鉛直線，並決定好想做的圖形是 n 次旋轉對稱，算出 360/n 的角度。

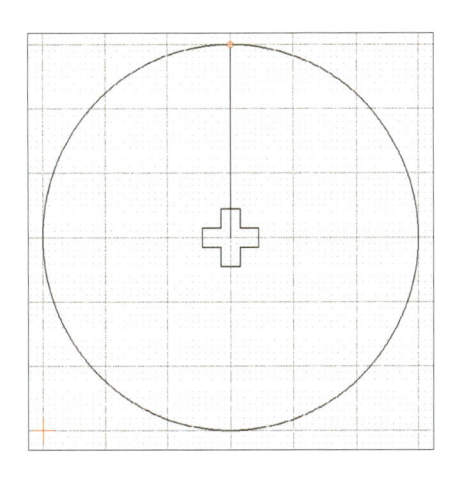

**Step 5** 點選鉛直線，並使用 Modify 中的 Rotate 工具。

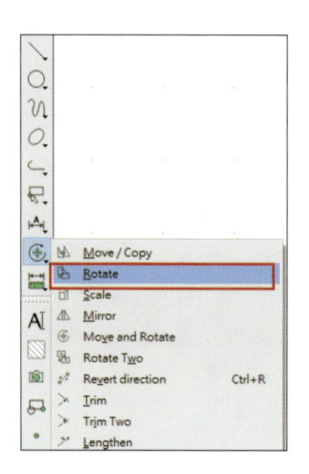

使用 Rotate 工具總共有三次落點，第一次決定旋轉的軸心，這裡就是圓心；第二次找出要以哪個位置跟隨游標轉動，這裡點到鉛直線的頂點；第三次決定跟隨點要轉動到哪裡，此處可以任意點。

**Step 6** 點下第三個落點之後會跳出參數設定視窗，左側選擇 Keep Original，右側 Angle 輸入框內填入旋轉角度 360/n。

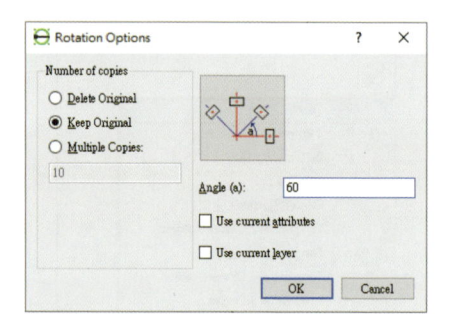

左側三個選項與先前介紹過的 Move/Copy、Scale 工具意義相同。
在此以 6 次旋轉對稱為範例，故 Angle 輸入角度為 360/6=60 度。

**Step 7** 用直線 2 Points 或圓弧 3 Points 工具任意畫旋轉片輪廓造型，以兩條線與圓的交點，作為輪廓造型線的起點終點。

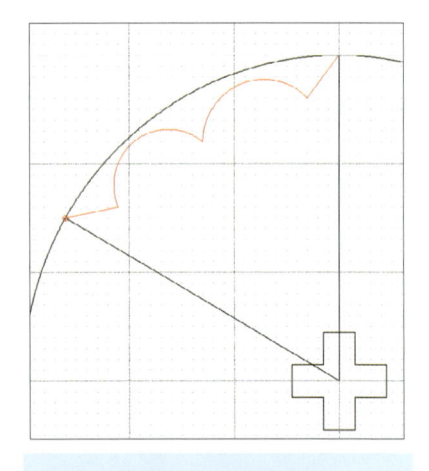

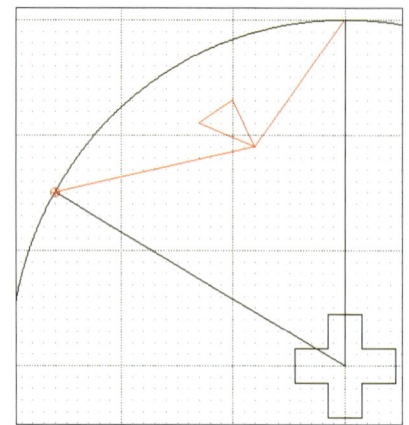

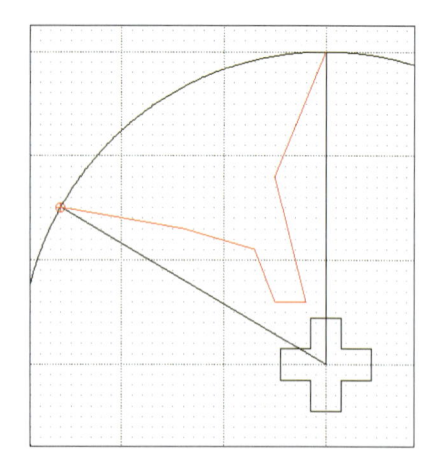

旋轉 60 度之後的斜直線。
圖中以紅線繪製較為明顯，讀者一樣用黑線畫即可。輪廓線不要出現繞圈的情況，更不要畫的離十字孔太接近。

**Step 8** 框選畫的輪廓線，再使用一次 Rotate 工具，旋轉軸心一樣是圓心，參數設定框內左側改為多重複製 Multiple Copies，下方的輸入框為複製次數填入 n-1，角度一樣是 360/n ( 此處 n 表示圖形為幾次旋轉對稱 )。

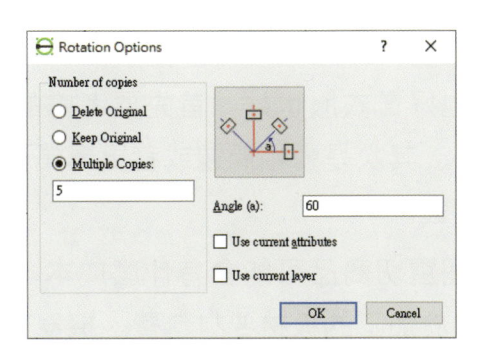

**Step 9** 多重旋轉複製完成之後，點選兩條直線與圓形並刪除。

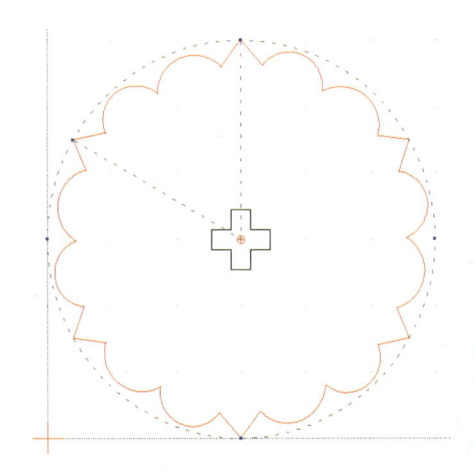

同樣的步驟可多嘗試做出幾個旋轉片。

**Step 10** 將旋轉片連同兩個軸心零件儲存，匯入 LaserBox 後加工，組裝並測試零件是否容易鬆脫，陀螺也要能夠旋轉得起來。

完成陀螺後除了拿來玩樂之外，還可以跟自然科做跨領域課程，測試不同半徑不同造型的陀螺，用手轉起來感覺有什麼差異，哪種陀螺可以轉比較穩比較久，兩種陀螺碰撞後有什麼結果。

## 3-6　作品商品化

　　完成雷射切割作品,那麼接下來就可以考慮將你的設計變現了,從自己作好玩的作品到可以賺錢的商品這中間到底有哪些差距?

　　不管做什麼生意賣早餐也好賣衣服也好,首先要考慮的就是成本的問題,這個問題如果沒解決產品賣越多虧越多,其次是賣相問題或者更專業一點叫消費者體驗,這關係到會不會有人為你的產品持續掏錢。

　　首先要瞭解的是製作一個雷切商品可能會有什麼成本,先不考慮前期的設計跟後期的包裝、運送、行銷等等,欲於加工的板材要材料費、機器開著加工要電費、加工前後手動上下料要工錢,如何在這幾項上精打細算就是節省成本的關鍵,在圖檔中就要盡可能的縮減占用板材的面積並減少切割線長,產品製作時動輒成百上千份,任何一點點優化都能帶來可觀的效益。

　　而當作雷切作品一次有多個零件,加工完成之後剛要將板材移出機台,就看到一個個零件雜亂無章的散落在蜂巢板上,若是要一次加工多項作品,一堆零件要一個個慢慢撿,非常不方便也不好看,若是想將自己的作品拿來賣,散亂的包裝是沒有人會買單的。

　　那麼如何能夠提升收拾零件的效率呢,其實在 3-2 節的時候就已經示範過了,就是將零件整理成零件板,這是作品商品化的第一步,在零件板上每一個小零件的輪廓都不是完全封閉,而是保有一兩個小缺口作為連接點,如此一來加工完畢後零件就會卡在板材上,以下模擬將雷切陀螺商品化的過程。

**Step 1** 排列零件，主要使用 Move/Copy、Rotate 兩個功能，並刪除重複的切割線。

將所有零件排列整齊，盡可能將占用到的板材面積縮小，需要切割的軌跡線重疊以減少時間，減少機器運作時間也就減少耗電，畢竟板材跟電費都是成本的一環。

**Step 2** 優先挑選在鉛直、水平線設置缺口，約 0.5～1mm。

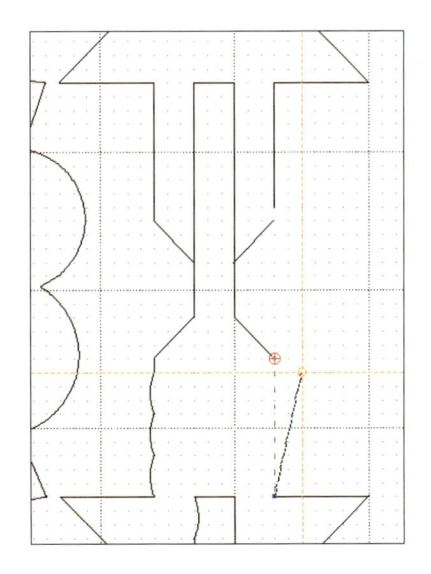

盡量選擇在鉛直、水平線設置連接點，可以在點選一線段之後，拖動端點露出縫隙，或是直接重畫出有間隙的輪廓線。

**Step 3** 斜線曲線設置缺口，先在想開缺口的線上畫兩條距離 1mm 的平行輔助線。

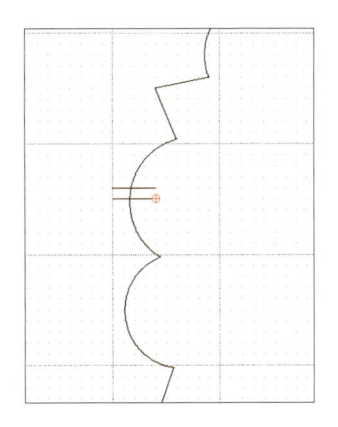

整個零件完全沒有水平、鉛直線材用這個方法。

**Step 4** 開啟交點磁吸模式 Snap InterSection。

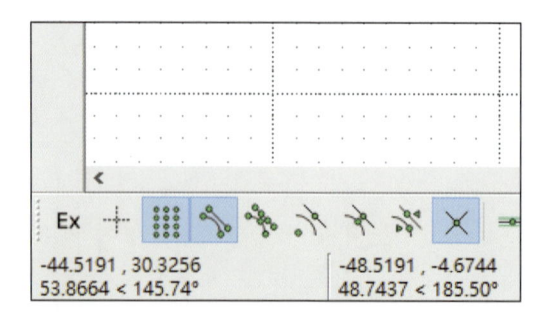

**Step 5** 使用 Modify 類別中的分割 Divide 工具。

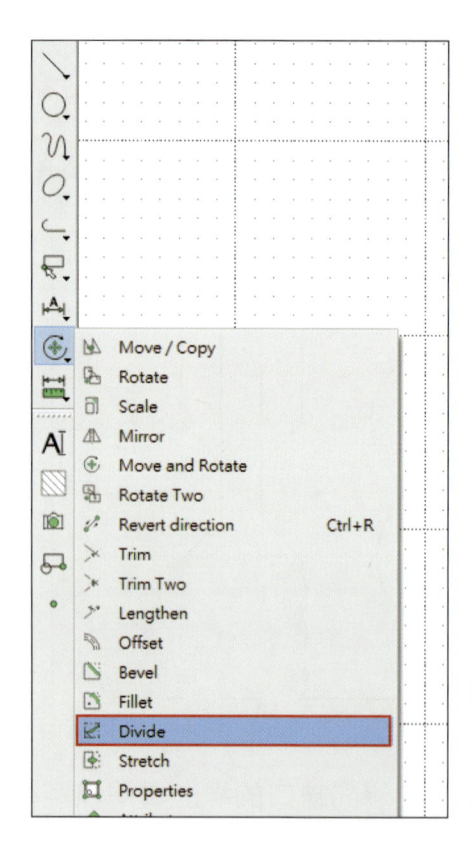

使用此工具需要兩次點擊，
第一次點選要切割的線條，
第二次點選要切割的位置。

**Step 6** 將曲線於兩條輔助線的焦點處切斷。

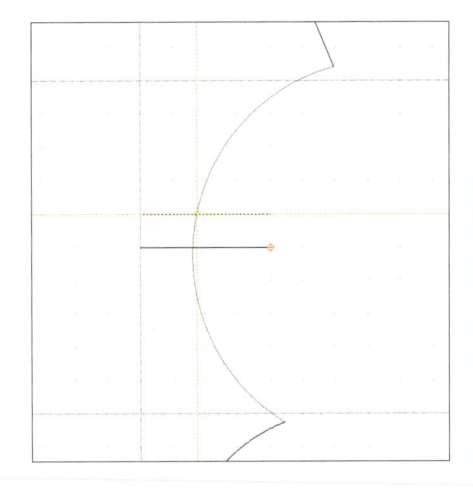

第一次點擊後，被點到的線條會轉為墨綠色。
第二次點擊須確實點在該線條上才會生效，這裡點在曲線與輔助線的交點，由於游標很難確實點在曲線上，才會畫上兩條輔助線並開啟交點磁吸。

**Step 7** 做出兩個切斷點之後，==刪除兩輔助線及中間夾著的曲線==。

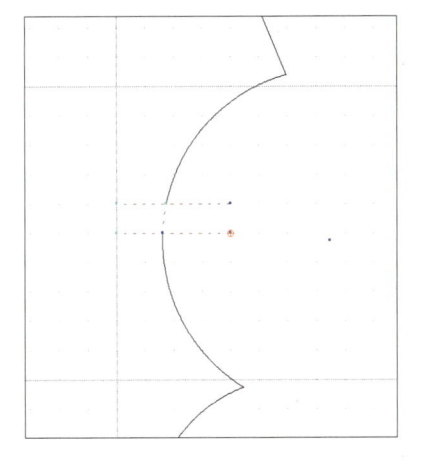

**Step 8** 檢視所有零件的連接點是否合適，並畫出能框住所有零件的==矩形==作為零件板輪廓。

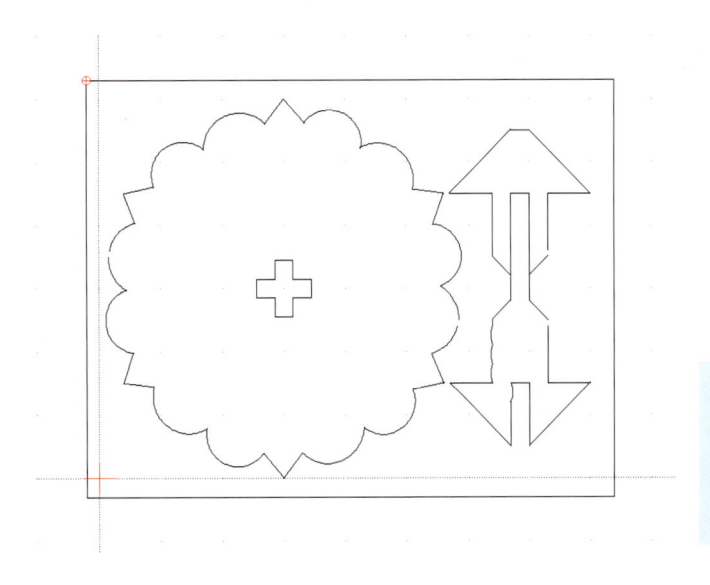

原則上越大片的零件需要越多連接點，矩形的邊與零件輪廓的最邊緣距離 3mm 左右。

**Step 9** 使用 Modify 類別中的圓角 Fillet 工具，將零件板的四個角改成圓角。

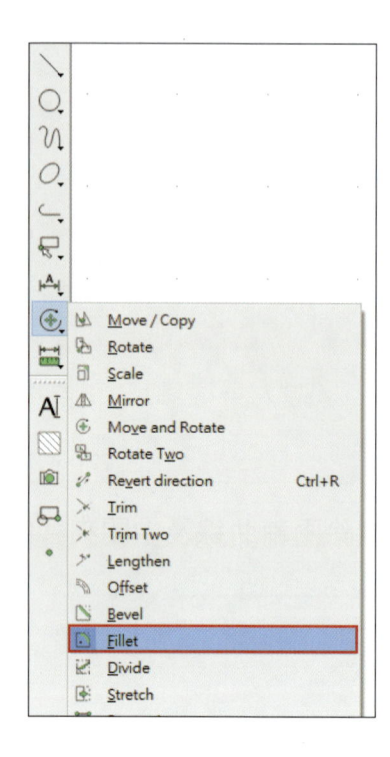

使用 Fillet 工具需分別點擊構成該角的兩條邊線，圓角半徑建議設為 5mm。

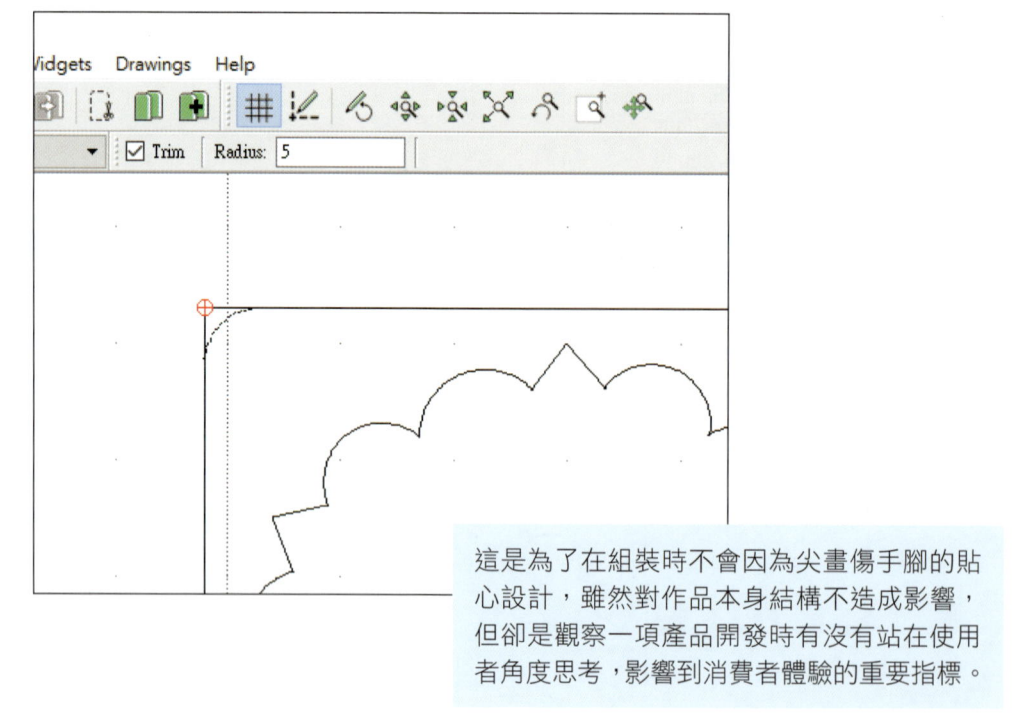

這是為了在組裝時不會因為尖畫傷手腳的貼心設計，雖然對作品本身結構不造成影響，但卻是觀察一項產品開發時有沒有站在使用者角度思考，影響到消費者體驗的重要指標。

**Step 10** 儲存並載入進 LaserBox 軟體進行加工，觀察零件是否太容易脫落，或是在使用時太難拆卸。

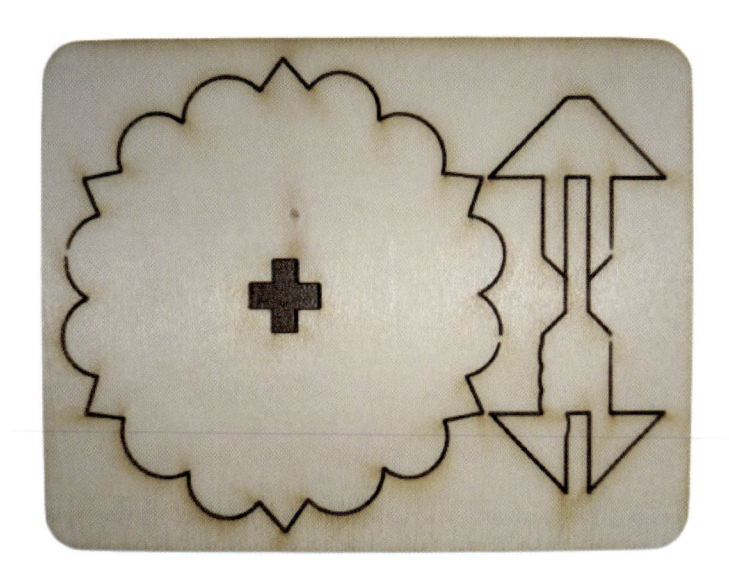

　　以上內容雖然不是教新的立體組裝結構，但卻是能將自己玩好玩的作品提升商品的重要歷程，移動零件跟設置缺口的方法不難，但是每個零件要設幾個連接點、設在哪？零件要如何排列才能既美觀又省成本？這些都很難有標準化的流程或公式，是要大量設計經驗累積的。

作品分享

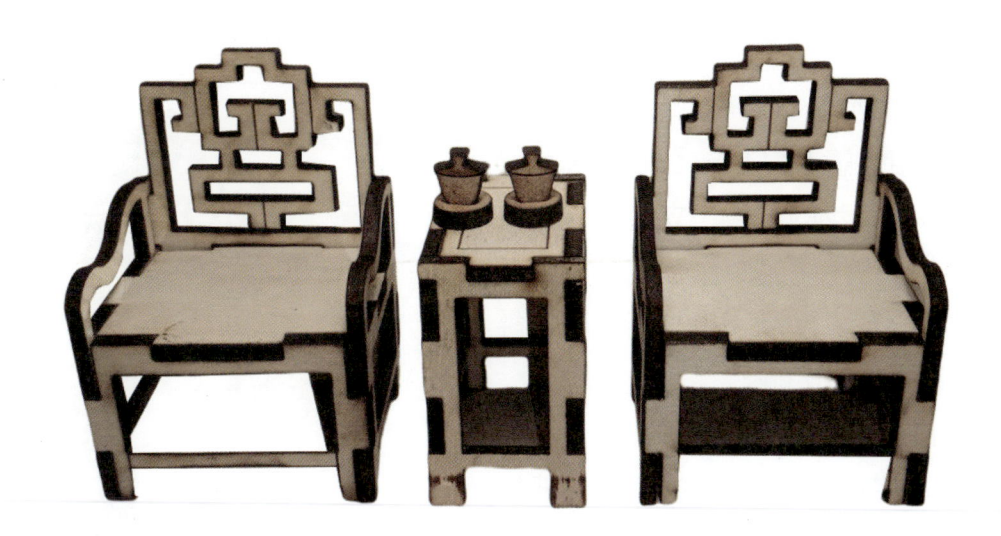

Chapter 3　LibreCAD 雷切商品設計　85

## 3-7　室內設計套件組裝

經歷前面收納盒、卡通立牌、雷切陀螺等三個作品，相信讀者對 LibreCAD 這套軟體的操作一定有了初步的認識，立體組裝的製圖也介紹了榫卯、十字搭接兩種結構，以目前所學過的技術加上一點巧思，其實就已經足夠設計很多有趣的作品。

本節再以室內設計套件做示範，在一個作品中同時使用多種組裝結構，名稱為 littleRoom.dxf，只需自行使用 3mm 椴木板在激光寶盒中加工出來，並依照下列步驟操作，組裝出一個有三面牆、一面地板，還有一門一窗的室內小模型。

如果組裝時有任何問題，例如零件不好拆、組裝太鬆或太緊等等，可以試著開啟圖檔自行調整零件的圖案。

在開始組裝前，先觀察零件版上有哪些東西？

1. 地板
2. 有門牆面
3. 有窗牆面
4. 空白牆面
5. 蘑菇連接片
6. 軸承連接片
7. 直角連接片

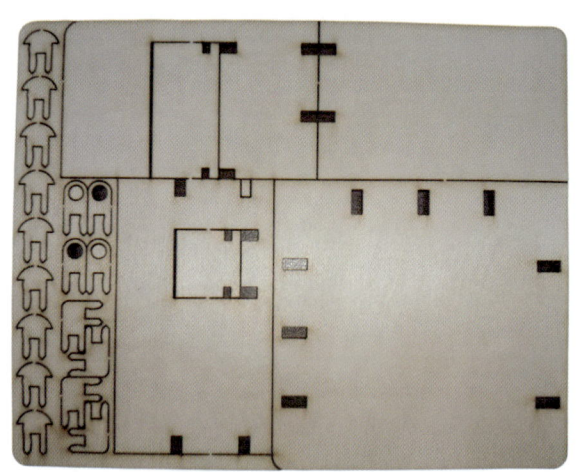

## 一、安裝門窗

**Step 1** 拆下門窗零件與軸承連接片。

**Step 2** 門窗兩側缺口插進連接片圓孔。

**Step 3** 連接片扣進門框、窗框凹槽,並塞緊。

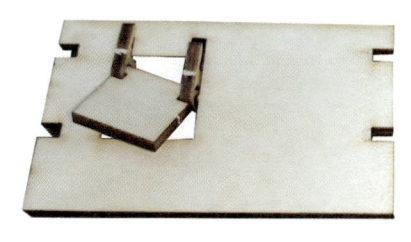

門窗都要能順利活動開關。

**Step 4** 取下直角連接片,短邊插進有窗牆面兩側。

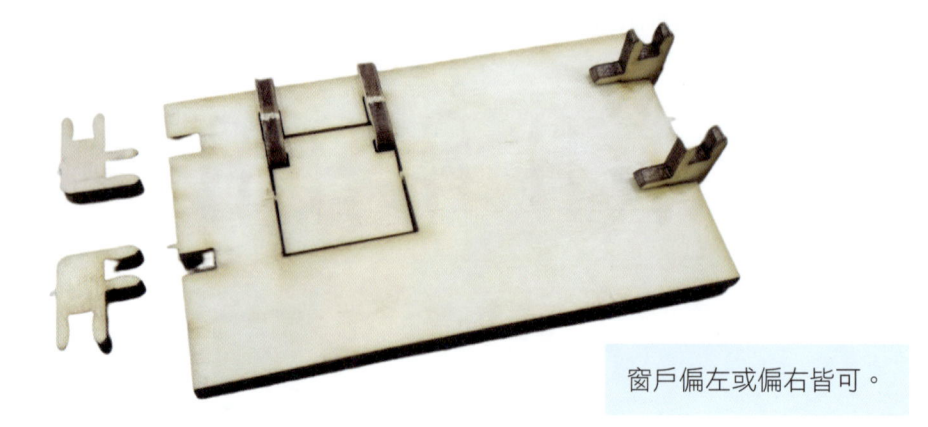

窗戶偏左或偏右皆可。

**Step 5** 剩餘兩牆面插進直角連接板長邊。

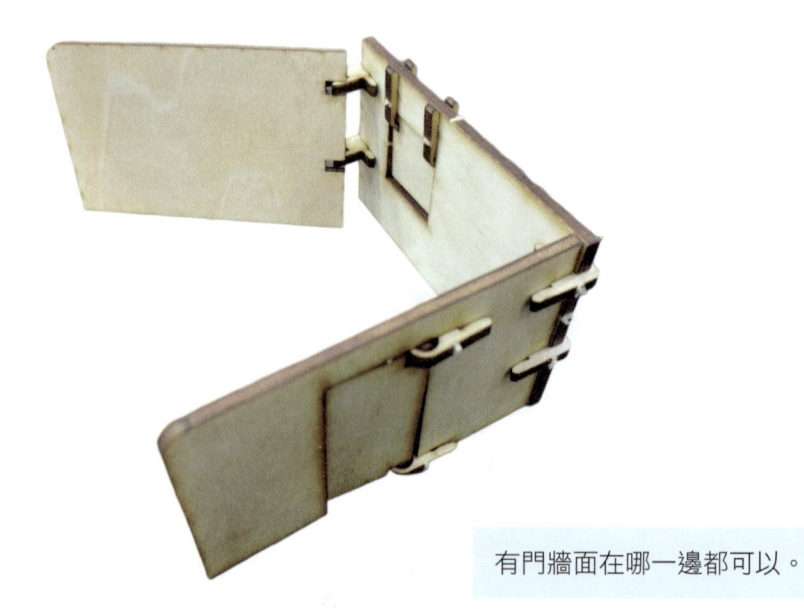

有門牆面在哪一邊都可以。

**Step 6** 蘑菇連接片插進地板底下的方孔。

**Step 8** 地板反過來,牆面夾進蘑菇連接片的缺口。

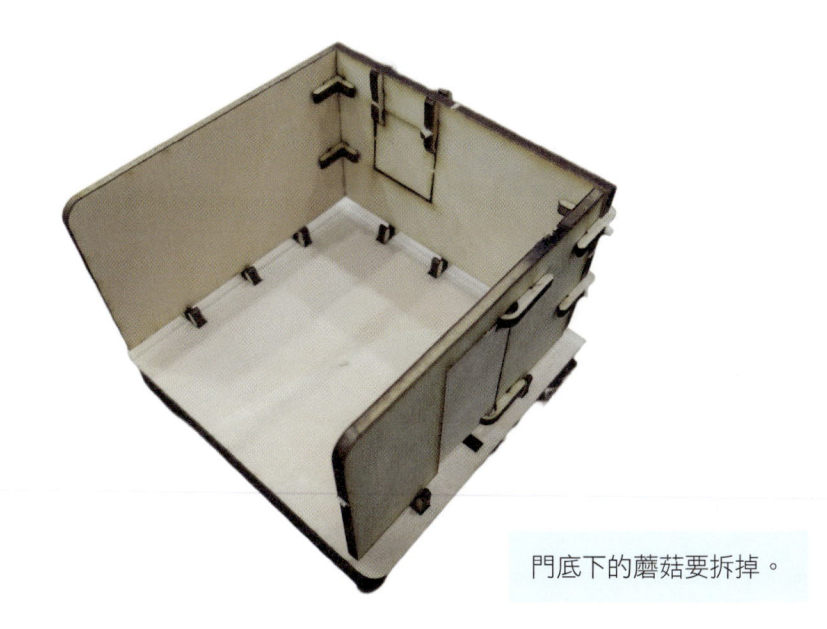

門底下的蘑菇要拆掉。

**Step 9** 完成。

組裝完室內設計套件後,房間內還是空空如也,在之後的章節還用的到,可不要丟掉了。

同場加映雷切小木偶,檔案名稱為 woodman.dxf,可以為人偶設計不同的表情面板,先自己嘗試從左邊的零件板組,裝出右邊的雷切小木偶,後續的章節用到他時再做詳細的教學。

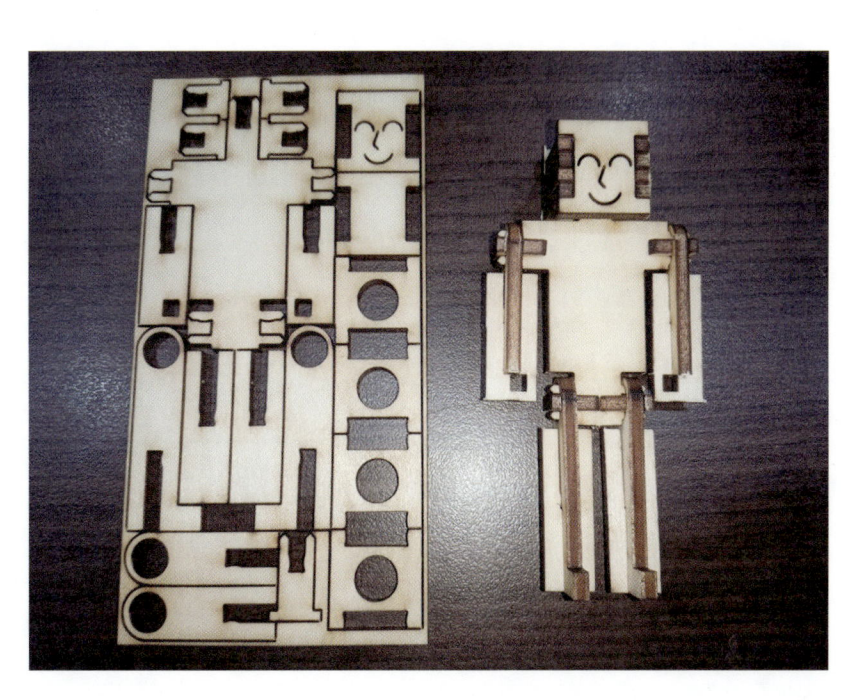

# note

# 3D 列印機 CR-10 Smart

# 4

4-1　機體與原理介紹
4-2　機體操作
4-3　Cura 軟體簡介與列印
4-5　自製童玩鬥片

## 4-1 機體與原理介紹

　　CR-10 Smart 是創想三維公司新出品的龍門型 3D 列印機，是 CR10 型號的優化版，除了在外型上將主機、控制器、料架整合到一起，控制介面也變成觸控螢幕，還多出了許多智慧型功能，例如智慧調平、斷料偵測、自動休眠等等，組裝上也是非常方便，照著說明書 10 分鐘左右就能快速組裝完成。

CR-10 與 CR-10 Smart

總重約 14KG，可列印物件的最大尺寸長寬 30cm、高 40cm。

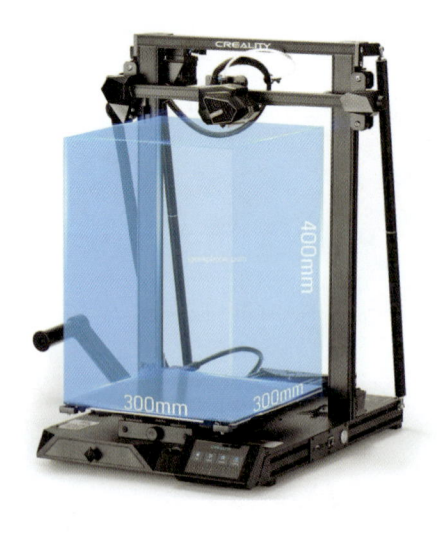

3D 列印的原理有很多種，如熔融層積、光固化、粉末燒結等等，CR-10 Smart 使用的是最常見的熔融層積法（FDM，Fused deposition modeling），需要將材料透過噴頭加熱後，在平台上擠出冷卻成型，簡而言之就像是使用熱熔膠槍一樣，只是使用的材料改為 PLA 塑膠，融化需要的溫度約為 200 度。

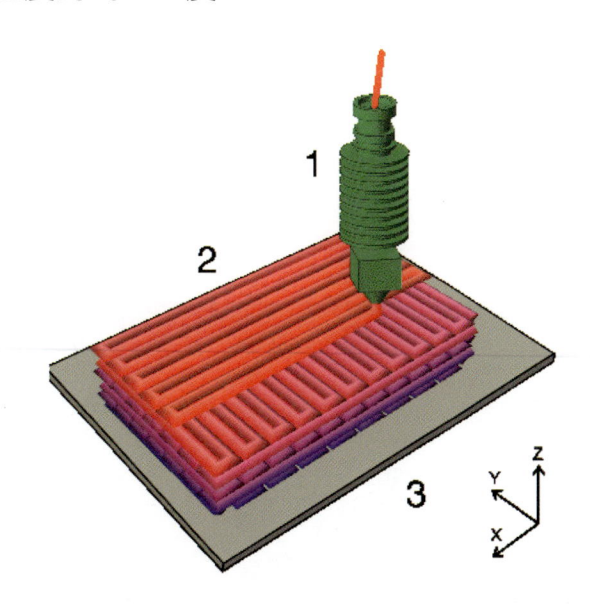

## 3D 列印流程表

| 階段 | 概述 |
| --- | --- |
| 1. 建模 | 以軟體建構 3D 模型，從 4-4 節開始介紹 Magicavoxel 這套 3D 建模軟體。 |
| 2. 切片 | 將模型分層規劃噴頭路徑，從 4-3 節開始介紹如何使用 Cura 進行切片及設定參數。 |
| 3. 準備 | 開始列印前機器的事前準備與事後收尾，4-2 節會 CR-10 Smart 調平、預熱、進料、退料等操作。 |
| 4. 列印 | 靜待印製完成，或發現有突發狀況立即停止。 |
| 5. 後製 | 取下模型後拆除支撐，打磨、拋光、上色等。 |

　　如同 3-1 節所說，學習任何一款軟體，無論是文字、影音等等的編輯器，都不是翻開軟體參考書從頭讀到尾，熟記每個功能之後才開始做應用，Magicavoxel 與 Cura 兩個軟體的功能，都不是一兩節的篇幅就能介紹完，而是會搭配不同難度的作品，由淺入深逐步增加對軟體的理解。

## 4-2 機體操作

　　先前在使用激光寶盒時，基本上只要開機把板子放進工作檯，就可以開始加工，相較之下在使用在開始使用 3D 列印機製作模型之前，機器有很多事前準備要操作。

### 一、調平

　　找到噴頭與列印平台最佳的列印距離稱之為調平，舊版的 CR10 以及坊間許多機種，都需要手動旋轉平台下的螺絲旋鈕調整平台高度，需要反覆不斷微調每個螺絲非常麻煩。

而 CR-10 Smart 則用程式自動調平取代了這個繁瑣的功能，按照上面步驟機器會偵測並記錄平台上 16 個點位 ( 長寬各 4 個 ) 的高度，開始列印時噴頭會自動按照偵測到的數據，上下微調噴頭高度，隨時維持噴頭與平台的最佳間距。

## 二、預熱

機器使用前要先將噴頭加熱到能融化線材的溫度 ( 約為 200 度 )，平台上的底板也需要維持一定的溫度 ( 約為 60 度 )，這是為了讓印出來的模型能夠更好的附著在平台上，設定溫度的方法有兩種。

(1) 指定材料為 PLA 塑膠做預熱，會同時加熱噴頭與底板，通常用這個方法就可以了。

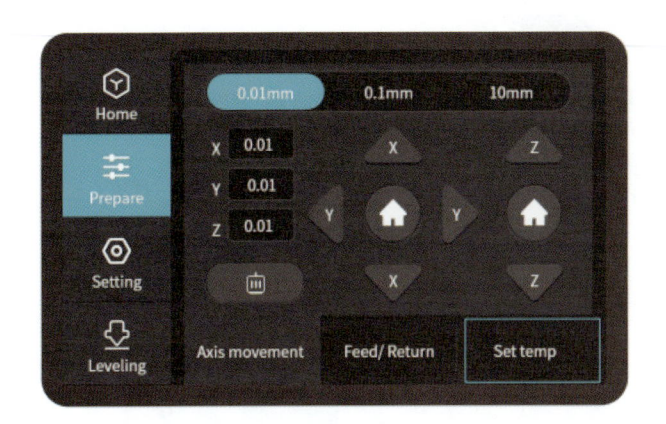

(2) 分別指定噴頭及底板的加熱溫度。

## 三、進料

完整進料流程包含以下幾個步驟。

**Step 1** 將線捲掛上料架。

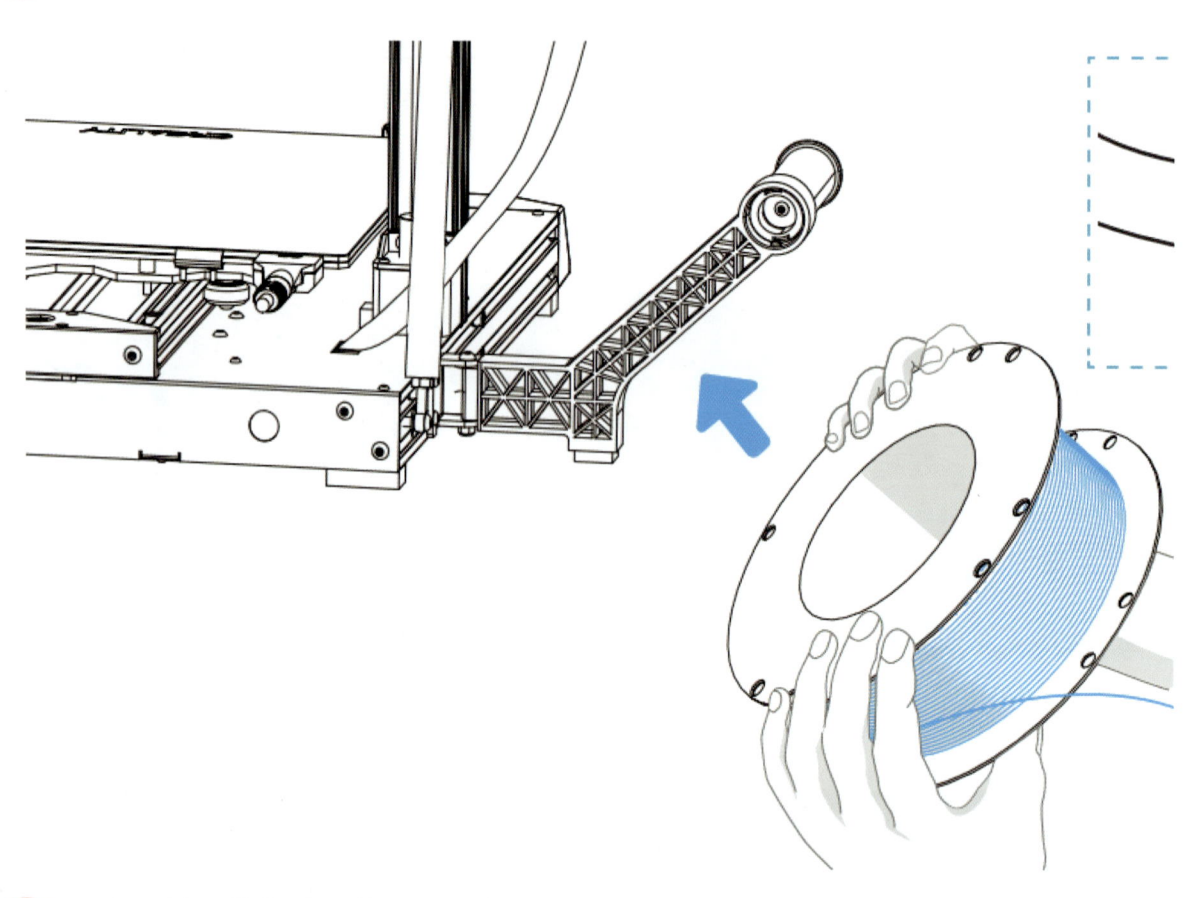

**Step 2** 使用斜口鉗將線頭剪 45 度斜口，方便穿線。

**Step 3** 撥開進料閥，進料齒輪會鬆開讓線能穿過。

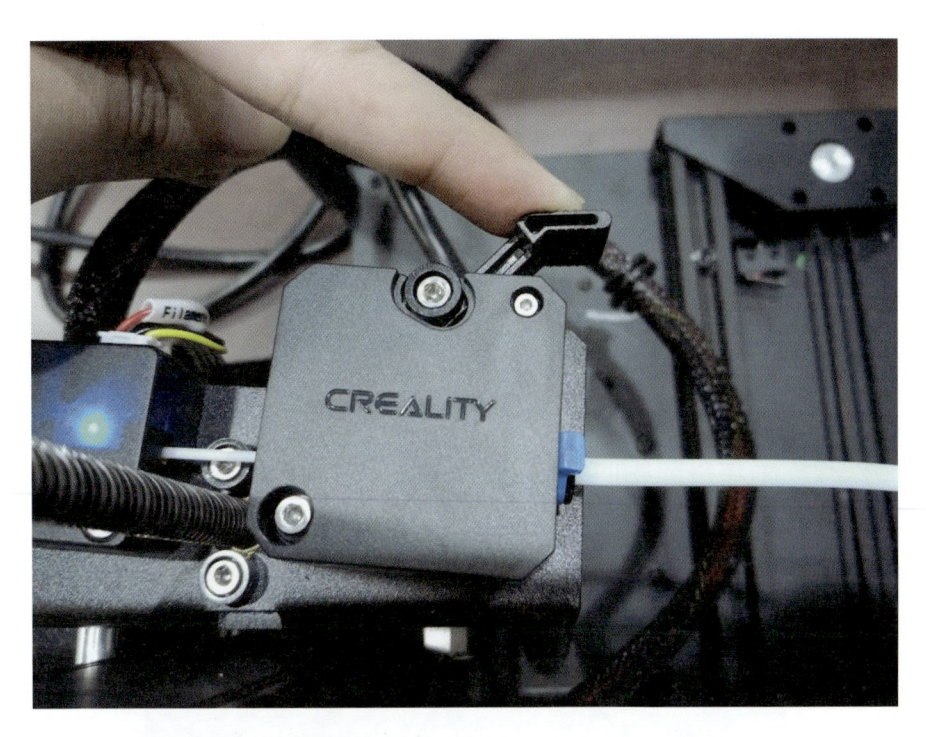

**Step 4** 將線材依序穿過斷料檢測與進料齒輪盒。

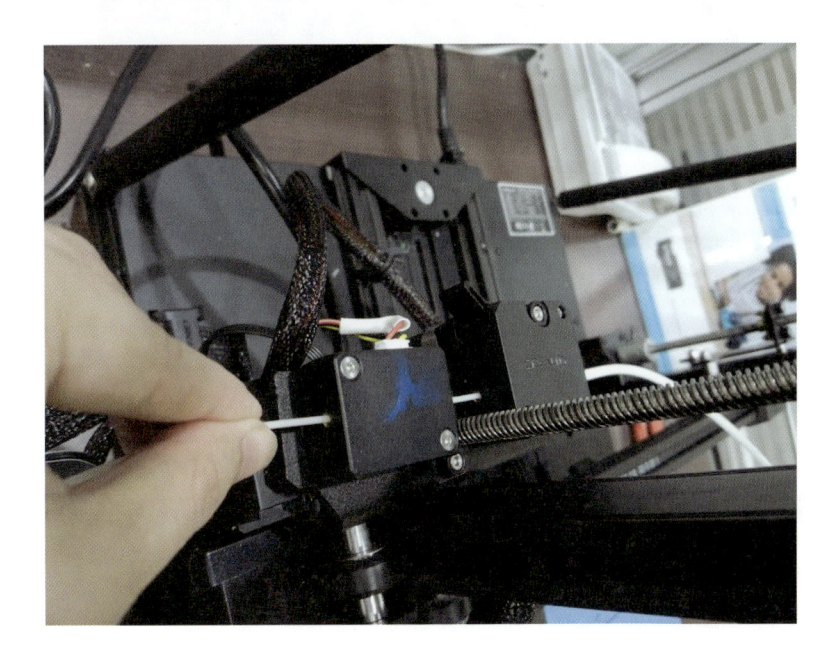

**Step 5** 手動推進線材，直到噴頭有跟線材一樣的塑膠液流出。

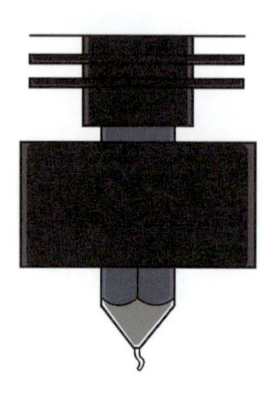

**Step 6** 關上進料閥，讓進料齒輪咬緊線材，否則在列印時無法推動線材。

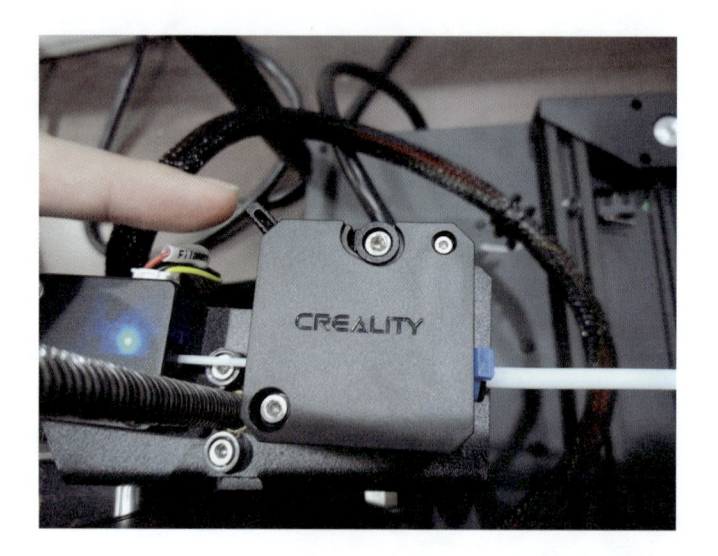

## 四、退料

在列印完成或是想更換不同線材，都需要先將當前的線材取下，一定要養成不使用列印機就退料的好習慣，線材長期卡在噴頭裡冷卻容易造成噴頭堵料。

退料前一樣要先預熱噴頭，接著撥開進料閥才能手動抽線，抽線時也不是直接往外拉，而是要先擠在噴頭處的料向前擠推掉，再快速向後抽出讓線頭是細細尖尖的，否則線頭處較粗的部分會卡在管線內，這下就麻煩了。

## 4-3　Cura 軟體簡介與列印

　　如同電腦其實看不懂人類打的程式語言，只會按照編譯好的機器語言執行命令，3D 列印機也看不懂你的模型裡面畫甚麼，此時就要由 Cura 切片軟體軟體負責翻譯的動作，將 3D 模型轉換成機器的控制指令，相對於激光寶盒 LaserBox 也是如此。

　　在本節的目標是將是使用 Cura 載入先準備好的一個 3D 模型 (3x3x3.ply)，調整大小後交由 CR-10 Smart 印出來。

### 一、軟體下載安裝

　　進入 Cura 官網 https://ultimaker.com/software/ultimaker-cura，點選下載並選擇適合作業系統的版本，逐步按下確認完成安裝程序。

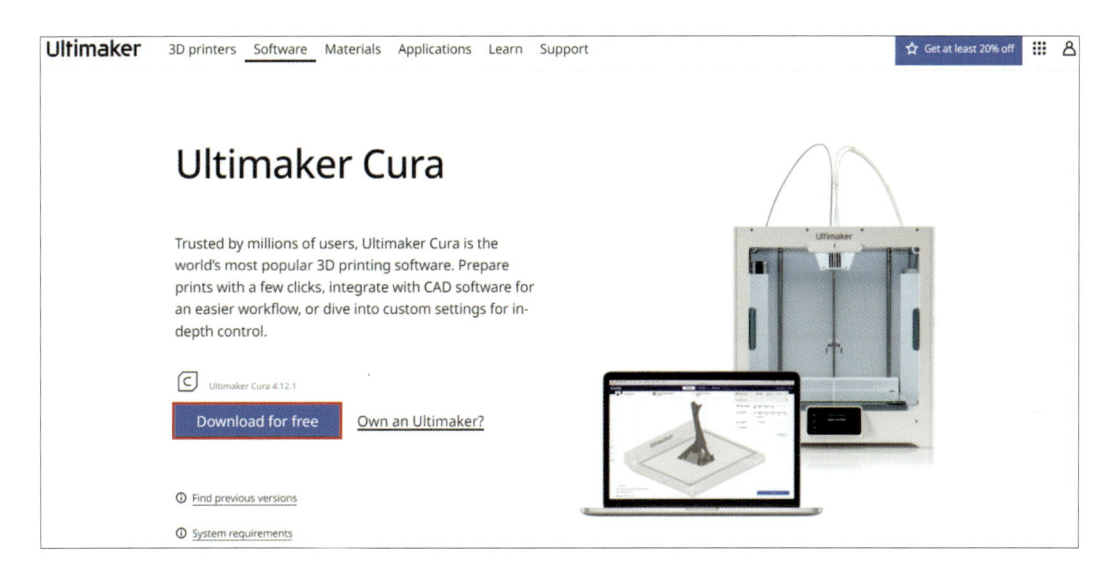

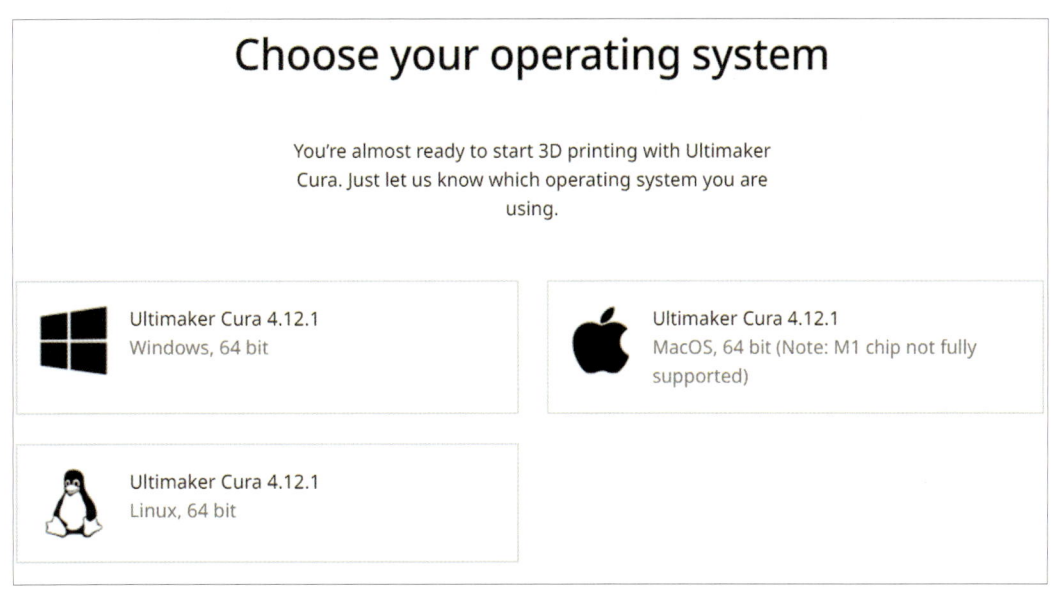

初次使用 Cura 會有例行性的問答及要求登入帳號，快速掠過即可也不須登入帳號，最重要的環節是選擇機器，先點選 Add a non-network printer，Cura 幾乎羅列了市面上所有廠牌型號的 3D 列印，這裡所使用的 3D 列印機是創想三維 Creality 3D 的 CR-10 Smart，找到並點選對應廠牌型號的機器，Cura 就會載入開機器的所有參數數據，後續的流程也可快速略過。

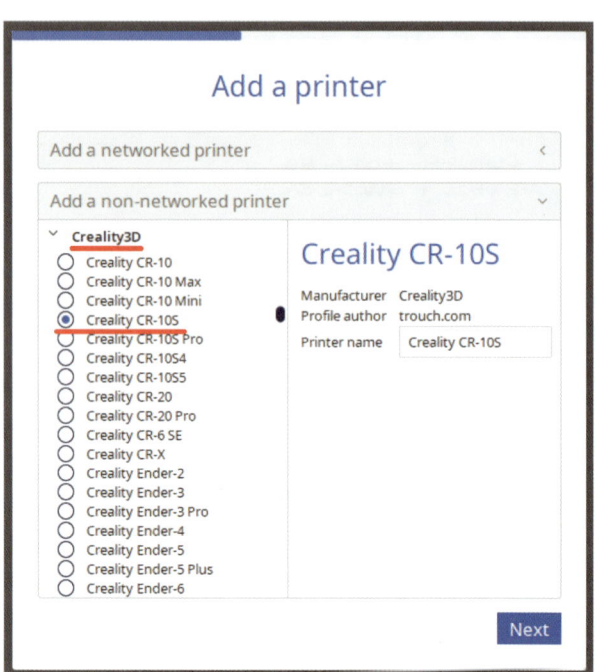

　　習慣中文介面的使用者，可如圖開啟設定介面，並在語言處選擇正體字，此設定需要重新開啟軟體後才會生效。

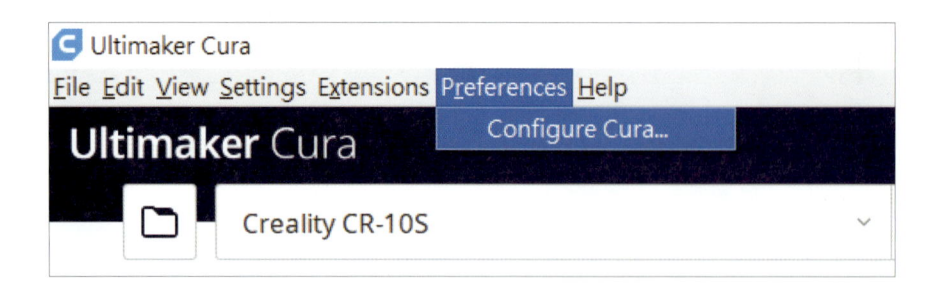

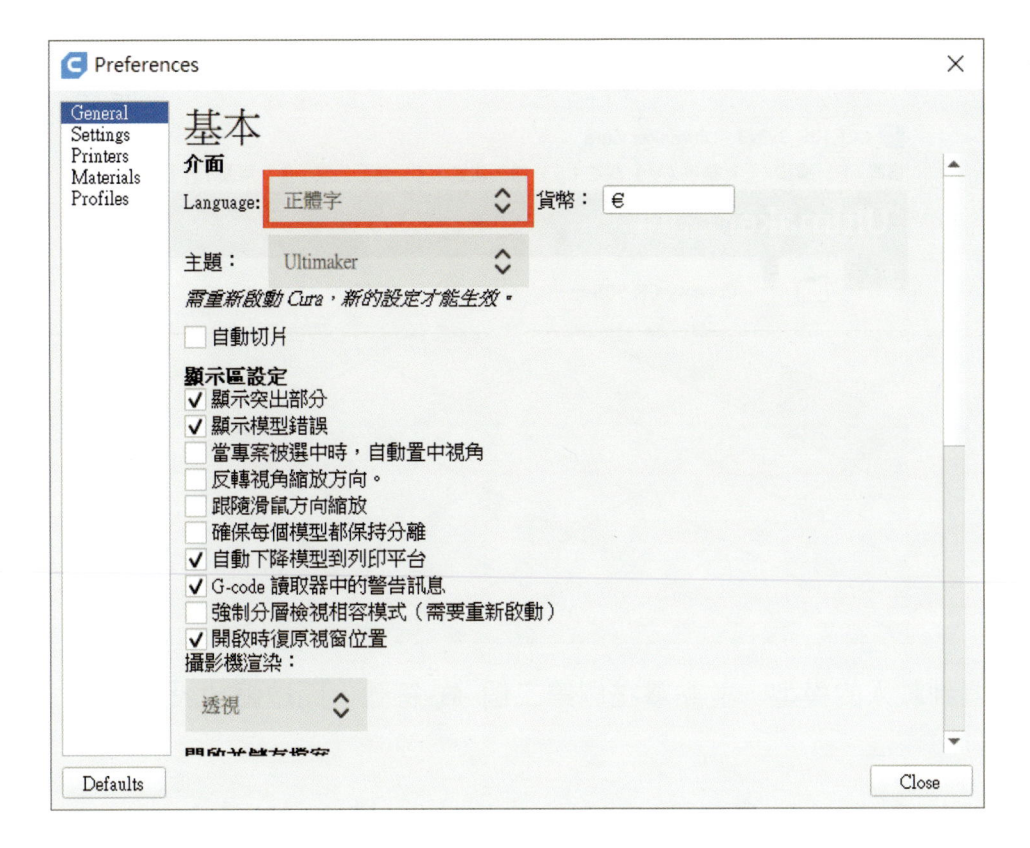

## 二、模型切片

完成前述設定後，可以看見軟體畫面如圖呈現，中間的藍框與灰面表示列印機的可列印範圍與底板，右側的區塊為最常用的參數設定，Cura 實際能調整的參數當然遠不止這些，但作為初學者先瞭解這幾項就很夠用了，接著按照以下步驟載入模型並生成切片檔。

**Step 1** 點選左上資料夾符號，載入 3×3×3.ply 檔。

**Step 2** 點選到載入的模型，並點擊左側第二個 符號，開啟縮放設定。

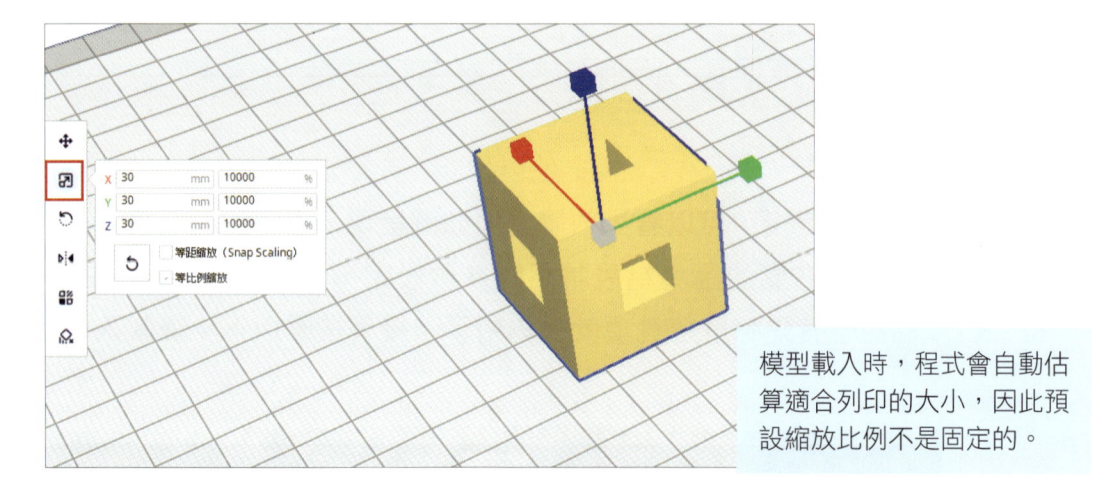

> 模型載入時，程式會自動估算適合列印的大小，因此預設縮放比例不是固定的。

**Step 3** 確定有勾選等比例，再調整縮放比例為 3000。

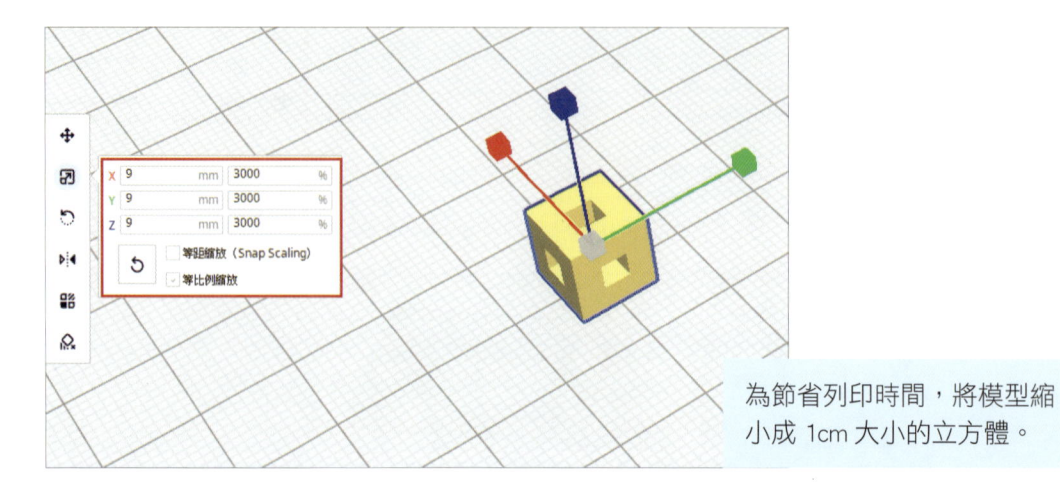

> 為節省列印時間，將模型縮小成 1cm 大小的立方體。

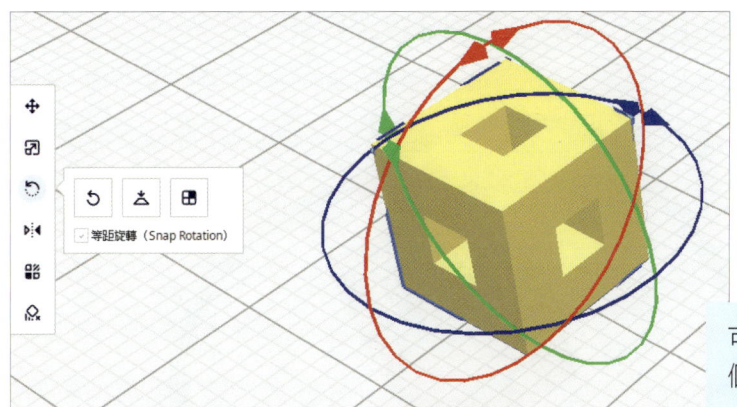

Chapter 4　3D 列印機 CR-10 Smart　103

可以先自行嘗試第三個圖示的旋轉功能。

**Step 4**　右上角的參數面板如圖設定，支撐、附著皆不用勾選。

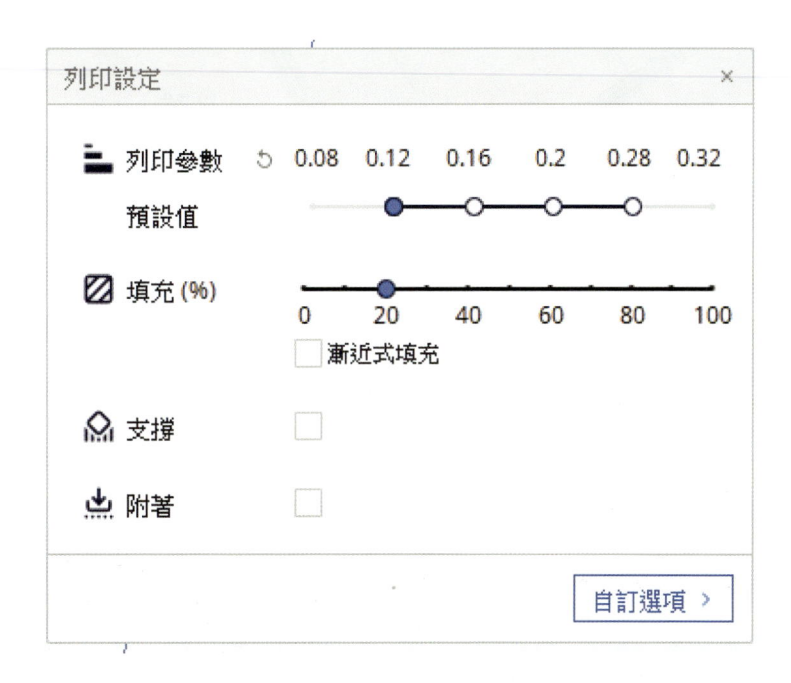

**Step 5**　點擊右下角切片、預覽。

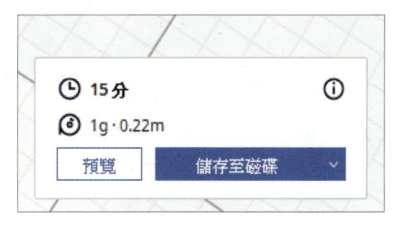

查看列印需要的時間，並簡單觀察演算出來的路徑圖。

**Step 6** 電腦插入 SD 卡後，點擊右下角儲存至磁碟。

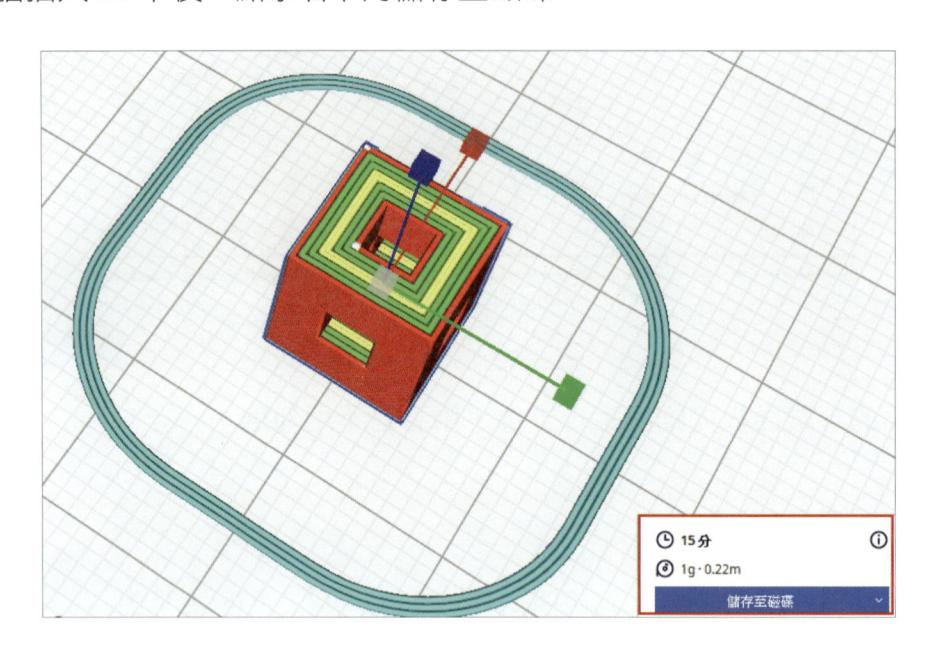

## 三、開始列印

將 Cura 切片完產出的 gcode 檔存進 SD 卡後，回到 CR-10 Smart 3D 列印機，按照以下步驟操作機器印出模型。

**Step 1** 插入 SD 卡，金屬面朝上。

**Step 2** 按照下列圖點擊觸控螢幕，選擇要印的檔案按下 ▶ 開始列印。

**Step 3** 等待約 15 分鐘後第一個 3D 列印的作品就完成了。

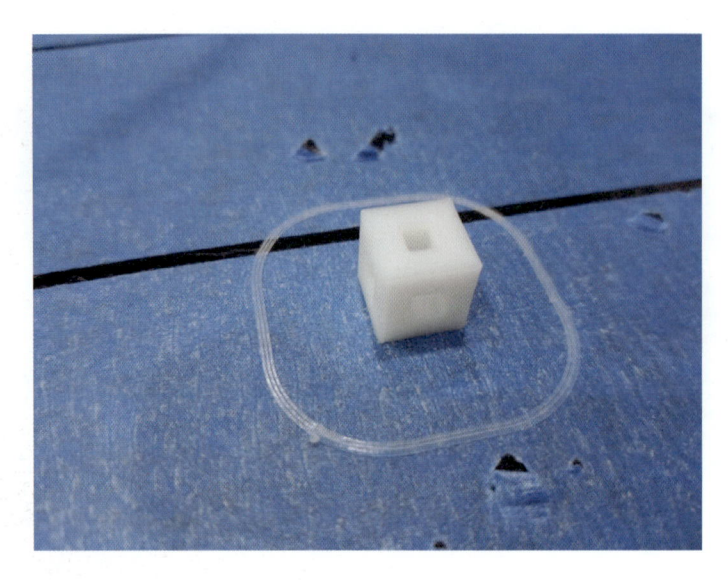

到這邊你已經學會如何操作 3D 列印機印出模型，可以到 Thingiverse 等免費圖檔平台，下載喜歡的模型自行列印，Cura 可以接受的檔案類型很多，如 STL、OBJ、PLY 等等都有支援。

但如果買了 3D 卻都只能印別人的設計不是太可惜了嗎，下一節會開始介紹 3D 建模軟體 MagicaVoxel。

## 4-4 認識 MagicaVoxel

你喜歡堆樂高積木嗎？你聽過創世神 (Minecraft) 這款能自由蓋房子的遊戲嗎？本節要介紹的軟體 MagicaVoxel 就是一款用堆積木的方式建模的 3D 軟體，而且他還是綠色軟體，既免費還免安裝。

### 一、何謂 Voxel

3D 建模軟體五花八門，有入門的有專業的、有免費的有付費的，絕大多數的軟體都能夠做出平滑的曲面、球體，而此套件中我們介紹的 MagicaVoxel 卻無法作出球體，連這麼基本的功能都做不到，為何我們還要推薦這套軟體呢？

MagicaVoxel 中的球體，沒有平滑的表面

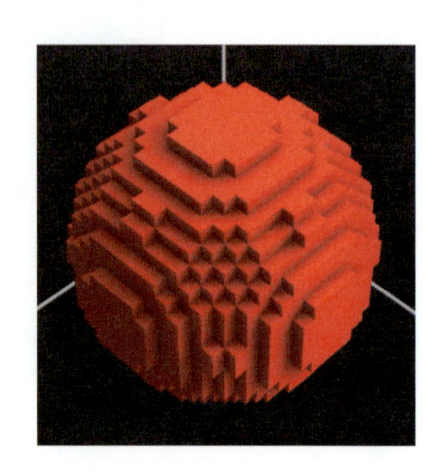

MagicaVoxel 的 Voxel 這個字是從 Volume 與 Pixel 兩個字組合來的，表示有體積的像素簡稱體素，也就是邊長為 1 的立方體，MagicaVoxel 中再大再複雜的模型，也都是由一個個最小方格所組成的，這也是為甚麼他無法做出光滑的曲面。

　　體素建模的方式看起來有明顯的缺點，但他的巨大優勢在於可學習性，當你在網路上看到大神用其他的建模軟體，做出很棒的作品時，你除了望洋興嘆之外很難從中學習到甚麼，要做出跟他一樣的東西，你必須花大量的時間學習軟體，熟悉各種工具的操作方式，再仔細觀看教學影片，一步步照著做，才有可能做出跟他類似的東西，前提是有好心人願意拍教學影片。

喜歡這兩隻小恐龍嗎，你也可以畫得出來喔！
（圖片為 Mohamed Chahin 的創作）

　　而當你看到喜歡的 Voxel 模型，那怕你只學了 MagicaVoxel 中的一種工具，只會一個一個方塊的砌磚，只要有耐心你也可以做出跟他一模一樣的模型，讓你建立起我也做得到的自信。

　　況且比起細膩平滑的建模風格，Voxel 風格的模型也有他獨特的萌感，否則 Voxel 風格的著名遊戲 我的世界 Minecraft，如何能打敗俄羅斯方塊成為世界第一暢銷的電子遊戲，並達成多項金氏世界紀錄，成為不敗的經典。

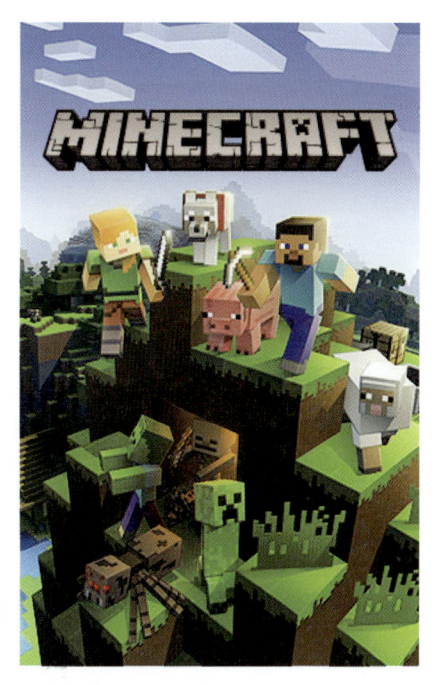

Voxel 風格的經典遊戲 我的世界 Minecraft
（圖片來自 Minecraft 官網）

## 二、取得軟體

依照以下步驟下載並開啟軟體。

**Step 1** 進入網址 https://ephtracy.github.io/，點選第二個 Download 按鈕。

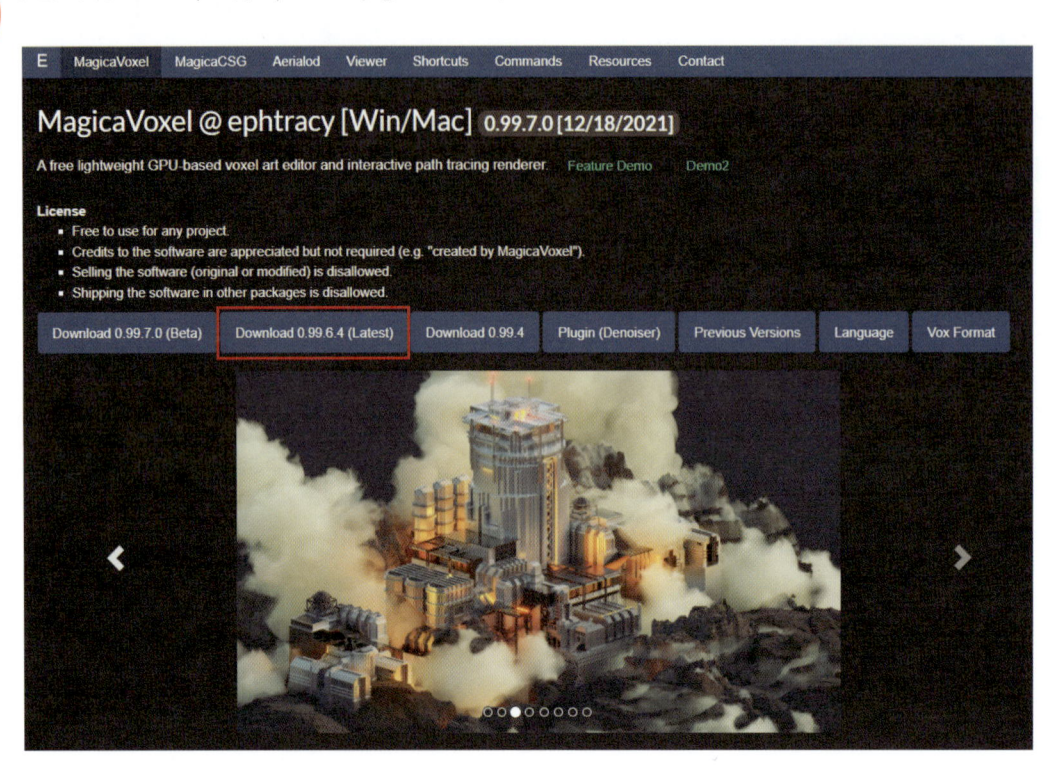

**Step 2** 找到對應自己電腦作業系統的壓縮檔，點擊後就會開始下載。

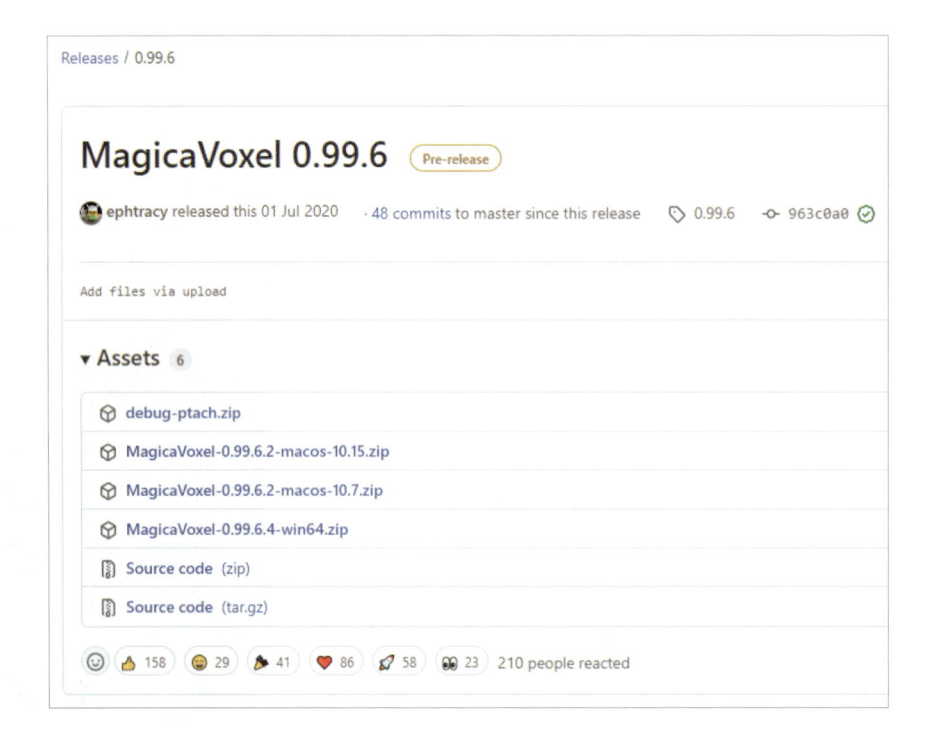

Chapter 4　3D 列印機 CR-10 Smart　109

**Step 3**　下載完成後解壓縮至桌面，開啟資料夾並點擊有娃娃圖案的 MagicaVoxel.exe。

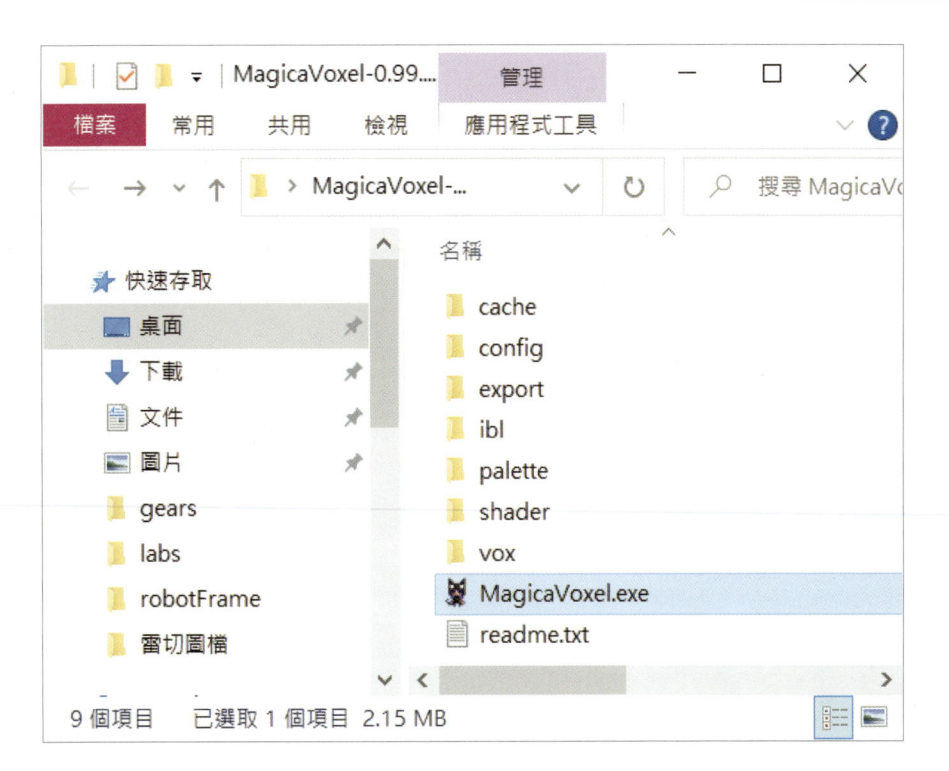

**Step 4**　已進入 MagiacaVoxel 主畫面。

## 三、軟體操作簡介

軟體主畫面各個窗格的分佈如下：

❶ 調色盤　選擇顏色
❷ 筆刷區　建模的基本工具
❹ 建模區　建模的主要工作區
❻ 進階工具　很多特殊的功能
❼ 範例檔案　可以參考的簡單模型

❸ 輔助線　更好檢視形狀的工具
❺ 視角控制　調整模型的視角

雖然 MagicaVoxel 是簡單易學的軟體，但從圖中可以看出功能其實也不少，以下只介紹第一次接觸該軟體必要的操作。

## 一、起手式

養成好習慣，進入軟體後的第一個動作，就是將左下角的三個輔助線，都點開。

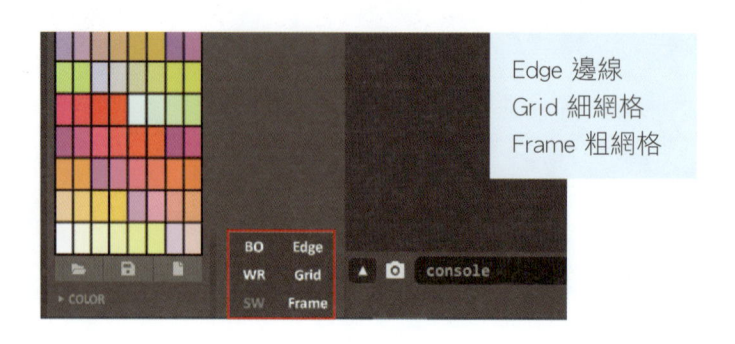

Edge 邊線
Grid 細網格
Frame 粗網格

輔助線工具都點開後，馬上看見中間的大方塊多了好多網格，每個細網格就是一個 voxel，每 10 格會有較粗的格線，可以清楚的看出每邊長皆為 40，大方塊的邊最粗線所長出的空間，就是可以建模的範圍。

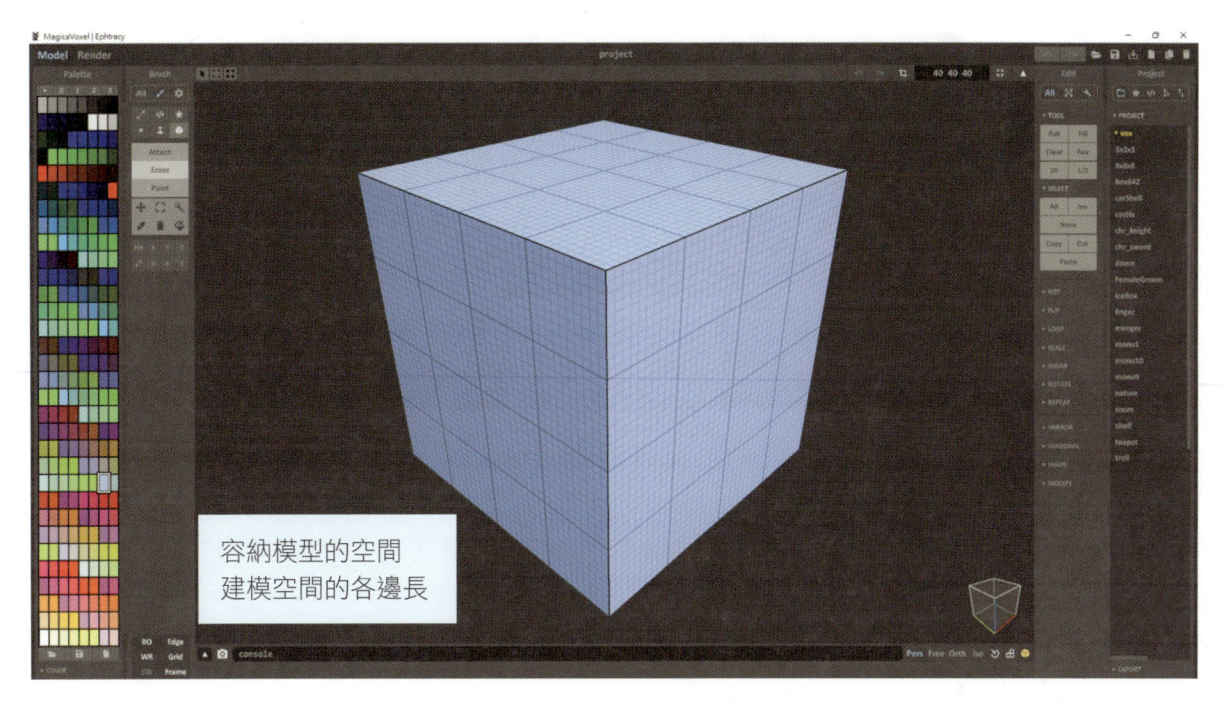

容納模型的空間
建模空間的各邊長

右上角寫著 3 個 40 的地方，可以修改可建模範圍的大小，三個數字分別 X、Y、Z 三個軸的長度，每個軸最大可達 256、最小至少為 1，軟體預設的可建模空間體積就是 40×40×40，並且自動填滿淺藍色方塊，也就是目前看到的樣子。

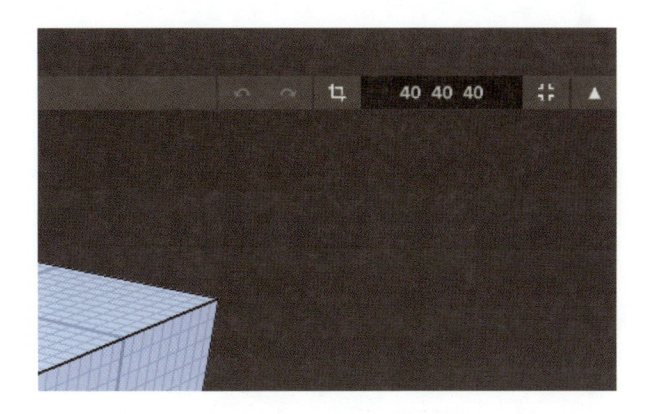

如同現實世界的雕塑藝術，有加法與減法兩種工法，加法是從完全沒有東西逐步加入並塑型，如陶塑、泥塑，減法是從大塊的材料逐步去除不要的部分，如木雕、石雕，在 MagicaVoxel 中也是如此，因此需要一鍵清空與一鍵填滿的功能，按鈕位置詳見圖中。

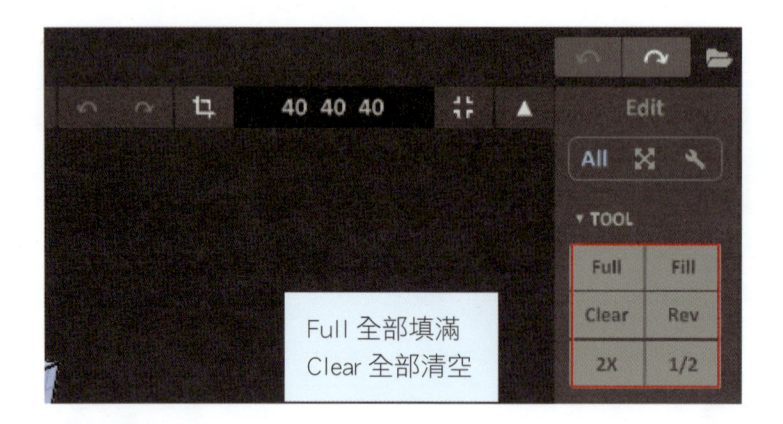

## 二、滑鼠用法

(1) 右鍵：滑鼠對著建模區按住右鍵不放，左右拖動可以橫向旋轉模型，上下旋轉可以縱向旋轉模型。

此時可以注意到建模區右下角有一個立方體框框也在跟著轉動，用於標示模型的坐標系，紅線為 X 軸、綠線為 Y 軸、藍線為 Z 軸，這是所有建模軟體都常用的表示法。

(2) 滾輪：建模區滾動滾輪可以將模型拉近或推遠，按住滾輪拖動可以將模型平移。

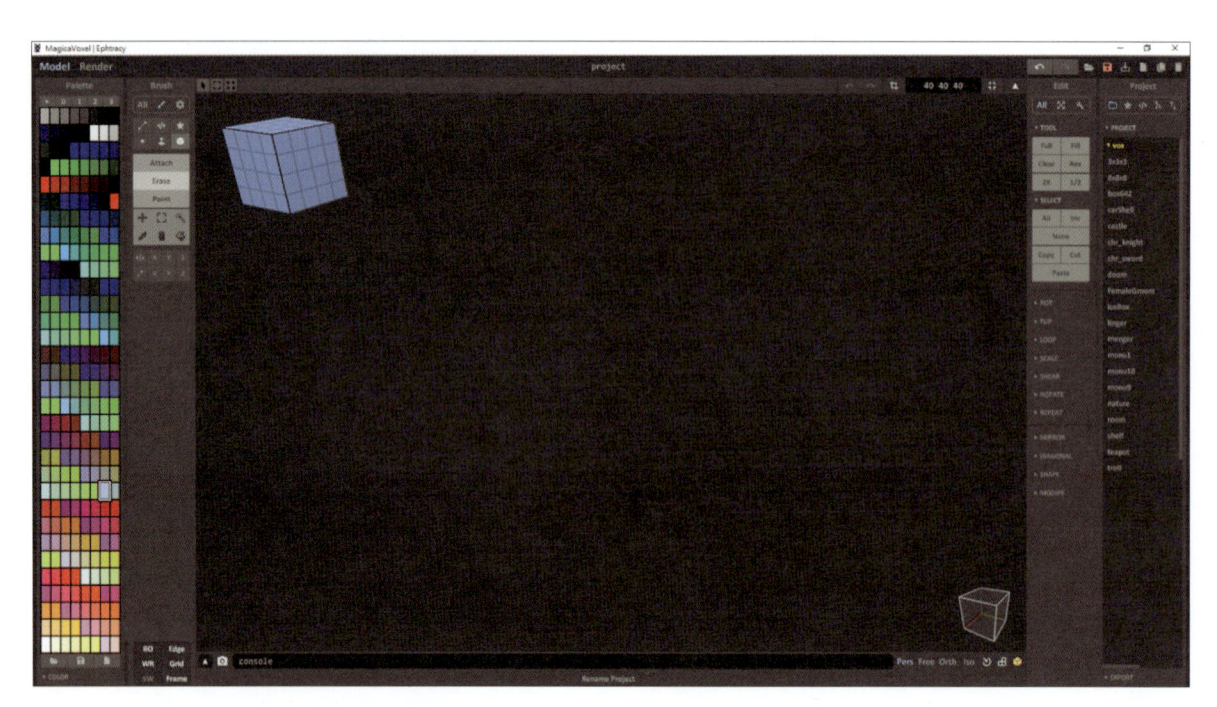

如果不小心將模型縮太小或移動不見了，可以點擊視角控制區右邊第三個按鈕，會自動幫你將模型拉回適當的位置。

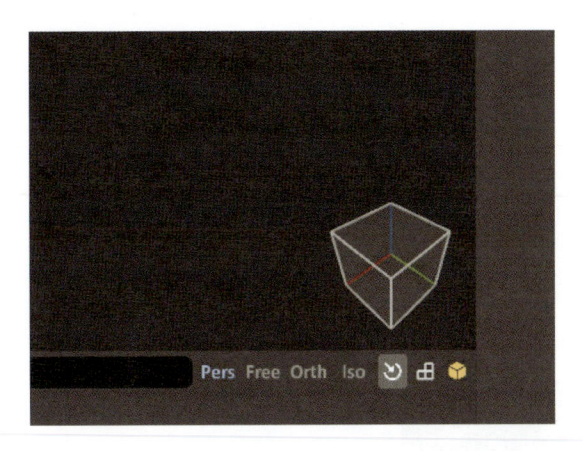

滑鼠的右鍵跟滾輪對模型本身不會有實質的影響，但滑鼠的左鍵就會修改到模型，也就是真的要開始建模了，前面在移動滑鼠時可以發現，當滑鼠的游標移動到模型上時，會在游標碰到的地方出現一小塊紅點，這表示左鍵點下去時，建模工具實際會影響到的方格位置。

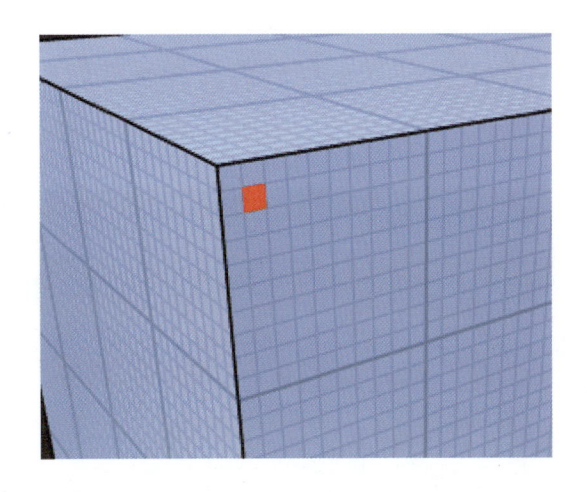

## 三、筆刷與調色盤

左鍵使用時要同時搭配窗格中的調色盤、筆刷區裡的型狀及模式，調色盤的用法就跟小畫家一樣，想用哪個顏色就點哪個顏色。

筆刷模式有 Attach、Erase 與 Paint 等 3 種，Attach 就是前述的加法，會在空間中增加新的方塊，Erase 就是前述的減法會消去原有的方塊，而 paint 則不加不減只變更顏色。

筆刷的模式常用的有 4 種，分別是點、線、面、體，從介面上的圖示能對應的功能，接著點選到左下的點 (Voxel) 形狀，並搭配前述的三種模式做練習，另外三個筆刷讀者可以自行測試。

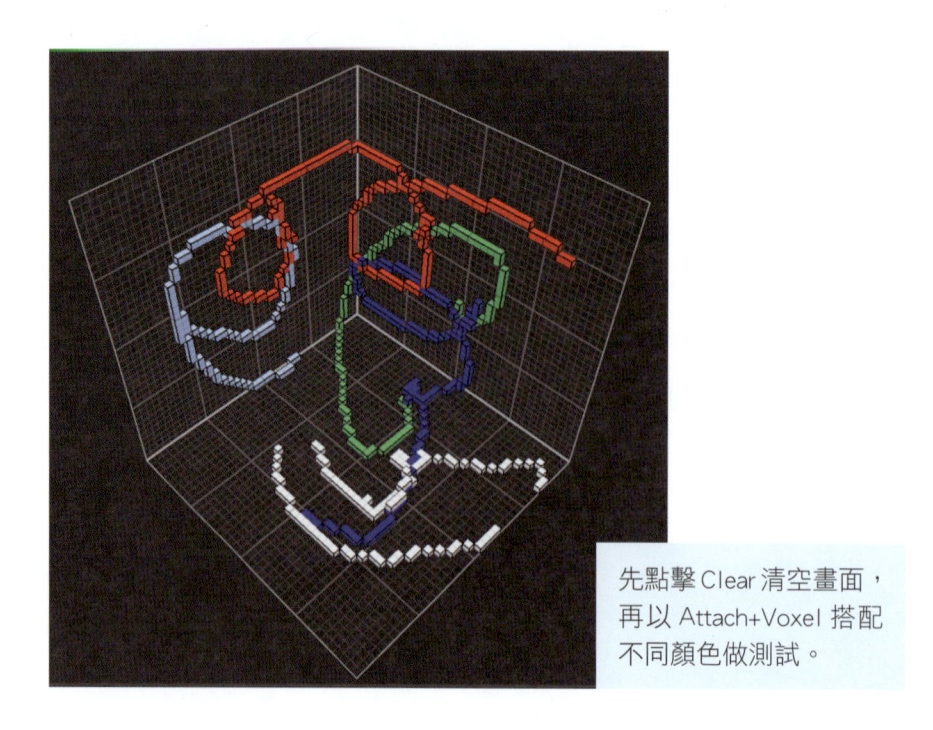

先點擊 Clear 清空畫面，再以 Attach+Voxel 搭配不同顏色做測試。

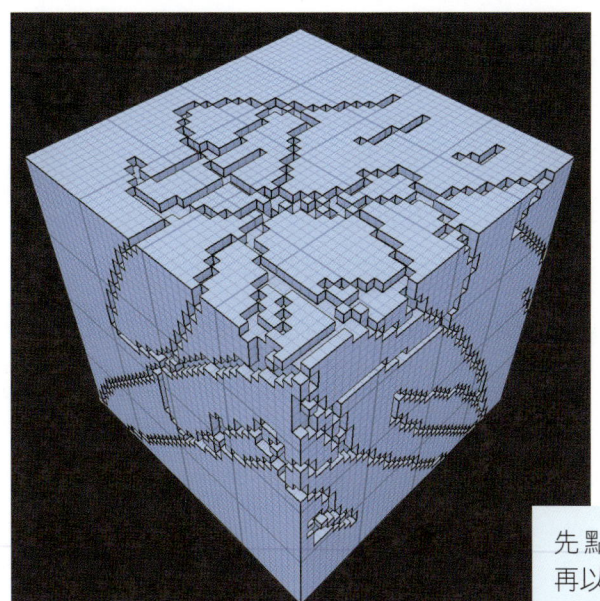

先點擊 Full 填滿空間，
再以 Erase+Voxel 做測試。

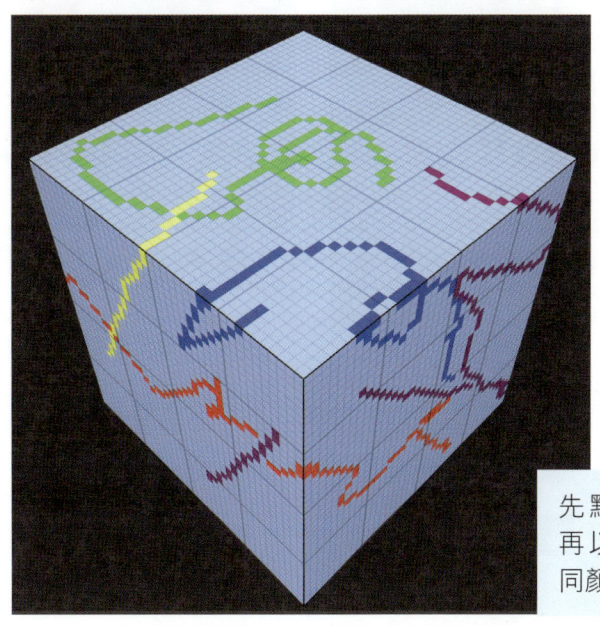

先點擊 Full 填滿空間，
再以 Paint+Voxel 搭配不
同顏色做測試。

　　恭喜你已經學完 MagicaVoxel 所有的建模功能了，整個軟體不外乎就是加減方塊、改顏色，只要有耐心用上述這三招就能做出所有 Voxel 風格的模型，其他後續介紹的工具或功能只是加速建模的速度，後面我們會以實際作品搭配新的建模工具作介紹。

## 4-5 自製童玩鬥片

筆者小時候有玩過一種童玩叫做鬥片,其實也就是一些畫有卡通圖案的塑膠片,顏色形狀各異有圓的有方的。

我們這一節就是要試著用 3D 列印做出自己的鬥片,了解在 MagivcaVoxel 中建模完成後,要如何導出 Cura 認得的檔案,添加支撐後以 CR-10 印出。玩法也很簡單,玩家雙方各持一個鬥片放桌面上,輪流用手指彈自己的鬥片接近對手的鬥片,想辦法讓自己的鬥片蓋到對手就贏了,贏的一方就能拿走對手的鬥片。為了讓自己的鬥片更強,很多人還會進行改裝,例如用立可白把中間塗厚,或用打火機把邊邊燒的翹翹的,會更容易蓋過別人的鬥片。

### 一、鬥片造型設計

按照以下步驟做出一個有立體造型的鬥片。

**Step 1** 點擊右上角白紙 符號開啟新檔。

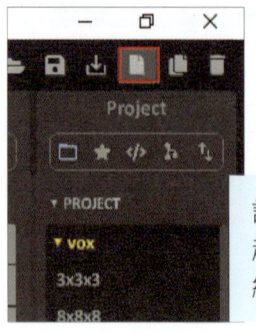

記得按照前一節介紹的起手式操作,開啟輔助線、清空建模空間。

Chapter 4　3D 列印機 CR-10 Smart　117

**Step 2**　建模空間大小設定為 "40×40×5"，三個數字中間為空白鍵。

建模空間變成一個扁扁的正方型，之後畫的方格不會超出這個範圍。

畫筆為上一節介紹的 Attach+Voxel 組合。

**Step 3**　在正方形底面畫一個你喜歡的封閉形狀。

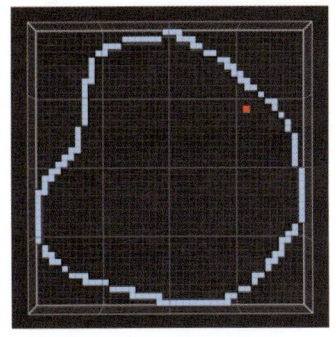

這就是你鬥片的輪廓。

**Step 4** 畫筆模式切換為 Attach+Face 添加平面。

**Step 5** 在鬥片輪廓中間以左鍵點擊 4 次，厚度為 4。

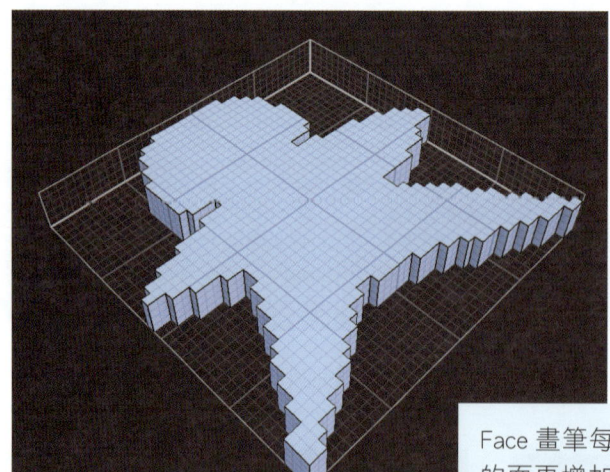

> Face 畫筆每點擊一次，會在相鄰等高的面再增加一層，因此第一次點擊會填滿輪廓內的空間，之後的三次點擊則是再往上疊加。

**Step 6** 畫筆模式切換為 Erase+Face 削減平面，並在鬥片背面點一次。

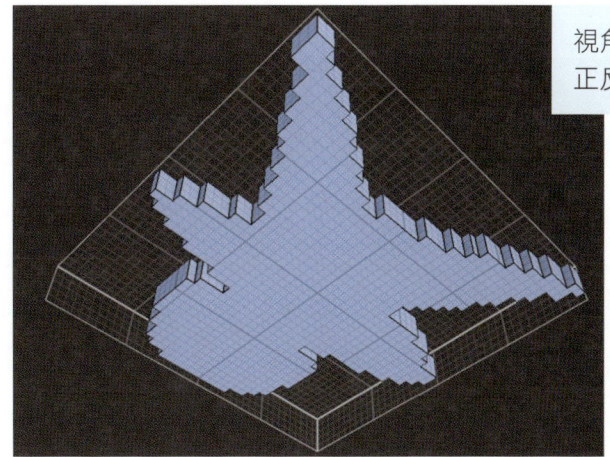

視角由下往上看到底面，鬥片正反兩面都個還有一層空間。

**Step 7** 挑選其他顏色，畫筆切換回 Attach+Voxel，在正反兩面畫上自己喜歡的造型。

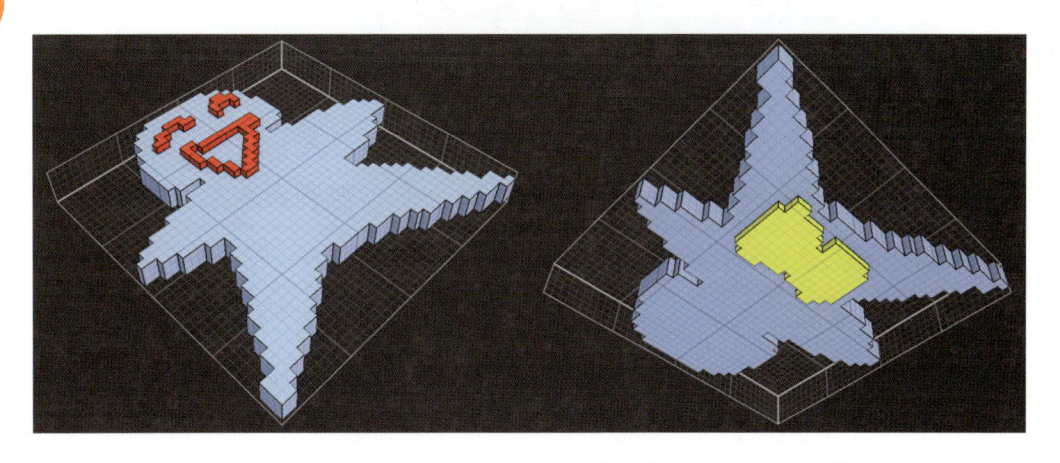

在背面畫上屁股，鬥片放在桌上會比較翹，也可以嘗試其他三畫筆組合，設計出更厲害的鬥片。

**Step 8** 想做成吊飾可以找靠邊圓的地方用 Erase+Voxel 挖個洞。

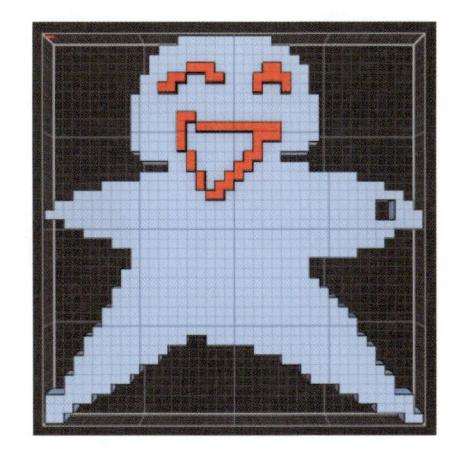

**Step 9** 都設計完之後，點擊右下角的 EXPORT 會多出 12 個按鈕，再點擊 PLY，將檔案存到桌面備用。

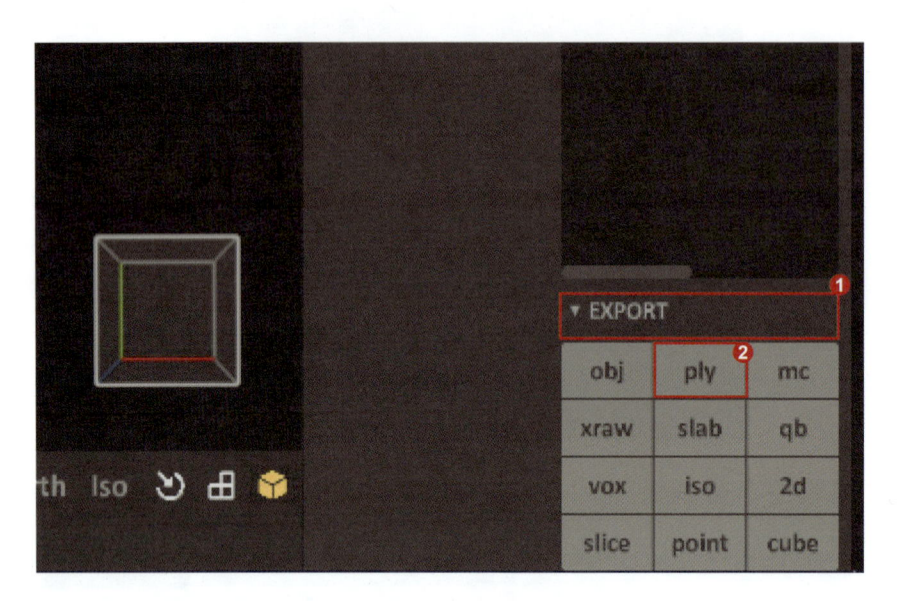

## 二、列印鬥片

接下來將鬥片列印出來的方法與 4-3 基本相同，但有幾個重點需要特別注意。

### (1) 真實尺寸

將存好的 PLY 檔載入 Cura，並設定縮放為 1000，此時 MagicaVoxel 與 Cura 的比例會剛好一致，細網格剛好 1 個 voxel 即 1mm，一個粗網格是 10 個 voxel 即 1cm。

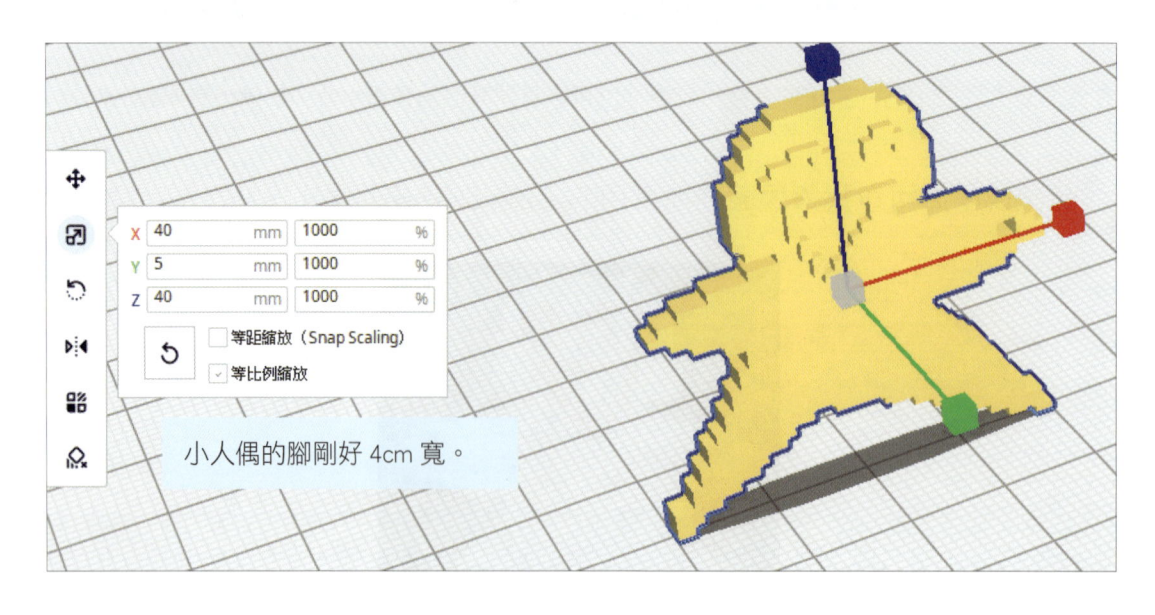

小人偶的腳剛好 4cm 寬。

## (2) 擺放角度

人偶在 MagicaVoxel 是躺著的，但載入到 Cura 卻站起來了，這是因為兩個軟體的坐標軸不一樣，A 軟體的 x 軸可能是 B 軟體的 y 軸，這種事情在 3D 軟體合作時天天在發生，自己轉一轉就好沒有必要去硬記。

但是 3D 列印時適合擺什麼樣的角度呢？在不考慮印出來的東西要受力等因素，就是將模型盡量躺平，面積最大的貼在底板，並且想要美觀的一面朝上，以小人偶為例當然就是臉朝上。

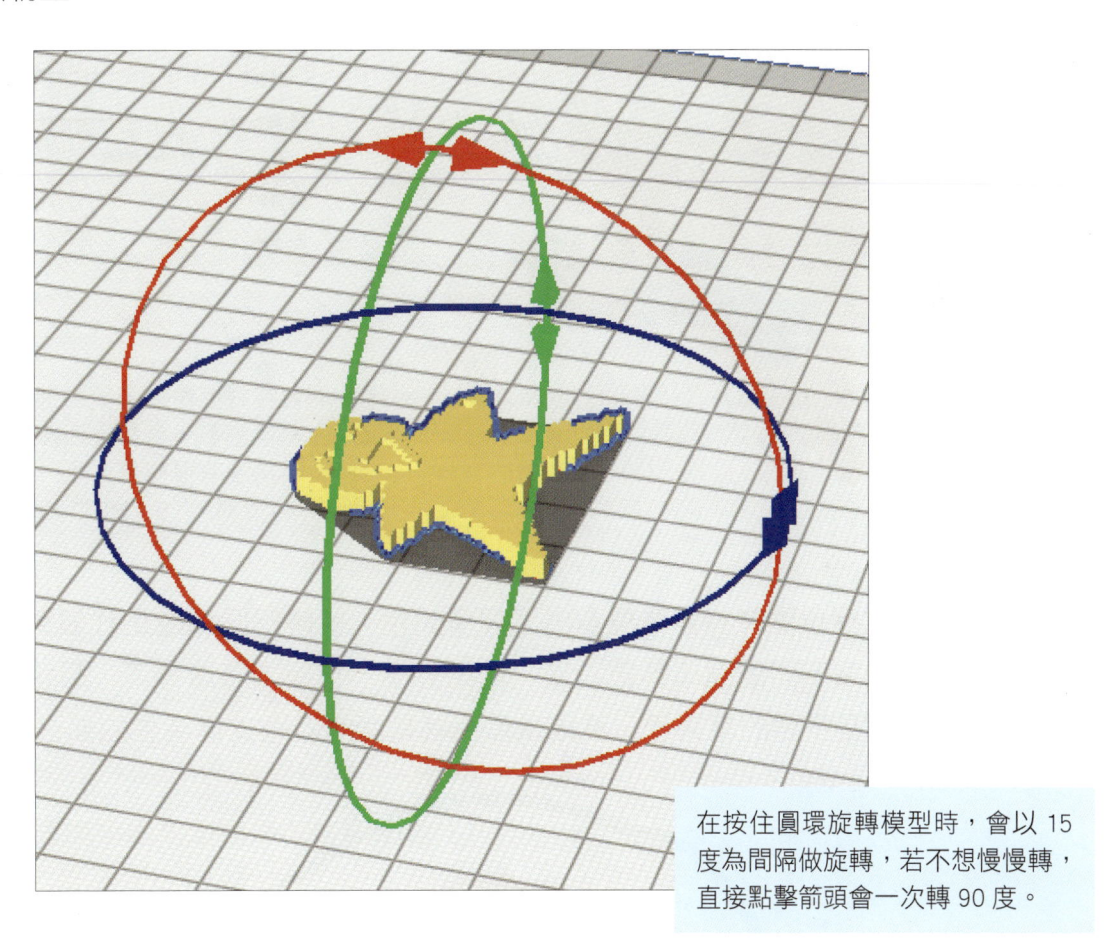

在按住圓環旋轉模型時，會以 15 度為間隔做旋轉，若不想慢慢轉，直接點擊箭頭會一次轉 90 度。

## （3）加入支撐

還記得我在小人偶的屁股有加厚，轉動視角由下往上看到背面，會看到除了屁股之外是一片紅色，代表這些區域懸空了，由於塑料剛從噴頭擠出時是軟的，溫度越高越接近液體，此時如果沒東西接著就會垂下來，印出來的形狀就跟預想中的不一樣了。

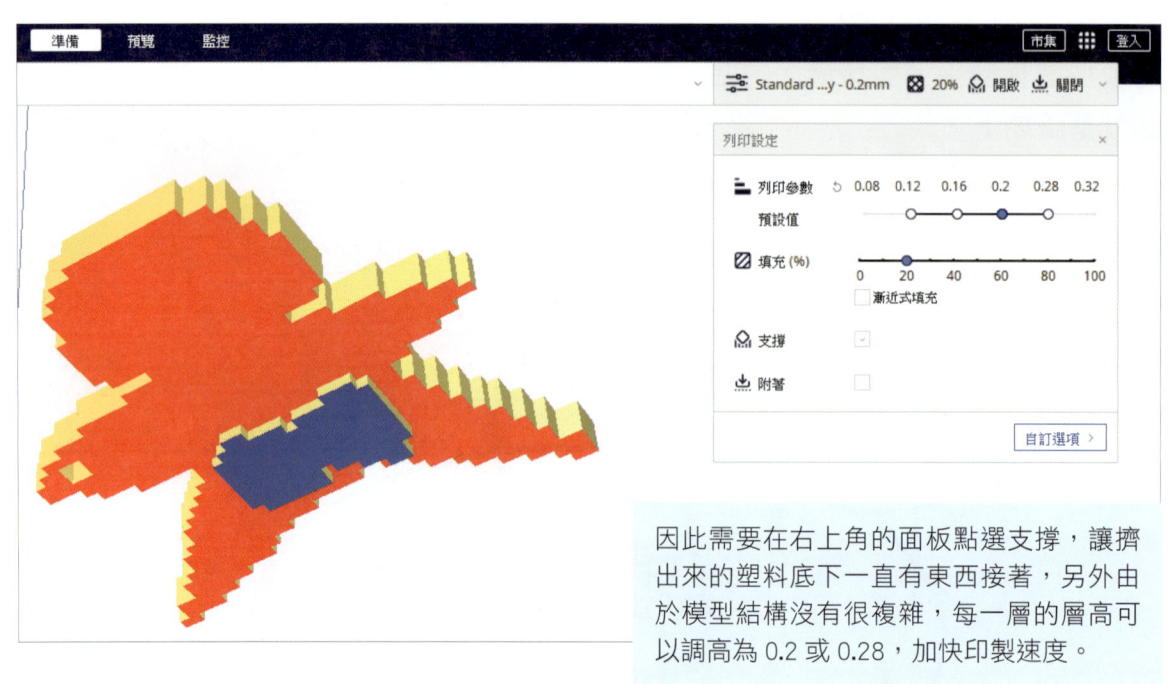

因此需要在右上角的面板點選支撐，讓擠出來的塑料底下一直有東西接著，另外由於模型結構沒有很複雜，每一層的層高可以調高為 0.2 或 0.28，加快印製速度。

## （4）顏色問題

當切片完進行預覽時，會發現多出了好多顏色，此時不同顏色是代表列印時不同的線條類型，有著不同的列印參數設定，例如外圈、頂層、底層等等，目前只要知道青色跟淺藍色都是不要的就夠了，沒錯淺藍色就是剛剛勾選支撐產生的部分。

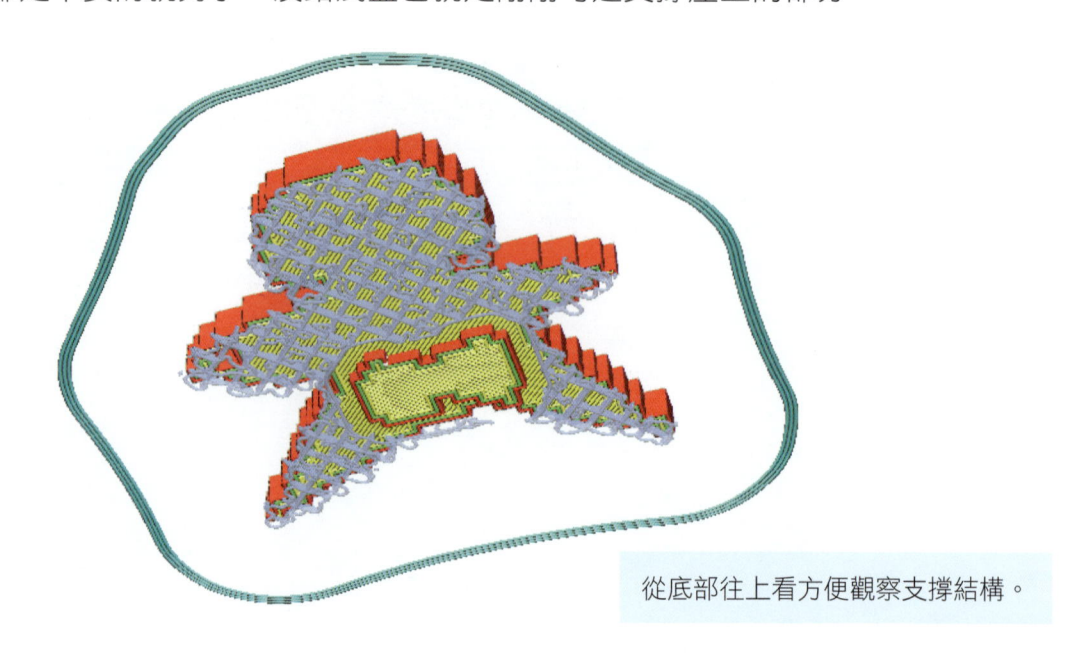

從底部往上看方便觀察支撐結構。

那我們之前在 MagicaVoxel 中,畫出來笑臉跟屁股的顏色呢?

由於我們使用的 CR-10 是單色列印,印出來模型的顏色取決於使用線材的顏色,所以目前來說在 MagicaVoxel 換不同顏色是呈現不出來的,只是比較好辨別形狀構造而已。

### (5) 印製完成

最後階段,以鏟刀小心取下並去除支撐材料,就能得到屬於自己獨一無二的鬥片了,趕快跟同學來一場鬥片的對決,研究出什麼樣的立體結構。

note

# 3D 建模作品設計

# 5

5-1　迷你傢俱設計
5-2　耳環飾品創作
5-3　立體陀螺設計
5-4　飛天螺旋槳
5-5　人偶造型設計

使用了幾次 CR-10 Smart 之後，應該不難發現雷射切割與 3D 列印最大的差異，在於製成的速度，同樣的結構雷射切割可能幾分鐘就完成了，但是 3D 列印卻要耗上半個多小時，要單獨用 3D 列印做出較大的作品，印製時間都是半天以上。

但是 3D 列印能印出立體結構這項優勢又是雷射切割難以取代的，因此如何巧妙的結合這兩種製造方法的優勢，做出有趣的作品就是本章節要介紹的重點。

## 5-1 迷你傢俱設計

還記得第三章最後我們組裝了雷切室內套件嗎，是時候為空蕩蕩的房間加入一些傢俱了，總共會設計桌、椅、床、櫃 4 件基本家具，可以 4 個人一組討論傢俱的風格。

在設計微縮物件的時候比例就很重要了，不要做出椅子超大桌子超小的詭異情形，這時候雷切室內套件就成了很重要的參照物，門的高度為 4cm 而房間的面積約為 8×8cm，假想的小小人高度就約略在 3～4cm 左右，剛好 MagicaVoxel 預設的建模範圍就是 4×4×4cm，只要每個傢俱不超出這個範圍，房間就一定容納得下 4 件傢俱。

### 一、Box 形狀

傢俱的形狀只要不是太特立獨行的設計，基本上都是四四方方的，因此要新介紹的畫筆形狀就是 Box 長方體，點選 Attach+Box 可在空區域按下右鍵並拖動。

如果游標起始跟結束的落點都在同一個平面上，例如 xy 平面、yz 平面、zx 平面等等，就會產生單層厚度的長方形。

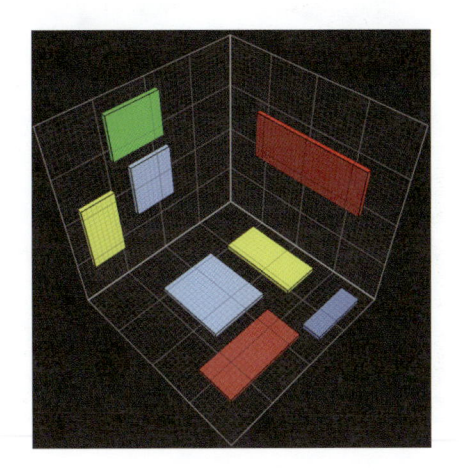

而如果起訖點跨到了兩個平面，就能夠產生出厚度大於 1 的長方體，但產生的立方體一定在邊邊角角，因此這種方式並不理想。

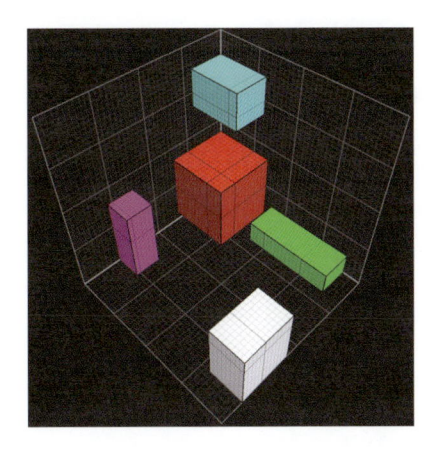

建立長方體最常用的流程是，先用 Attach+Box 畫出單層厚度的長方形，再使用前一章最後介紹的 Attach+Face，準確拉出想要的厚度。

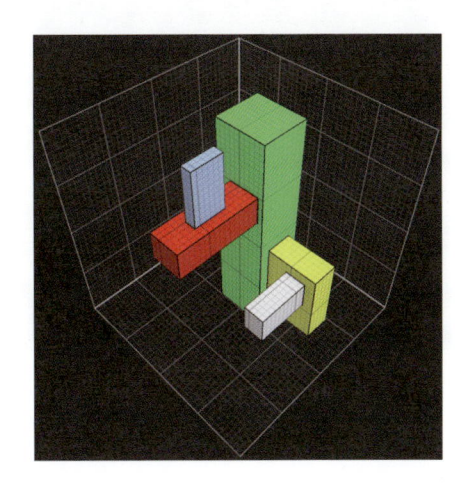

畫筆 Box 形狀搭配 Erase、Paint 也是相同的道理，讀者可以自行測試。

## 二、傢俱建模

學會上述兩種功能後，畫任何方方正正的傢俱都是信手捻來了，甚至同樣的形狀可以有好多種不同畫法，但需要記得的一個原則，每個部分的長、寬、高都不要少於 2mm 即 2 格，以免印出來模型太脆弱，並再次提醒在這裡畫的顏色，不會呈現在 3D 列印模型上。

以下以分解流程圖表示每個簡約風傢俱的建模過程，擺放的角度也不一定是正立於地面，列印時會再做旋轉調整，不同顏色表示將該傢俱解析成不同的長方體。

### (1) 餐桌

**Step 1** 桌面 20×40×2，使用 Attach+Box 與 Attach+Face。

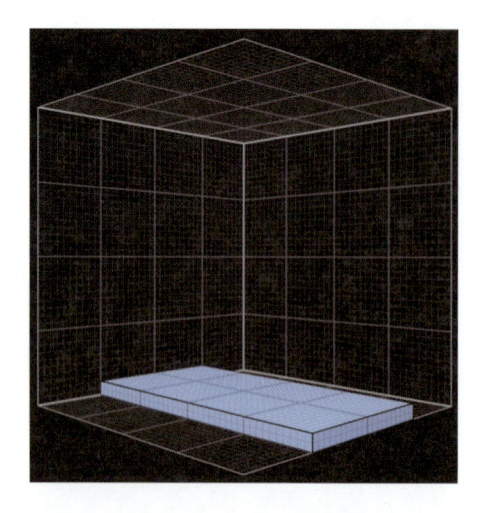

**Step 2**  4 根桌腳截面都是 2×2 高度任意，使用 Attach+Box 與 Attach+Face。

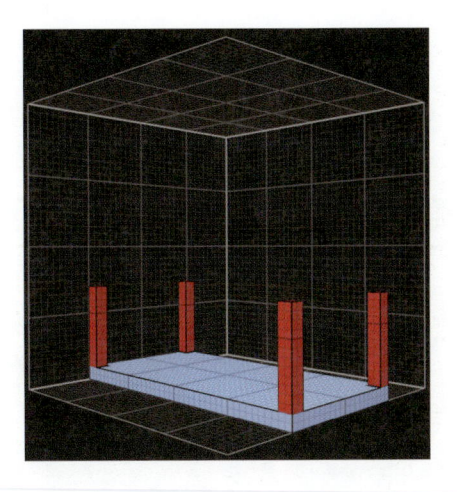

## (2) 椅子

**Step 1**  Attach+Box 先在側面畫好椅子的截面。

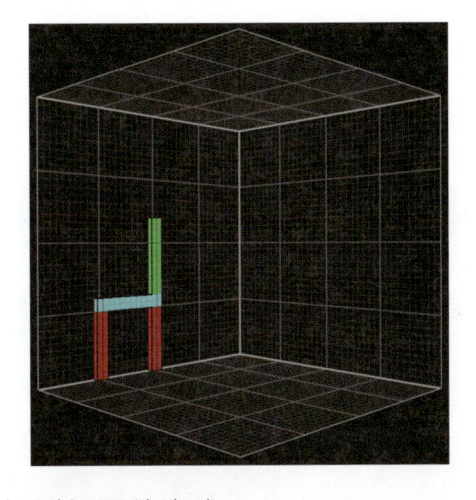

**Step 2**  Attach+Face 分別疊加到相同的寬度。

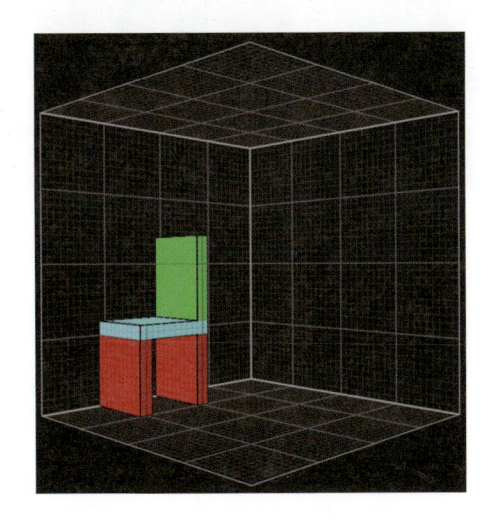

**Step 3** Remove+Box 挖掉不要的部分。

椅子比較小,列印時可以多印兩三個。

## (3) 書櫃

**Step 1** Attach+Box 先畫出靠牆的一面。

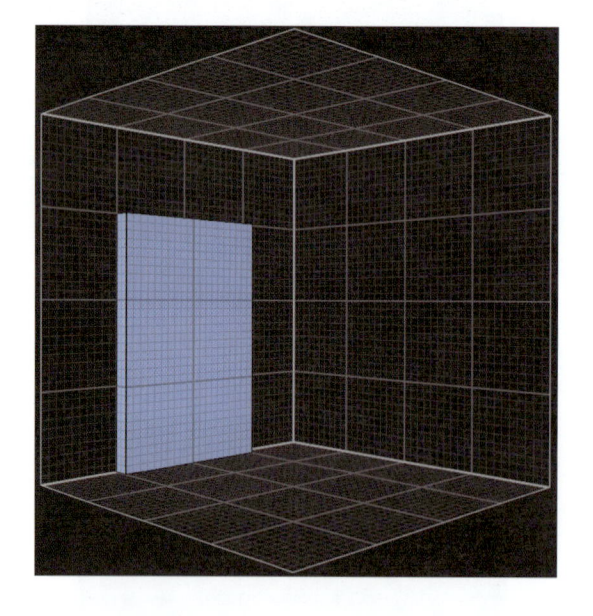

Chapter 5　3D 建模作品設計　131

**Step 2** Attach+Box 規劃好櫃子分隔的樣式。

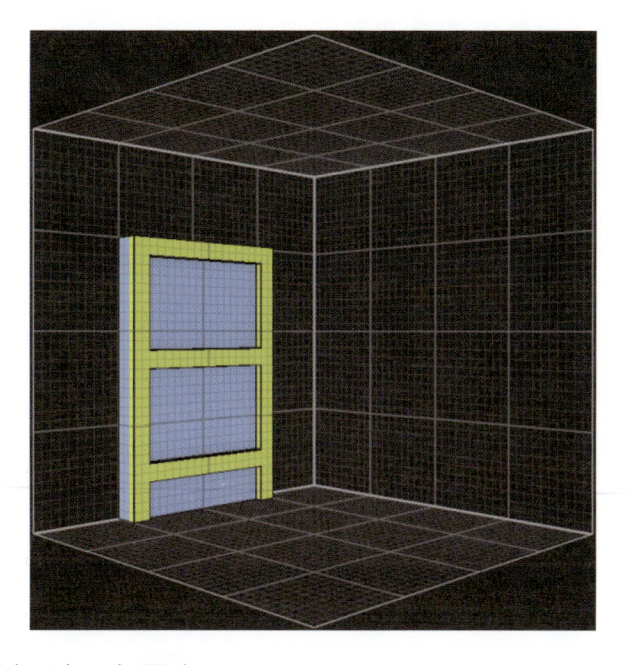

**Step 3** Attach+Face 疊加到一定厚度。

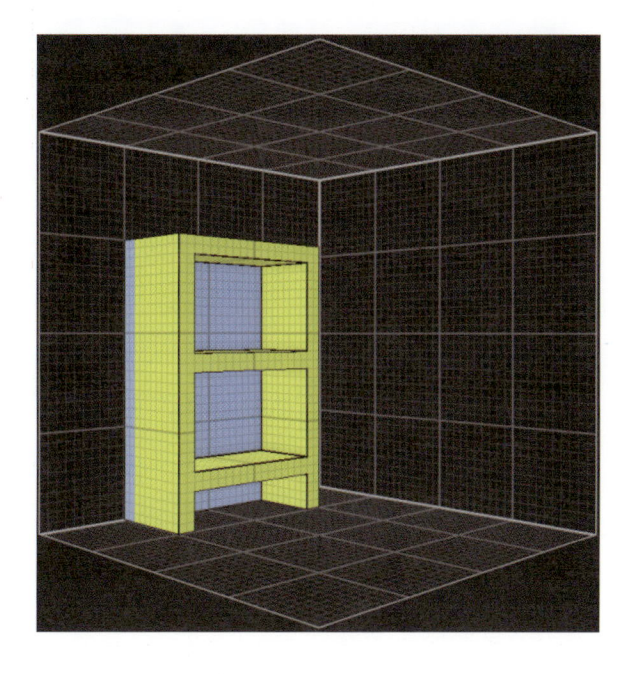

(4) 床架

**Step 1** 如同餐桌的畫法，只是這次桌面要朝上。

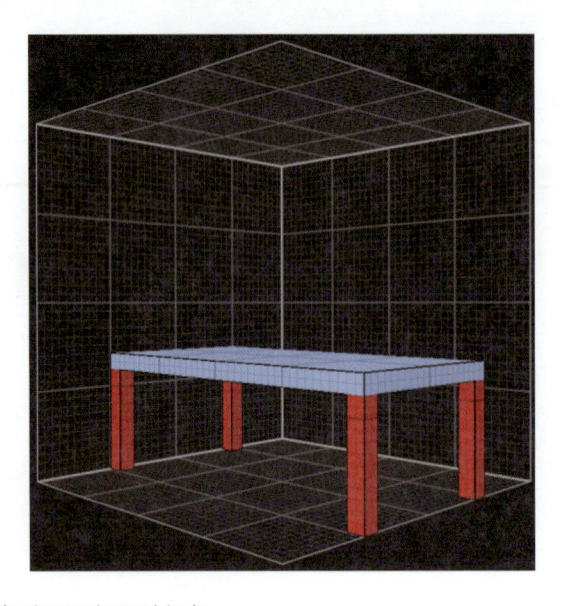

**Step 2** Attach+Voxel 畫出床頭床尾輪廓。

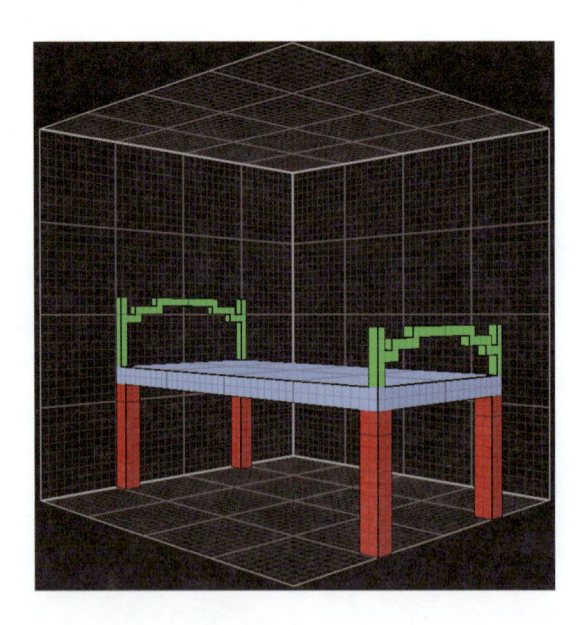

**Step 3** Attah+Face 將床頭床尾疊至兩層。

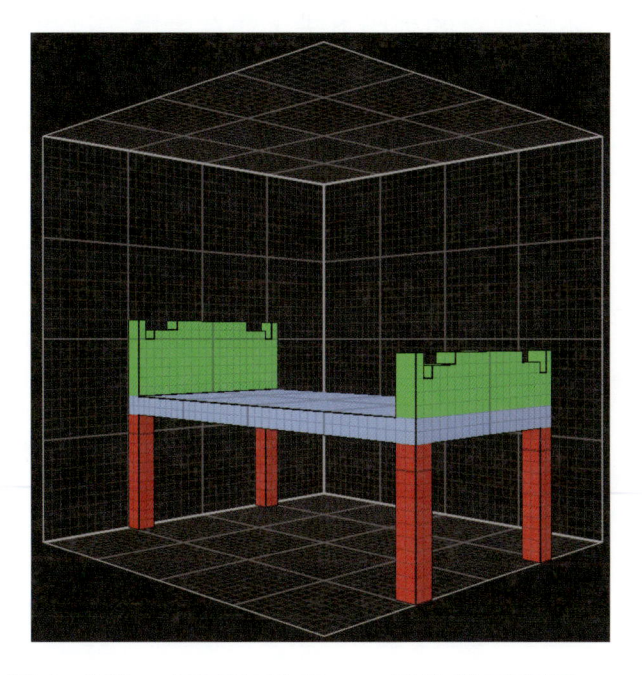

**Step 4** 四個傢俱都繪製完成後，就可以輸出 PLY 檔準備列印了。

## 三、切片方向的影響

　　這一次的作品主題是傢俱，想當然傢俱就是要承受很多的重量，人的重量、書的重量、物品的重量等等，印出來的這些迷你傢俱能夠程受多少重量呢？且傢俱的體積比之前的作品來的大，列印時間會因此長很多嗎？

　　先前儲存好的傢俱 PLY 檔，可以直接按照前一章的流程列印出來，但在此要特別觀察的是模型在 Cura 中擺放方向，對於受力程度與列印時間兩個方面進行探討。

　　四個傢俱模型雖然形狀各異，但從特徵結構上還是可以簡單分類，桌、椅、床都有看起來很脆弱的細長腳，因此以餐桌代表進行受力實驗，唯一有單面開口凹槽的書櫃結構上已經足夠堅固，因此用書櫃測試列印時間。

## (1) 列印時間

列印時間的方法，並不需要真的列印下去，並在旁邊按碼表計時，在 Cura 完成切片之後，就會在右下角顯示預估的列印時間，雖然不是完全一樣，但已經相去不遠。

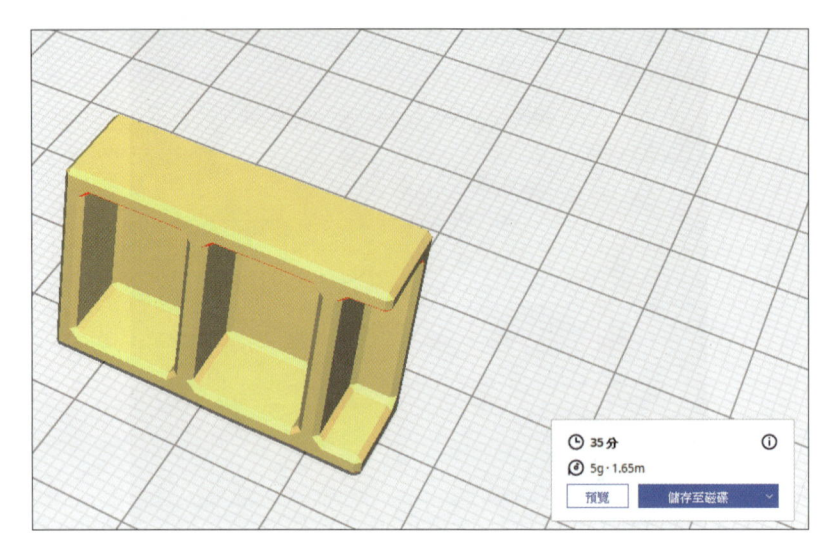

下面我們簡單以櫃子的五個不同面貼在底板，切片後進行預覽，分別觀察需要多少列印時間，並記得要將支撐勾選起來。

| 哪面朝下 | 切片截圖 | 列印時間 |
| --- | --- | --- |
| 底面 |  | 34 分鐘 |
| 側面 |  | 35 分鐘 |
| 頂面 |  | 32 分鐘 |

| | | |
|---|---|---|
| 正面 | | 30 分鐘 |
| 背面 | | 22 分鐘 |

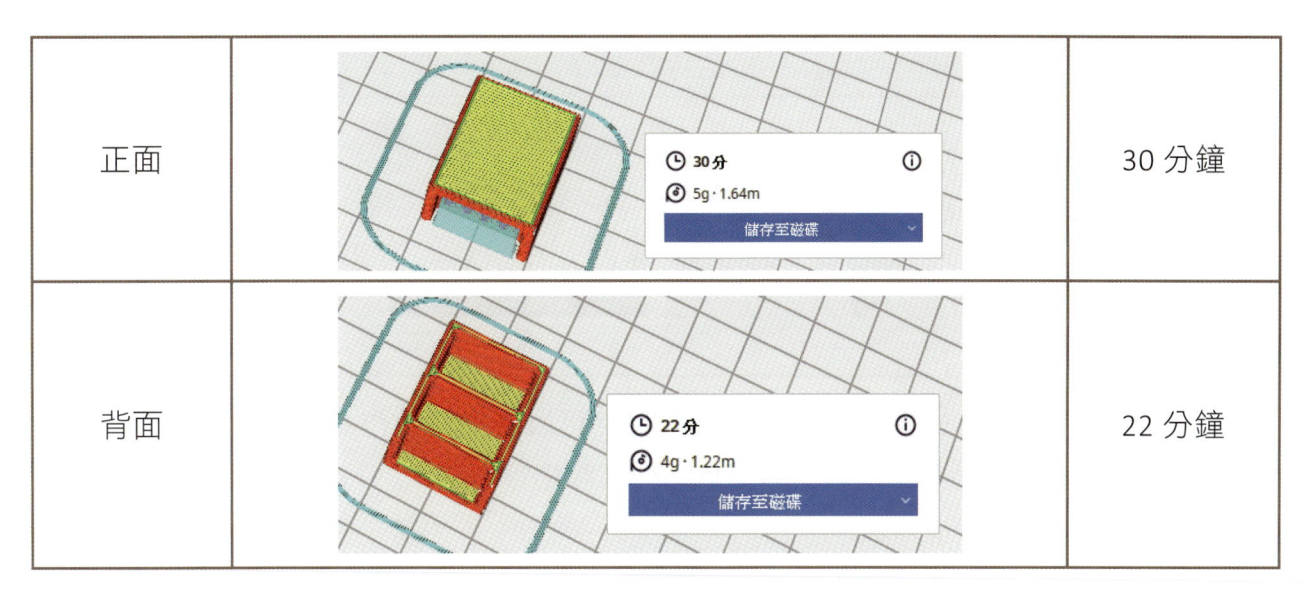

　　從上面的圖表不難發現，多數模型的擺放方向都要印到 30 多分鐘，只有背朝下開口朝上的方向，列印時間其他的少了 10 分鐘，觀察切片模擬圖最大的差別在於這個列印方向沒有支撐材料。

　　因此在決定模型的列印方向時，第一個考量就是盡量減少支撐材料，既省時間又省材料，通常有開口的結構就將開口朝上。

## (2) 受力強度

　　接著準備列印桌子，如果只考慮列印時間長短，一定是選擇桌面朝下，四隻桌腳朝天的列印方式，但這種列印方式真的是最好的嗎？

| 哪面朝下 | 切片截圖 | 列印時間 |
|---|---|---|
| 桌面 | | 17 分鐘 |
| 長邊 | | 30 分鐘 |

| 哪面朝下 | 切片截圖 | 列印時間 |
|---|---|---|
| 短邊 |  | 18 分鐘 |

　　實際以三種擺放方式列印出作品，從外型上可以看出三個作品紋路不太一樣，這種紋路是 Cura 中將模型切片所造成的，可以在列印時進行觀察。

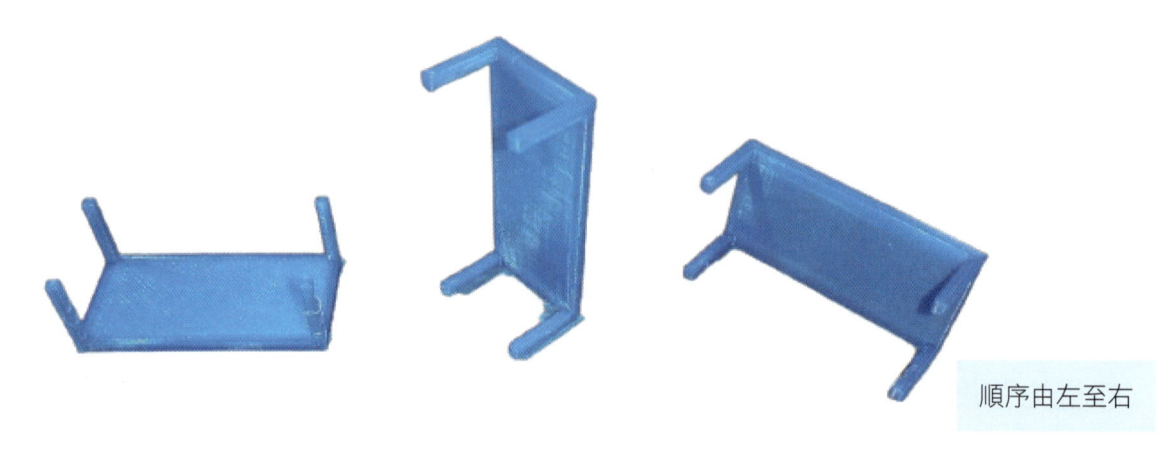

順序由左至右

　　但是列印出來的作品是常會受力的，列印的過程中噴頭與模型間有摩擦，列印完成後要從平台上鏟下，模型上有支撐材料要拆除，把玩的時候不小心太暴力，甚至作品是機器人的零件會不斷受到外力，等等因素讓我們不得不考慮模型的強度問題。

用手在三個模型上稍加施力，前兩個列印方向的模型，很輕易的就被折斷了，只是斷裂的方式不一樣，觀察前兩個斷裂面都是順著模型上的紋路，也就是切片面別容易斷裂，唯獨第三個模型特別強韌，列印的時間 18 分鐘也只略長於最小值 17 分鐘，所以迷你餐桌的最佳列印方向，就是桌子的長邊貼於底板。

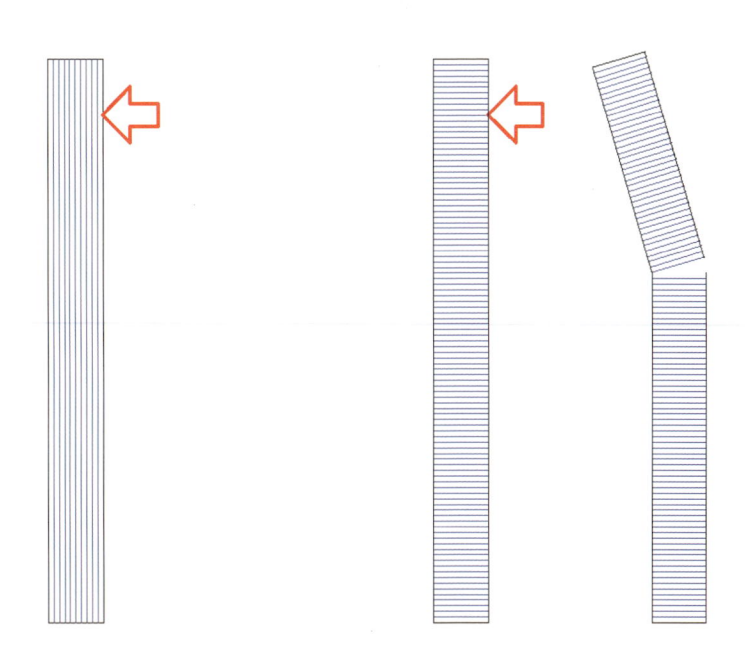

最後我們得出經驗，當模型受到的外力方向 ( 紅箭頭 ) 平行於切片面，如右側所示就會容易斷裂，反之如果是垂直於切片面，就能展現出超強的韌性，因此如果模型中有細長的結構，就要將細長結構平躺以增大切片面積，這個原則只是個大方向，實際每個模型依照其結構都有不同的最佳列印方向，還是要多嘗試列印累積經驗。

## 5-2 耳環飾品創作

前一節說到若將長條型的結構以平躺的方向切片列印，會讓印出來的物體有較大的彈性，這種效果除了運用於確保本身的強度外，還能不能有更有趣的運用方式，增加 3D 列印作品的多樣性。

說到耳環的類型，除了有必須打耳洞才能配戴的耳針式，還有不需要打洞就能使用的耳夾式，單純運用金屬的彈性夾在耳垂上而已，另外耳環還要有長鍊狀的活動結構，配戴時走起路來才會搖曳生姿，這些效果 3D 列印的塑膠件有可能達成嗎。

### 一、移動功能剖面效果

在著手設計耳環之前，要先認識 MagicaVoxel 另一個重要的核心功能平移，建模空間中的模型可以沿著 xyz 三個軸向作移動，點選到四向箭頭的符號，並拖動模型就能進行平移，一次點擊只能沿一個方向移動。

並且需要仔細觀察的是，游標點到的面決定了可以移動的軸向，以下圖為例游標點擊到的位置 ( 紅點 ) 是平行於 xy 平面，那麼就只能沿 x 或 y 方向移動，平行於 yz 或 zx 平面也是同理，只看文字可能很難理解運作規則，自己動手操作看看就知道了。

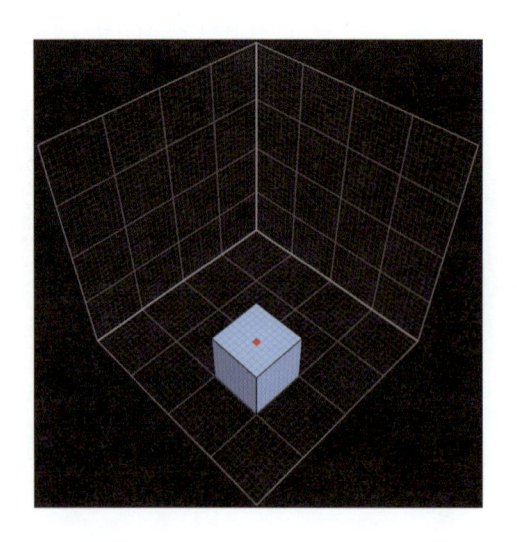

而當沿著一個方向移動超過邊界之後，神奇的事情發生了，模型會從邊界的另外一面重新出現，乍看是很詭異的狀況，但其實這是 MagicaVoxel 的另一大特色，剖面功能。

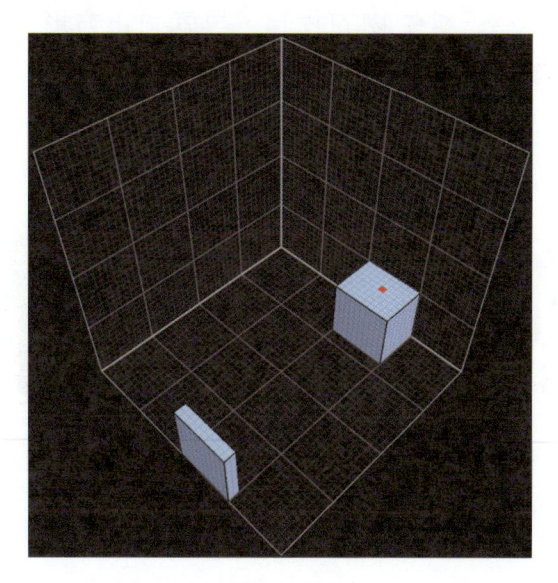

剖面功能有什麼厲害的地方呢，下面這三個正立方體，作為三維生物的我們，不管從各個角度看，都只看到藍色的面，完全看不出差別，但當使用移動功能把三個模型都切了剖面，才知道裡面完全不一樣，只有一個從裡到外都是實心藍色，另一個是空心的，還有一個裡面塞了三種顏色。

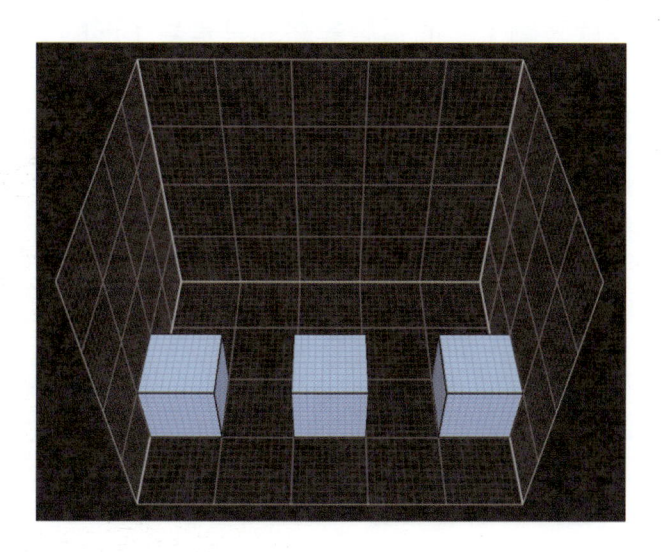

假想有一個平面二維生物，一個綠色三角形簡稱小綠，他也看不穿三個藍色正方形有什麼差別，不管從各個角度看，都只看到藍色的線，直到把三個正方形切開剖線，才知道裡面完全不一樣，但是作為三維生物的我們，早就對正方形的內部掌握的一清二楚，甚至覺得二維的小綠簡直愚蠢了。

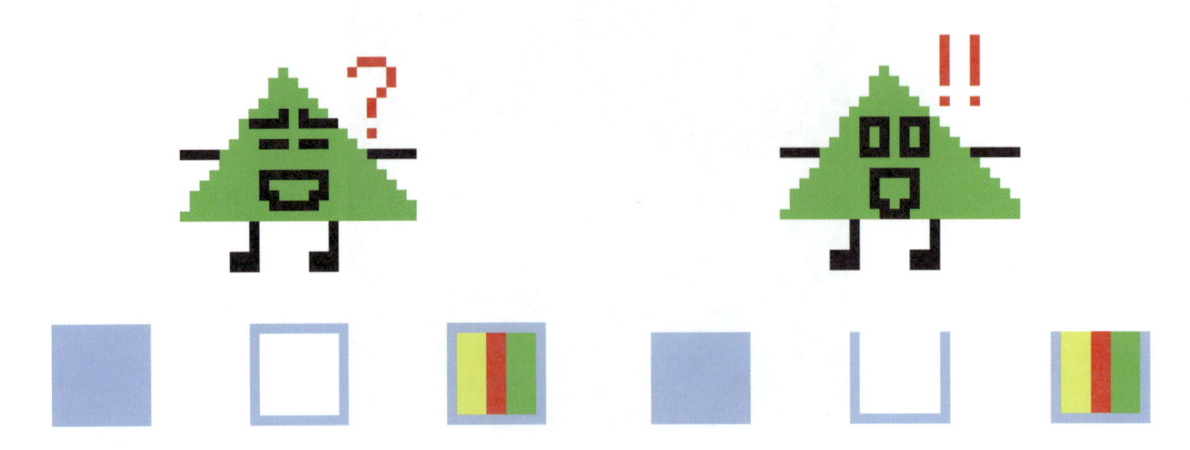

　　由此我們可以歸納出結論高維生物能夠清楚掌握低維物體的一切，如果有更高維的生物存在，那麼他們也能一眼就把我們的裡裡外外看的一清二楚。

　　一般訪問只要不是 voxel base 的建模軟體，我們能掌握的並不是整個體的裡裡外外，而只是包裹住這個體表面的那一層殼，至於殼裡面究竟怎麼回事還是不好掌握的，通常把軟體裡的相機移到物體裡就破圖了，而這層殼終究只是變了形的 2D 平面。

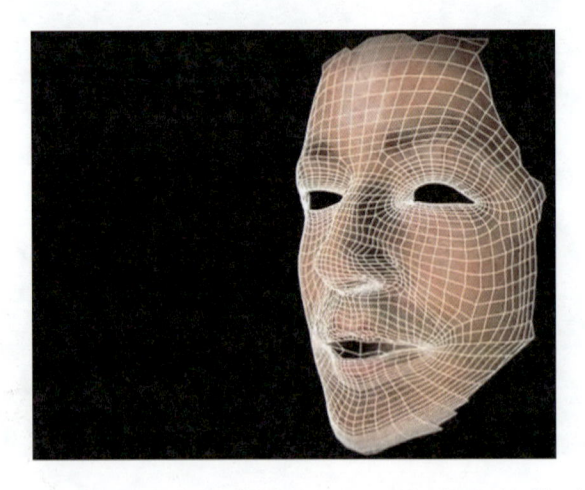

　　MagicaVoxel 有了移動功能所產生的剖面功能，讓我們能夠清楚看到整個建模空間內的所有細節，每一個位置是否有填充一個 voxel、是甚麼顏色，而不只是重製一層殼，就如同畫家能清楚看到畫布每一塊位置有沒有塗上顏料、塗了甚麼顏色。

## 二、耳環繪製

要用 MagicaVoxel 做出耳夾式耳環的彈性環與長鍊結構，需要對軟體有更高的熟悉度，以及反覆的修改、測試、列印才能達到預想的效果，因此預先準備了簡單範例檔案，讀者可以直接修改範例檔把它轉變成自己的作品。

這也是這套軟體的另一個特色，使用者可以輕易地站在巨人的肩膀上，不需要凡是從頭來過程新發明輪子，只要創作者願意分享他的 vox 檔，其他人就能夠以此為基礎接續創造，而其他的 3D 檔案格式就比較難有這種特性。

這就如同程式設計領域開放源始碼的理念，如果只拿到開發者的執行檔，就只能從程式的執行結果猜測可能的作法，專業術語稱之為逆向工程，而如果開發者願意釋出原始碼，就能夠直接從程式碼學習其中的思維與技巧，甚至接續開發出更棒的軟體。

**Step 1** 下載 EarRing.vox 檔，並點擊右上角的資料夾圖示開啟該檔案。

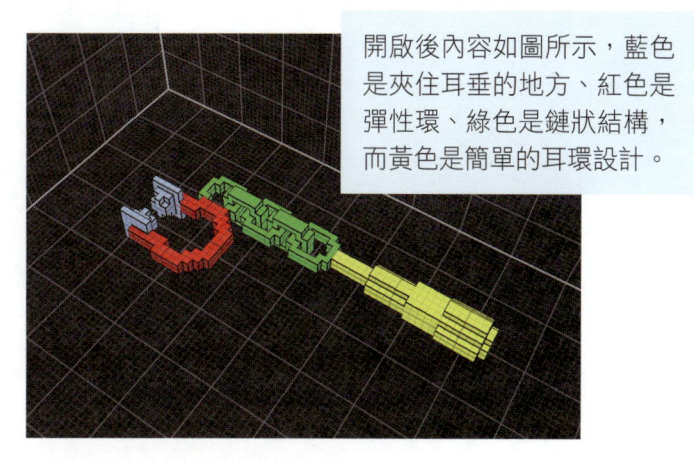

開啟後內容如圖所示，藍色是夾住耳垂的地方、紅色是彈性環、綠色是鏈狀結構，而黃色是簡單的耳環設計。

**Step 2** 點選左側的區域選取工具，並點擊到模型黃色區域。

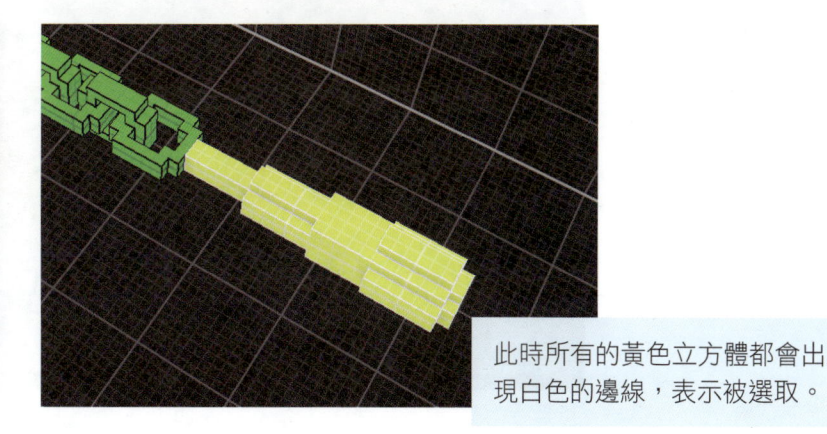

此時所有的黃色立方體都會出現白色的邊線，表示被選取。

**Step 3** 按下鍵盤 Delete 黃色的區域就全都刪除。

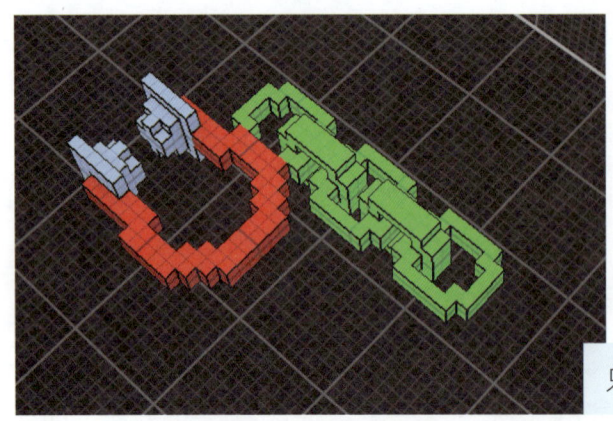

只剩下彈性環跟鍊子。

**Step 4** 切換回區域選擇功能，並如圖點選進階選項。

選擇的區域不只要顏色相同，還得要有接觸。

**Step 5** 點選鍊子上倒數第二個環。

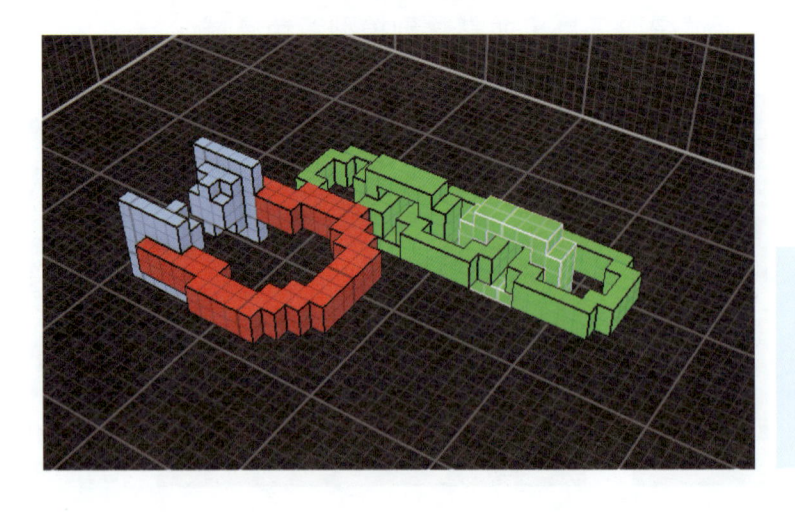

只有一個環被選取，表示這幾個環看起來相鄰，但實際上則沒有接觸到。

**Step 6** 按下鍵盤 Ctrl+C、Ctrl+V 作複製貼上，並用移動工具將新的圓環移動到末端，延長鍊子。

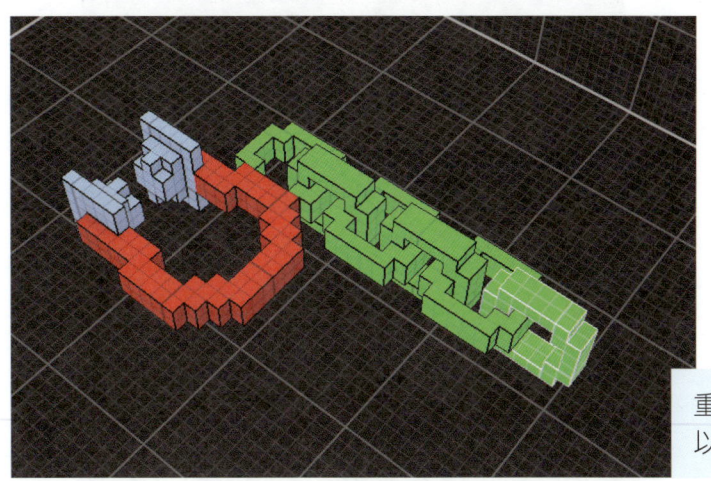

> 重複上述步驟可以無限延長鍊子。

剛複製貼上新的圓環時，表面上看起來沒有差別，但實際上已經在相同的位置產生兩個重疊的環，一個有被選取、一個沒被選取。

對被選取到的區域使用移動工具，該區域則會獨立移動，沒被選取的地方則保持不動。

**Step 7** 先點選到模型以外的空白處，再用移動工具將整個模型向下移，切出上下兩對稱形狀。

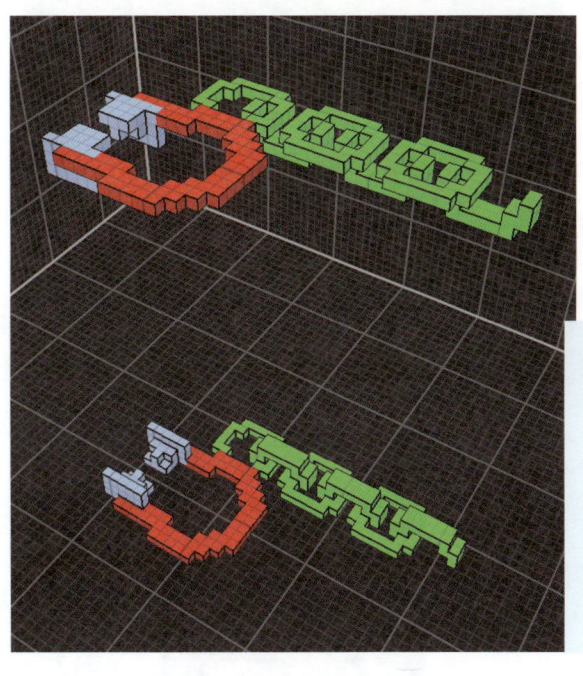

> 在區域選取功能下，點選到建模空間中沒有方塊的地方，就會解除選取，此時再使用移動工具，就是移動一整個模型；上面這一半是貼在建模空間的上緣的，切開來才能發現圓環跟圓環之間是有縫隙的。

**Step 8** 在下半部的平面設計耳環的大致形狀。

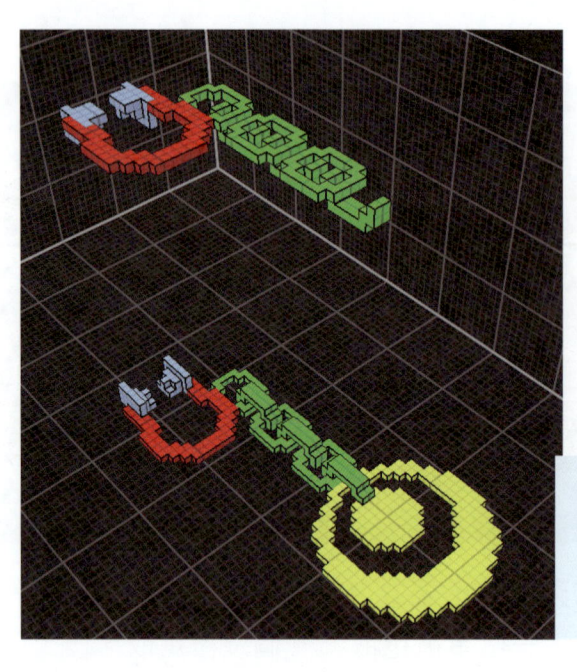

要將耳環先移動到底面再做設計，是因為要直接懸空畫出造型並不是很方便，容易有前後視差。

**Step 9** 將整個耳環移回原本的位置，並完成耳環設計。

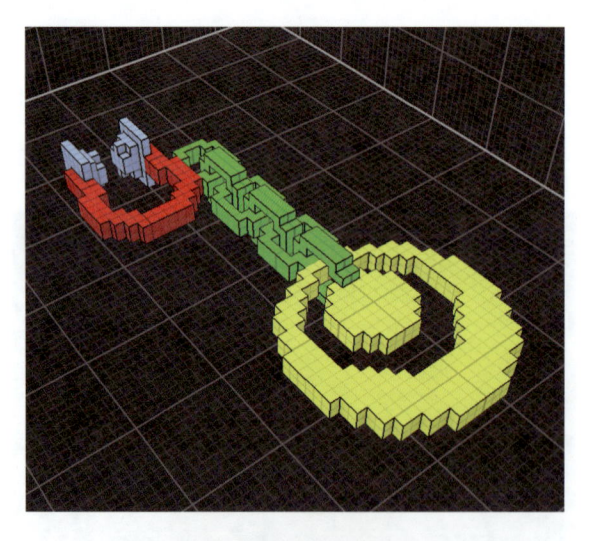

**Step 10** 如圖點擊右下角 mc 按鈕，輸出成 Marching Cube 類型。

之前是按 ply 這次是 mc 按鈕，怎麼不一樣了呢？可是出來的檔案副檔名也是 ply 啊？Marhing Cube 又是甚麼東西？

## 三、Marching Cube 模式

在說明 Marching Cube 是甚麼之前,先按照以下的操作步驟。

**Step 1** 按左上角 Rander 切換到 Rander 分頁進入渲染模式。

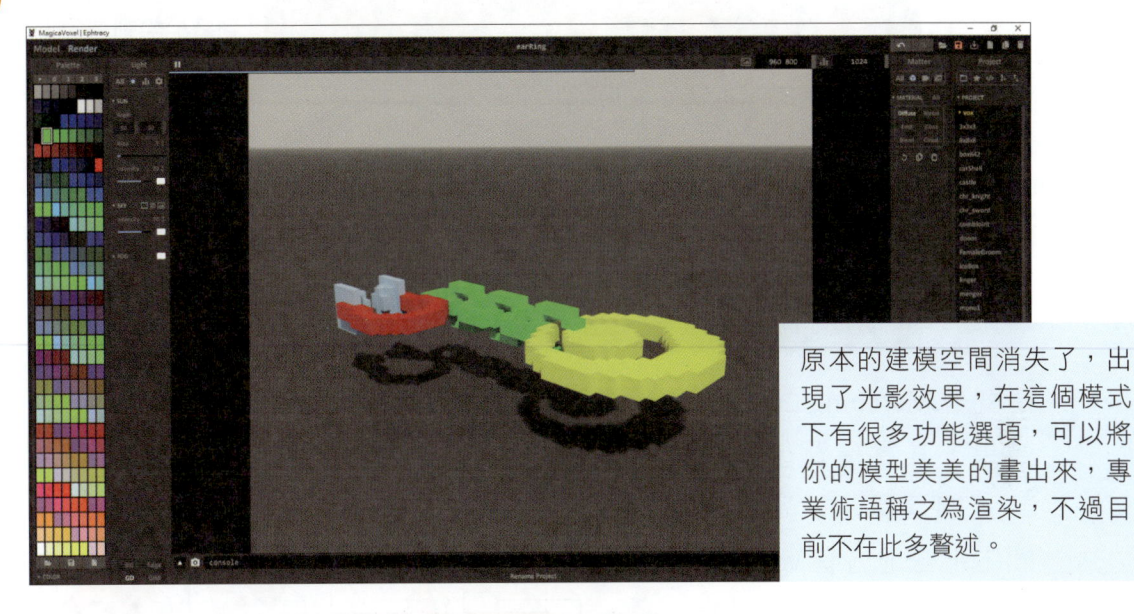

原本的建模空間消失了,出現了光影效果,在這個模式下有很多功能選項,可以將你的模型美美的畫出來,專業術語稱之為渲染,不過目前不在此多贅述。

**Step 2** 如下圖點擊左側三處進入 Marching Cube 模式。

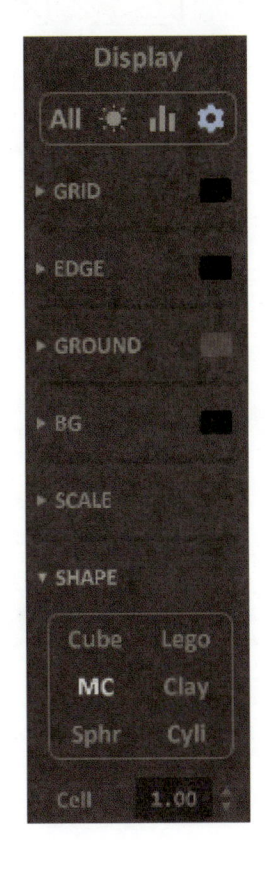

**Step 3** 觀察模型有甚麼不一樣。

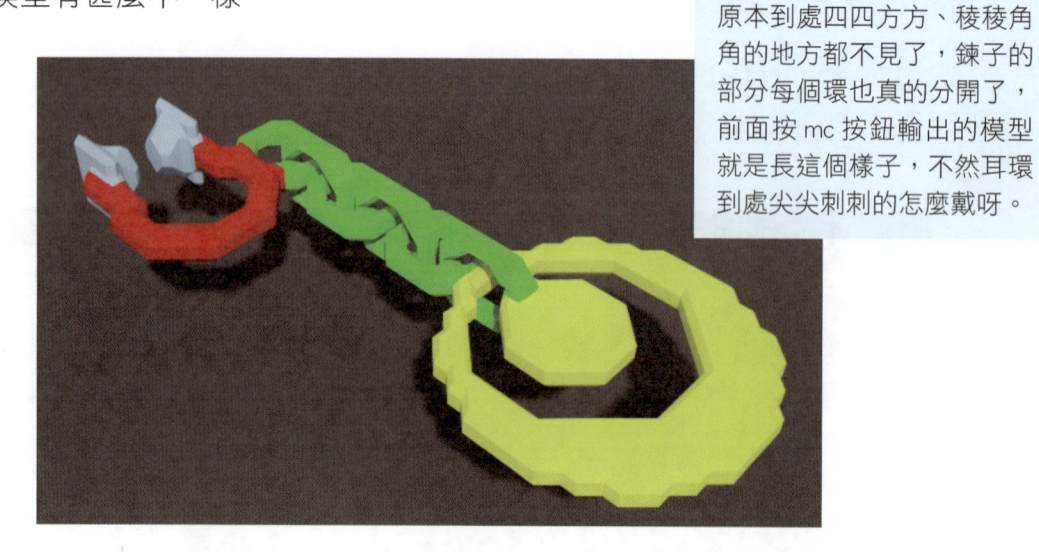

原本到處四四方方、稜稜角角的地方都不見了，鍊子的部分每個環也真的分開了，前面按 mc 按鈕輸出的模型就是長這個樣子，不然耳環到處尖尖刺刺的怎麼戴呀。

這就是 Marching Cube 的效果，其實這背後是有一套的演算法，定義空間中那些地方有 voxel 沒 voxel 的情況下，模型的每個面要如何做調整，有興趣的讀者可以自行查詢深入了解，在此只要知道 Marching Cube 模式可以將模型的表面磨平就好。

進入到 Cura 開啟先前輸出的耳環檔案，可以看到耳環模型真的是以較圓滑的方式呈現。

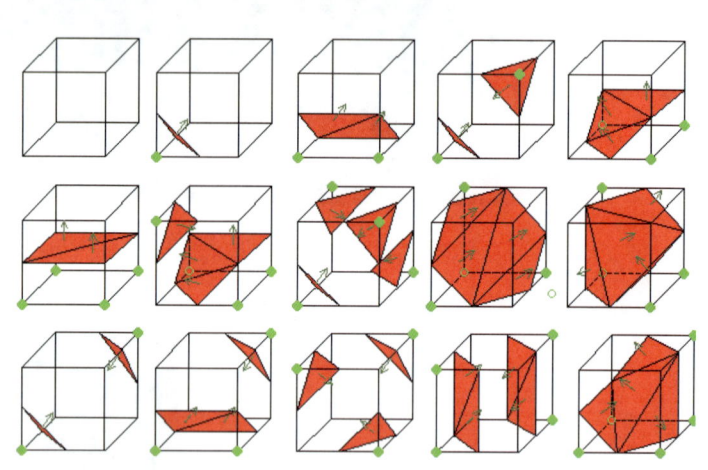

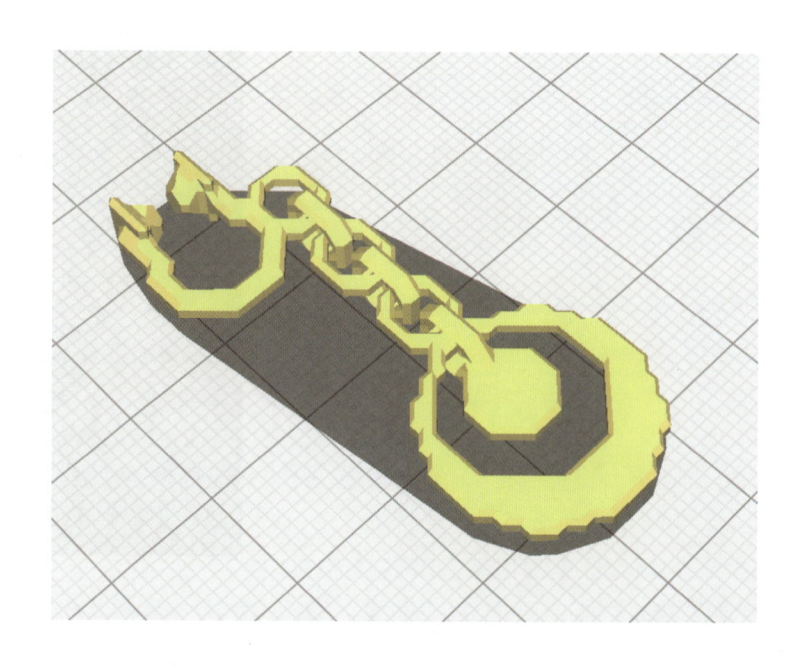

切片時不要忘記，讓彈性環的方向平躺在底板上，才能呈現出耳夾的效果，綴飾的部分如果也剛好是平躺的比較容易印成功，但還是鼓勵各種造型都多嘗試。

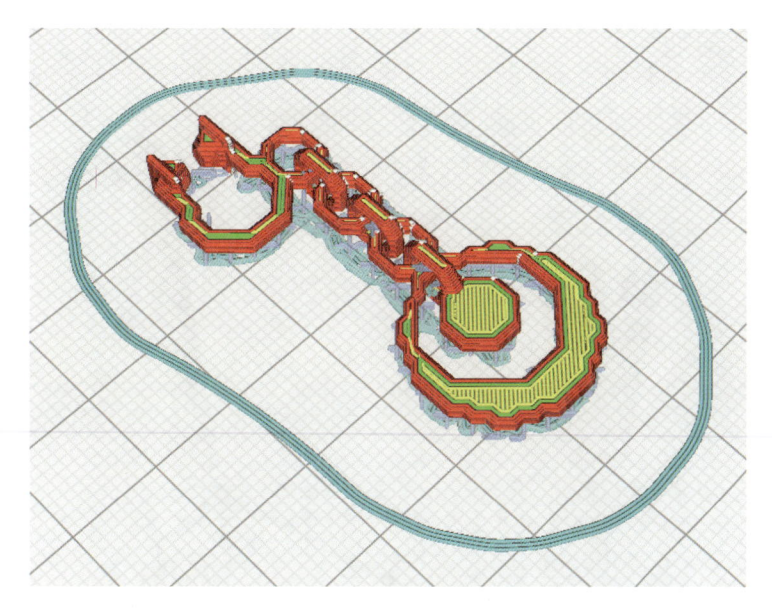

印製完成，測試一下耳夾跟鍊子的效果是否如預期，如果不想夾在耳朵上，夾在衣服、帽子或包包都是不錯的選擇喔，想想看如果想把彈性環調鬆或調緊，該如何修改圖檔呢。

## 四、耳環展示架

耳環飾品不戴的時候該擺在哪好呢，總不能直接灑在桌上吧，用雷射切割為你珍貴的耳環設計一個展示架吧。

這裡只示範了一個最簡約的架子，檔案名稱為 EarRingStand.dxf，讀者需自行切割出來並看圖組裝，從圖上不難看出整個架子到處都是四四方方的，沒有任何花紋或造型，用到的組裝工法也只有十字搭接，沒有多餘花巧的技巧，唯一有的就是兩個可以掛耳環的鉤子。

故意做到這麼簡陋就是為了拋磚引玉，相信聰明的讀者一定有比這個還棒的構想，或者可以到網路上參考現成的設計，做出更美觀且一次能掛上更多副耳環的展示架，以下為真實的耳環展示架。

## 5-3 立體陀螺設計

先前在 3-5 節已經製作過陀螺，從中學習三片雷切零件的製圖與組裝方式，其中兩片以十字搭接的方式組成陀螺的軸心，第三片作為旋轉片以榫卯的方式與軸心接合，雷切木板之間可以互相結合，那麼雷切零件與木板之間也能用同樣的方式互相結合嗎。

在本節中將介紹如何製作 3D 列印旋轉片，能夠與原本的雷切軸心組合，體會雷射切割與 3D 列印兩種製程，在設計與製造階段各自的特性，並觀察兩種陀螺轉動起來的效果有何差異。

## 一、幾何筆刷

開始繪製旋轉片之前，先介紹到第 4 個筆刷 Geometry，裡面又包含 3 種幾何形狀，分別是畫直線、正方形、跟圓形，每項工具都還有進階的設定選項，且使用時都需要滑鼠左鍵按住拖動才能有完整的效果，使用起來的感受就如同在小畫家裡使用繪圖工具一樣，如果只做一次點擊只會出現一個 voxel。

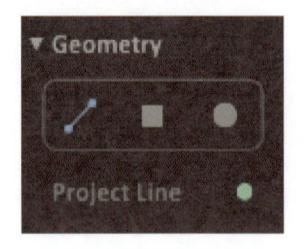

> **Step 1** 首先是直線工具，會在右鍵按下跟放開的落點拉出一條直線，唯一的一個進階選項 Project Line，決定了畫出來的直線是懸浮在空中，還是投影到背後的平面。

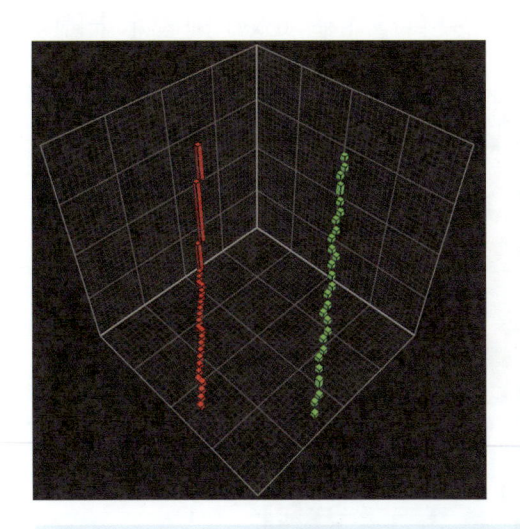

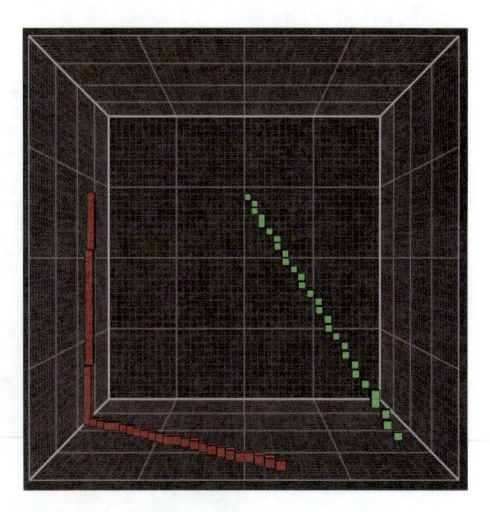

上圖的兩條線紅線是有開啟投影，而綠線則是沒有投影，剛畫下去的時候看不太出差別，覺得都是兩條直線，但旋轉一下角度就會發現兩者的效果是大相逕庭。

> **Step 2** 正方形與圓形都是滑鼠右鍵按下時決定形狀的中心位置，向外拖動放開後決定形狀的大小，工具的進階選項也是一樣的，Fill Center 決定畫出來圖形的中心是否填滿，為了能清楚辨識圖形的中心點位置，通常就保持不勾選的狀態，下圖兩組形狀，紅色都是有勾選 Fill Center 的狀態，綠色則沒有。

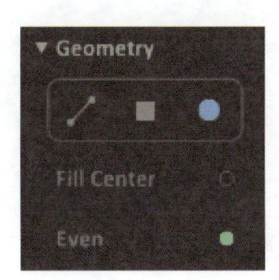

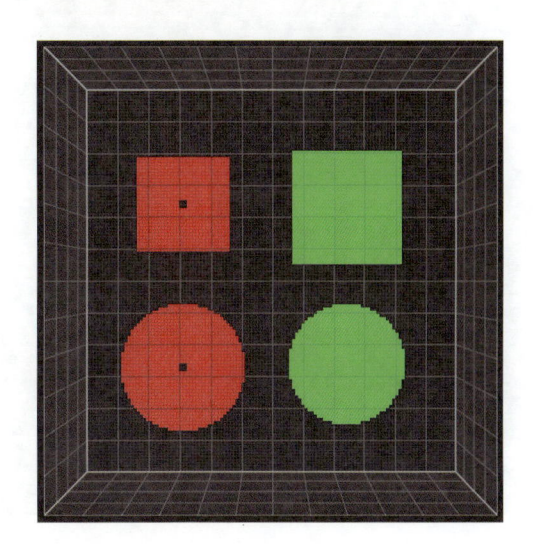

**Step 3** 另一個選項 Even( 均等 ) 決定了正方形的邊長、圓的直徑是奇數還是偶數，如果形狀的中心是留空的就能很好的分辨，如下圖黃色的中心是 2x2 的空格因此是 Even 有開啟的形狀，反之藍色形狀中心只有空 1 個 voxel 則表示未開啟 Even。

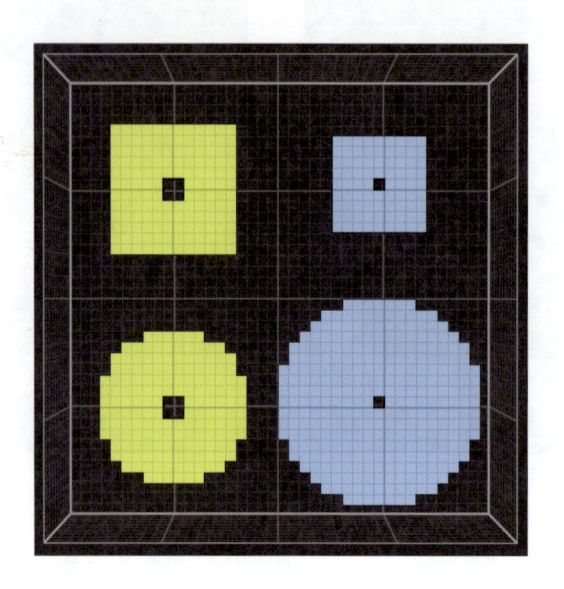

## 二、十字卯孔繪製

**Step 1** 開啟三種輔助線，清空建模空間。

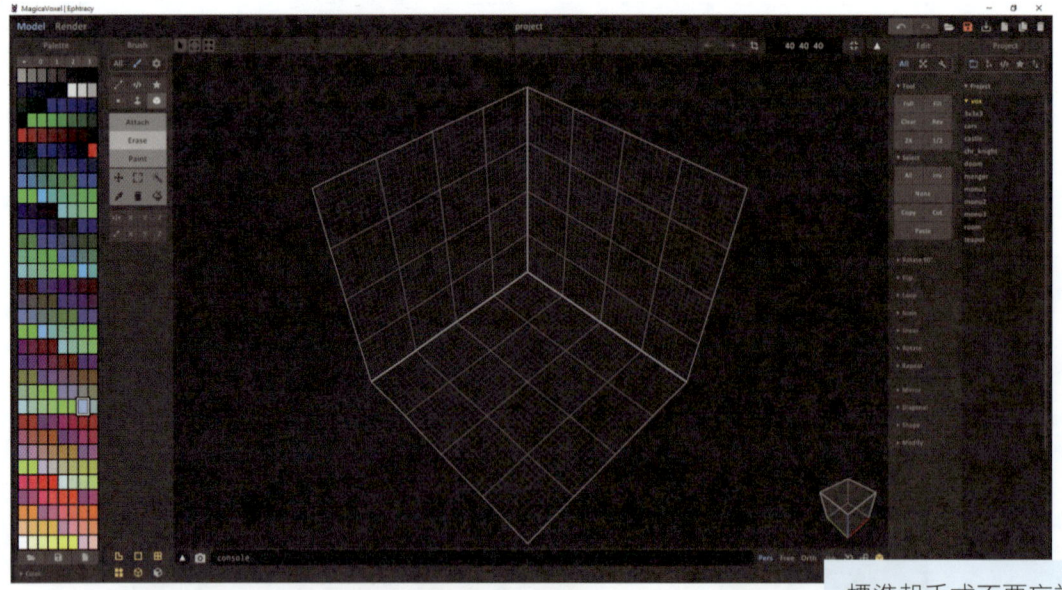

標準起手式不要忘記了。

**Step 2** 設定建模空間尺寸為 120×120×10。

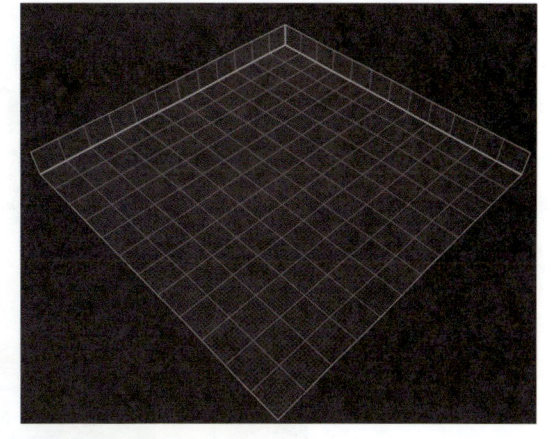

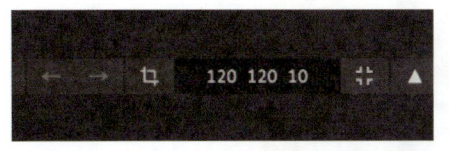

**Step 3** 在底面正中心畫出直徑 24( 半徑 12)voxel 的圓。

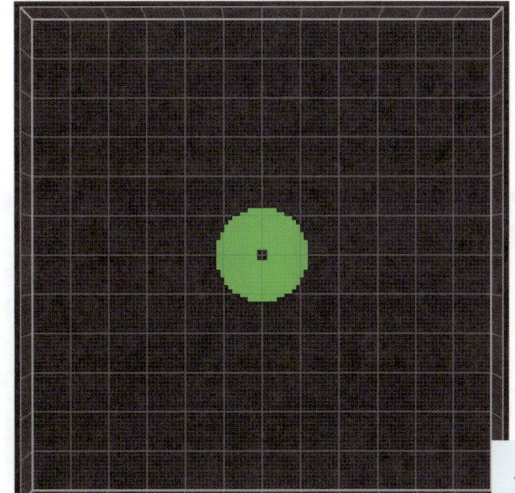

使用 Geometry 的圓形工具

**Step 4** 換個顏色畫出每個邊長都是 6 格的十字。

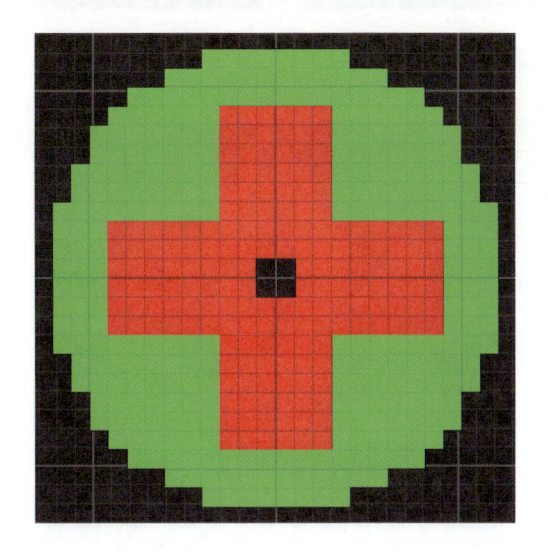

**Step 5** 點選區域選取工具。

長的像仙女棒的符號，點到模型上會選取所有相同顏色的格子。

**Step 6** 點擊紅色十字，並按下鍵盤 Delete 鍵。

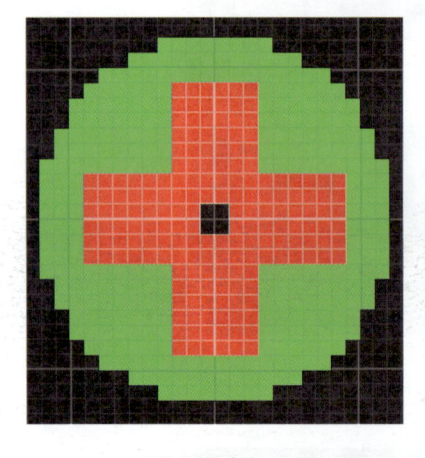

被選取到的 voxel 會出現白色顯眼的框線。

**Step 7** 用 Attach+Face 堆疊到 10 層。

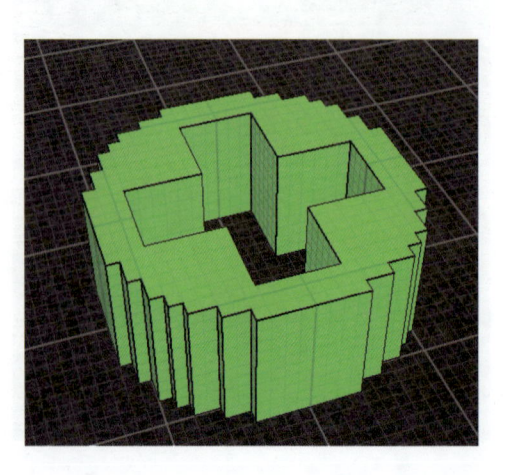

## 三、立體旋轉片設計

同樣的作品用 3D 列印重做一次，勢必要提高一點難度增加挑戰，雖然這次設定的可建模空間非常大 (120×120×10)，但並不能直接將整個空間填到滿，不然列印時間會超級久，限制每個旋轉片列印時間不能超過 30 分鐘，限制了列印時間，變相的也就限制了可列印的重量。

在之前的經驗中知道旋轉片做得越大越重就越穩，但事實真的是這樣嗎，如何在有限的重量內，盡可能的讓陀螺轉的穩定就是這次的設計重點，

先前在以 LibreCAD 繪製陀螺旋轉片時，由於軟體可以做出任何角度的旋轉，因此可以畫出各種對稱形式的旋轉片，即便是正 11 邊形都畫得出來。

而在 MagicaVoxel 中由於所有形狀都是由一個個小正立方體 voxel 構築而成，一塊形狀經過 90 度倍數以外的旋轉就會變形，因此最理想的對稱結構就是 4 對稱，以下我們將透過移動與旋轉的功能畫出有 4 對稱的立體旋轉片。

**Step 1** 用幾何工具中的直線，畫出 + 或 x 型狀等分出四個區域。

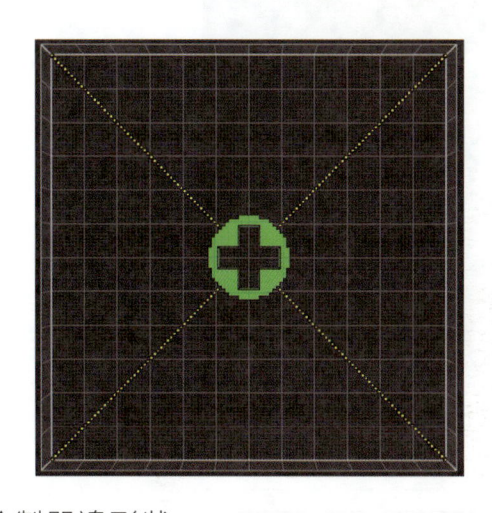

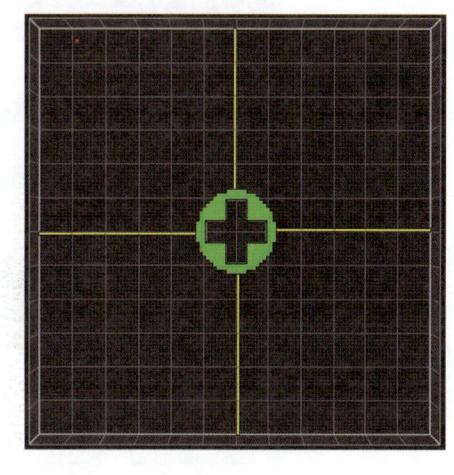

先只在一個 1/4 區域內建模，兩種分法都可以。

**Step 2** 繪製單邊形狀。

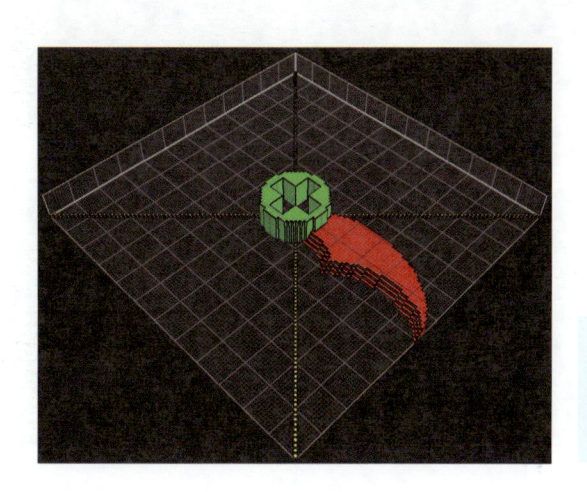

運用先前所學的工具，畫出任何喜歡的形狀，最好要有立體構造。

**Step 3** 鍵盤按下 Ctrl+A 進行全選。

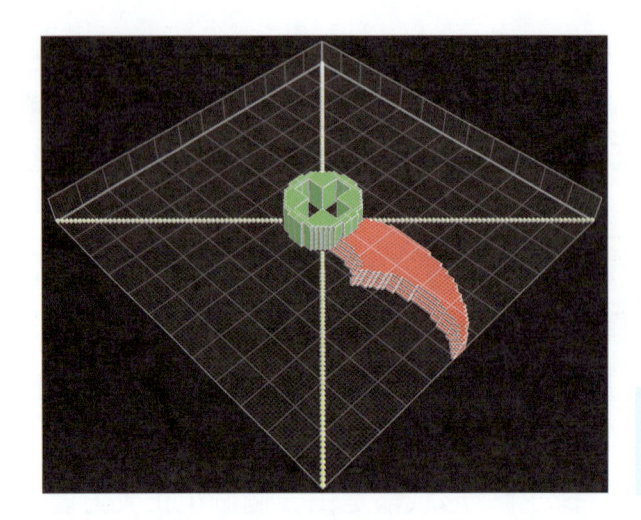

> 選取起來的 voxel，網格線變成顯眼的白色。

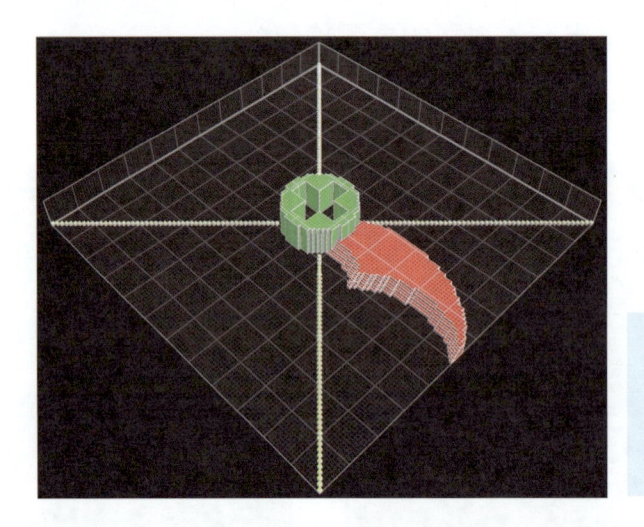

**Step 4** 複製、貼上。

> 如同複製文字一樣，可用快捷鍵 [Ctrl+C]、[Ctrl+V]，目前外表還看不出來差別。

**Step 5** 對 Z 軸旋轉。

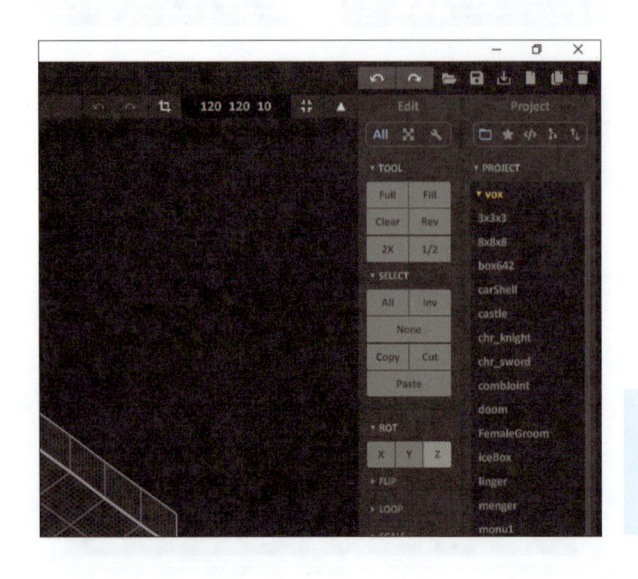

> 右側的進階功能，點開 ROT(rotation) 工具，點擊其中的 Z 按鈕。

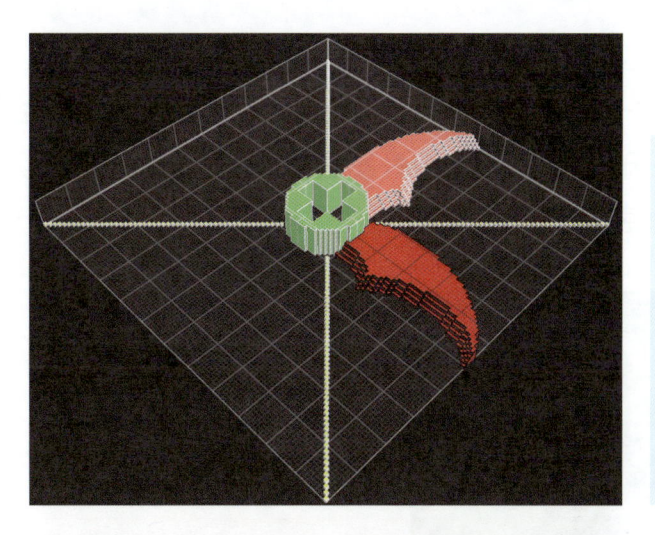

Chapter 5　3D 建模作品設計　157

由此可知，被框選出現白色網格的 voxel，在空間中是可以與沒被框選的網格重疊的，前一步驟複製貼上後看起來沒變化，但其實是兩組（有框選與無框選）相同形狀的模型重疊了。

**Step 6**　重複複製、貼上、旋轉，直到四個區塊都有複製出相同形狀。

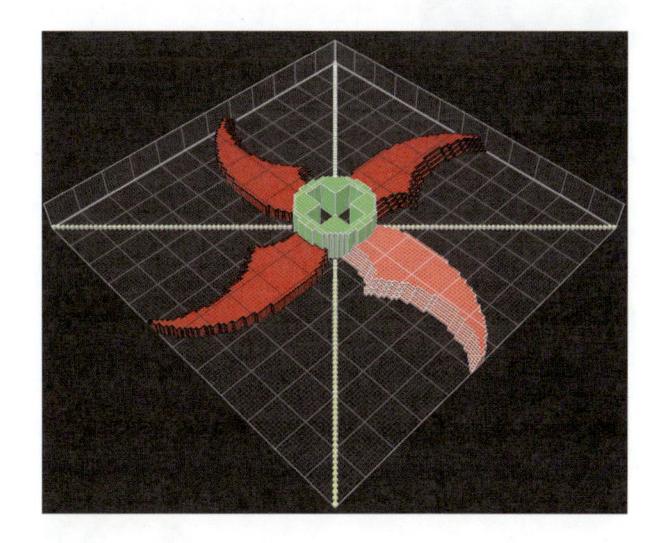

**Step 7**　移除分隔線。

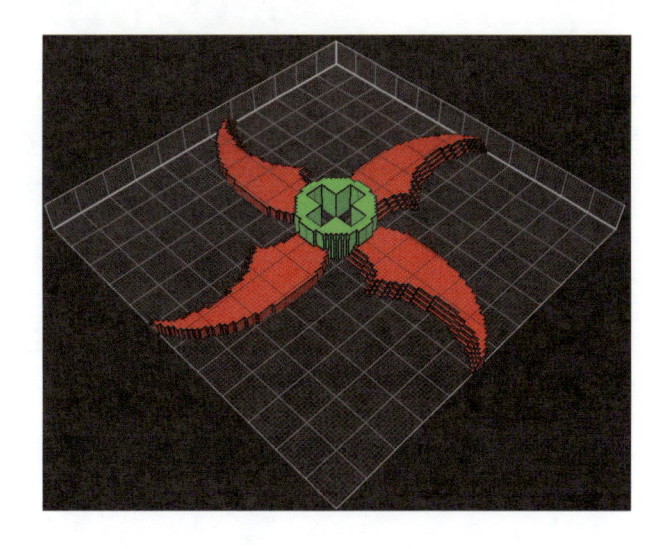

## (1) 調整列印比例

先前在繪製陀螺的十字卯孔時你是否感到疑惑，整個旋轉片的建模空間有 120 格，印出來就是 12 公分寬的旋轉片這會不會太大了，明明雷射切割的陀螺轉軸寬度是 9mm，但為什麼十字卯孔的寬是 18 格，說好的 1 個 voxel 是 1mm 立方呢。

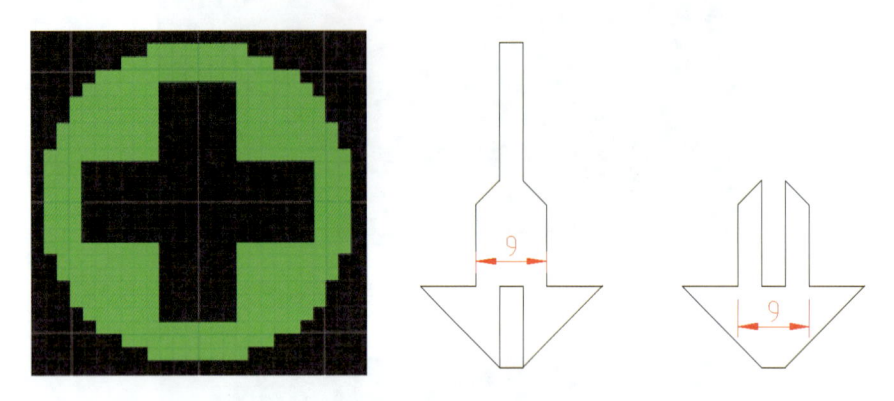

事實上 1 個 voxel 是 1mm 立方的比例並不是絕對的，是在 Cura 中設定該模型的縮放為 1000% 時才會呈現的結果，設定成不同的比例，1 個 voxel 列印出來的實際大小就不一定是 1mm 立方了。

為了要讓 18 個 voxel 間隔列印出來剛好是 9mm 的寬度，每個 voxel 對應的實際寬度必須是 0.5mm，因此必須將比例設定為 500%，此時會發現整個旋轉片的寬度也變成了 6cm，與之前製作雷射切割版旋轉片的設定相同。

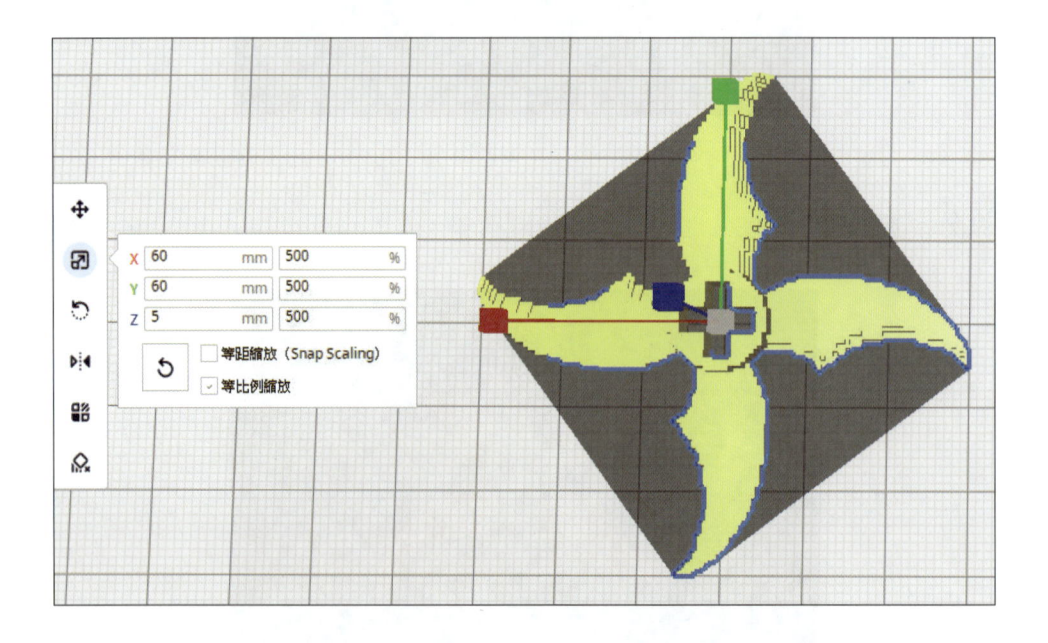

在 MagicaVoxel 中用兩倍甚至更多的 voxel 空間建模，進入 Cura 中再調整比例為原本的 1/2 讓整體尺寸符合規範，原本 1cm 的距離那個方格數從 10 格變成 20 格，這樣的手法能夠讓畫出來的模型更加細膩，需要較高精密度的時候就會這麼做。

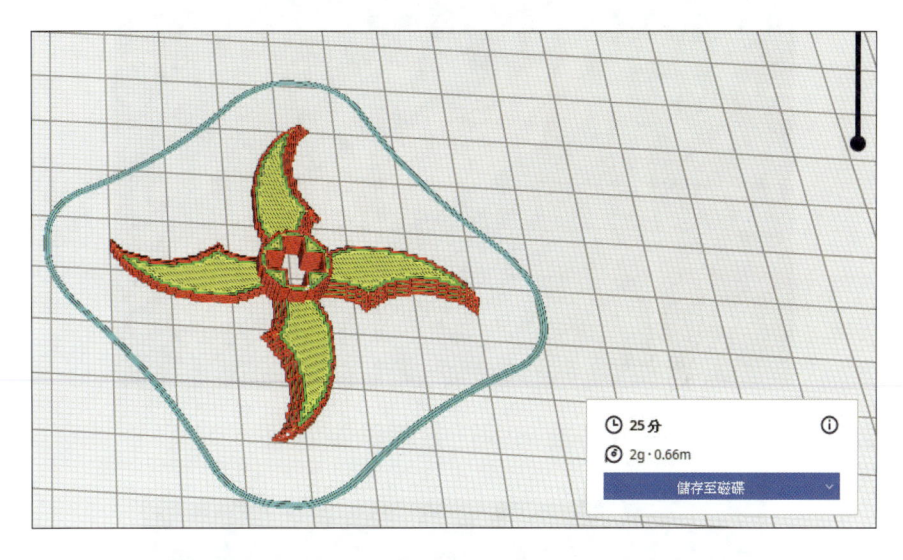

不要忘記本節一開頭所設定的限制，每個旋轉片列印時間不能超過 30 分鐘，切片後預覽結果確認時間沒有超過。

拿來轉轉看玩玩看，並觀察雷射切割版本跟 3D 列印版本的陀螺有什麼差異。

### (2) 距離與轉動慣性

以 3D 列印製作陀螺的旋轉片，除了能做出更漂亮的陀螺之外，我們還能從中學習到什麼東西呢，在回答這個問題前我們先回到開始繪製旋轉片的步驟，設計一個特別的形狀來做實測。

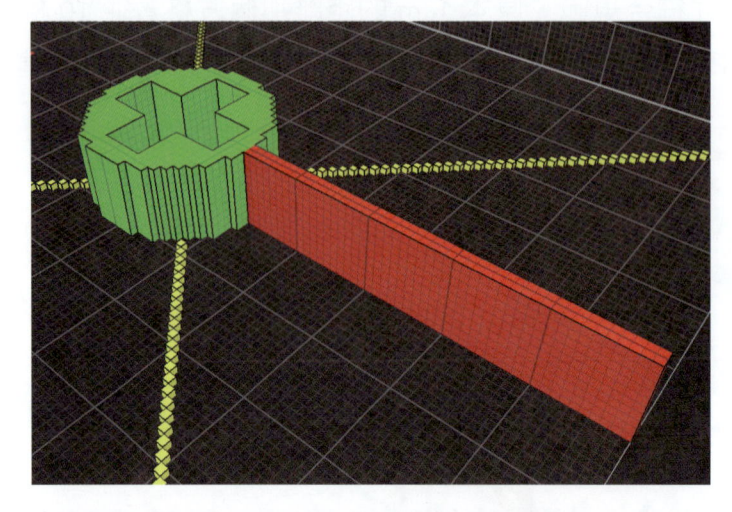

## 160　雷射切割與 3D 列印結合應用秘笈 20 招

**Step 1**　畫出薄片。

如圖厚度只有兩格，實際印出來只有 1mm 厚，這麼薄用雷射切割切出來一下就斷了。

**Step 2**　換個顏色，在薄片的左右各畫一個正方體做為重捶。

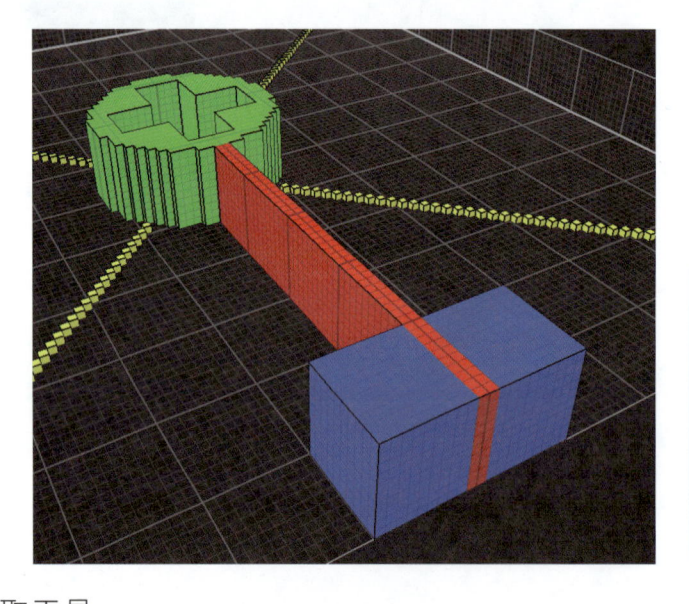

兩邊的顏色要一樣，包含薄片寬度，構成一個 10x10x20 的長方體，旋轉片的重量會較多集中在重捶上。

**Step 3**　點選區域選取工具。

長的很像仙女棒的符號。

Chapter 5　3D 建模作品設計　161

**Step 4**　點選剛才畫的方塊，空間內所有相同顏色的 voxel 都會被選取起來。

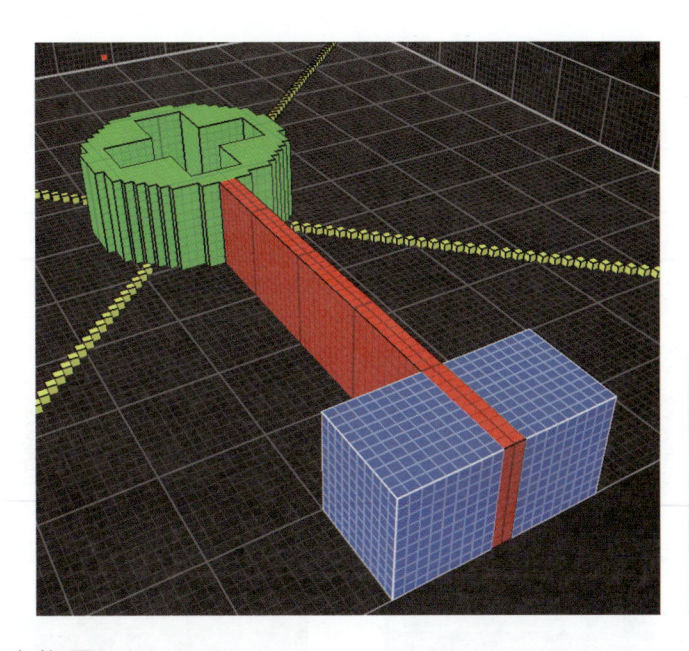

> 是的，之前在移除分隔線的時候，用這個工具就能選到所有的黃色方格，按下 Delete 一次刪乾淨。

**Step 5**　前後調整方塊位置。

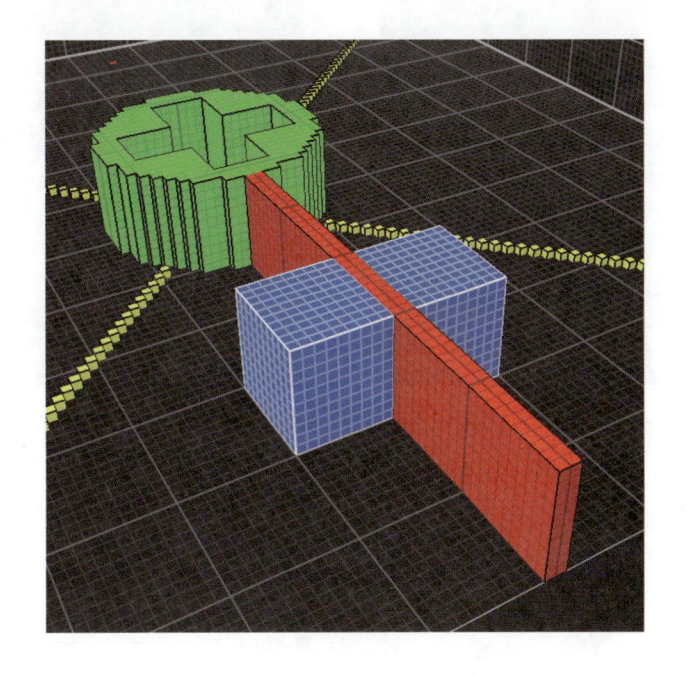

**Step 6** 用前面教過的方式,將四個區塊都複製出相同的結構。

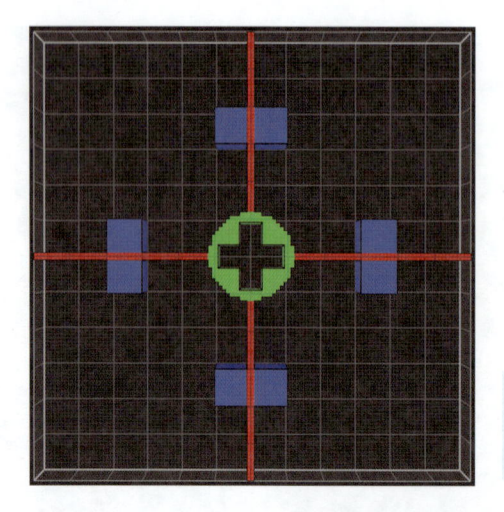

記得將黃色分隔線刪掉。

**Step 7** 重複上述步驟做出多個旋轉片,並讓每個旋轉片的重捶與軸心的距離都不一樣。

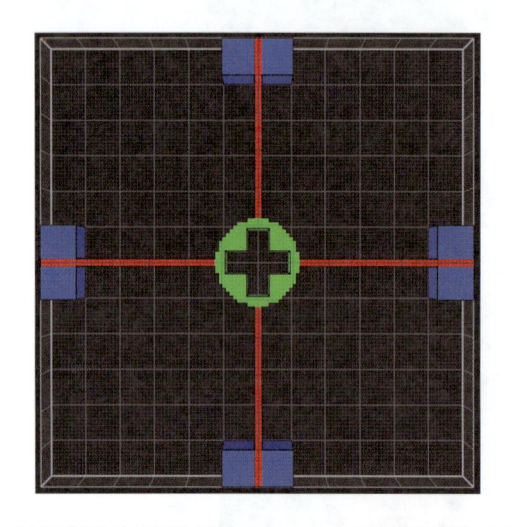

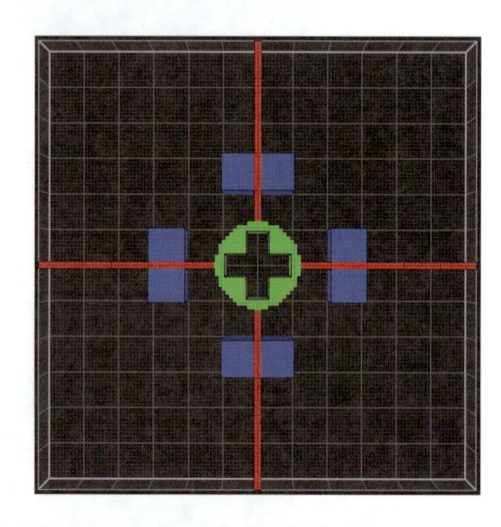

**Step 8** 將列印密度調到 100%,每種距離的旋轉片都列印出來做成陀螺。

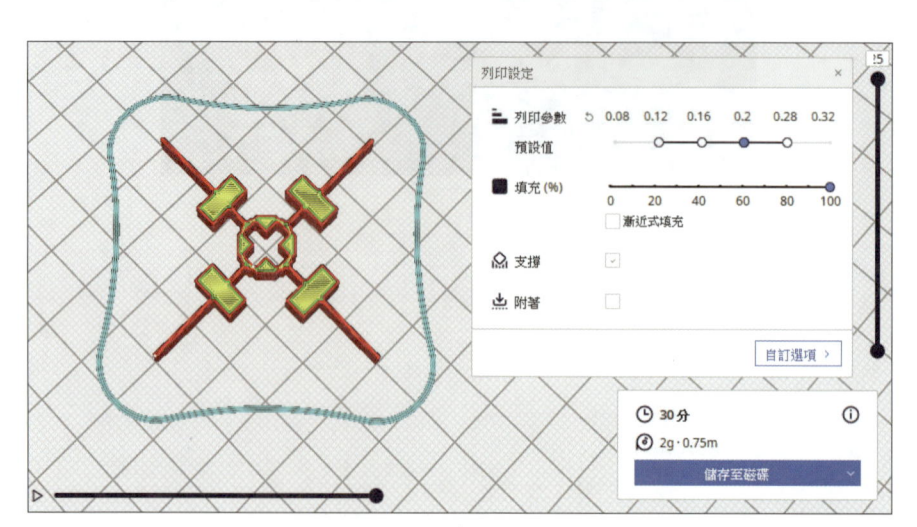

列印時間剛好是 30 分鐘，不同的陀螺列印時間可能有一點點差距，但不影響實測結果。

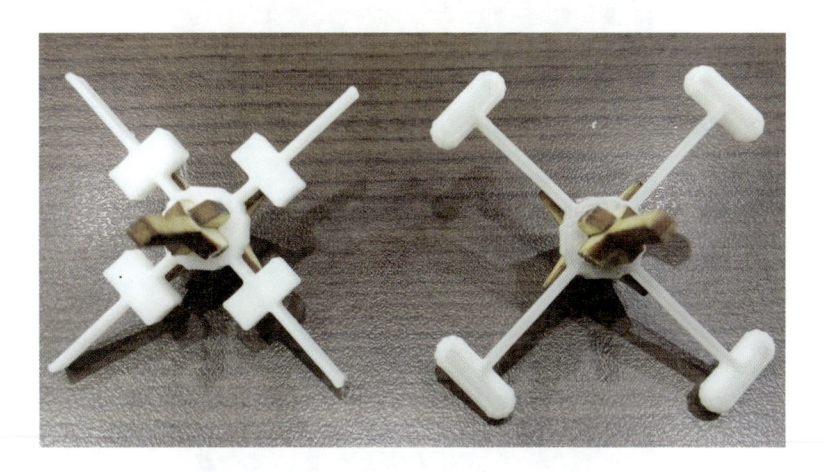

每個陀螺都拿起來轉轉看，哪一種陀螺轉得比較穩呢，重捶離轉軸近一點比較穩，還是遠一點比較穩呢？

## 5-4 飛天螺旋槳

在前一節我們用 3D 列印重新製作陀螺，雖然能夠運用 PLA 塑膠的特性，做出更加獨特的造型，甚至精準的控制旋轉片質量集中的半徑，用於定性的了解轉動慣量的特性，但這些都還不足以強烈的體現出 3D 列印的必要性，如果找到更有彈性的板材，或許也可以用雷射切割達成。

為此我們要對陀螺做一點小改變，讓他能夠飛上天，首先按照以下步驟製作出螺旋槳的結構。

### 一、螺旋槳建模

**Step 1** 接續前一節做出十字卯孔，並畫上輔助線的步驟。

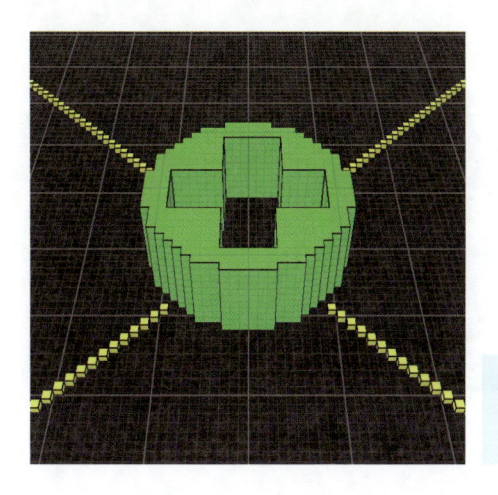

原本十字的寬度是 6 個 voxel。

**Step 2** 用 Erase+Face，拓寬十字的寬度為 8 個 voxel。

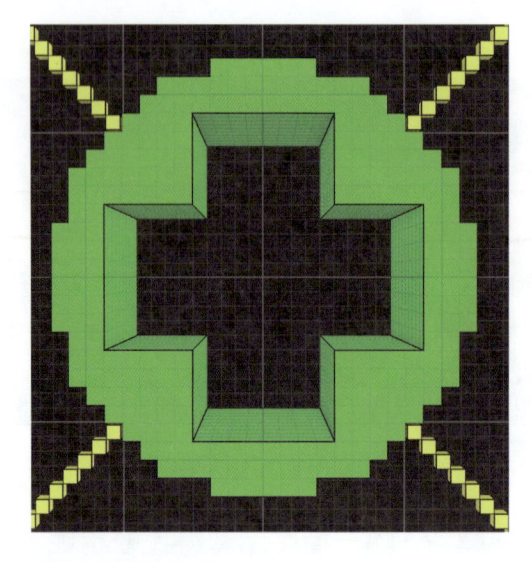

十字的長度一樣是 18 格。

**Step 3** 用 Attach+Box，如圖畫出階梯形狀。

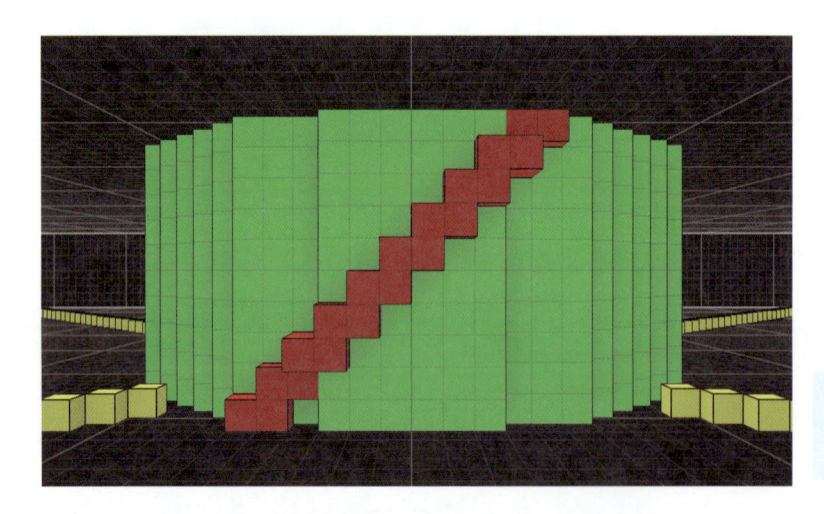

任選軸心的其中一個側面皆可。

**Step 4** 用 Attach+Face，延伸階梯結構至空間邊界。

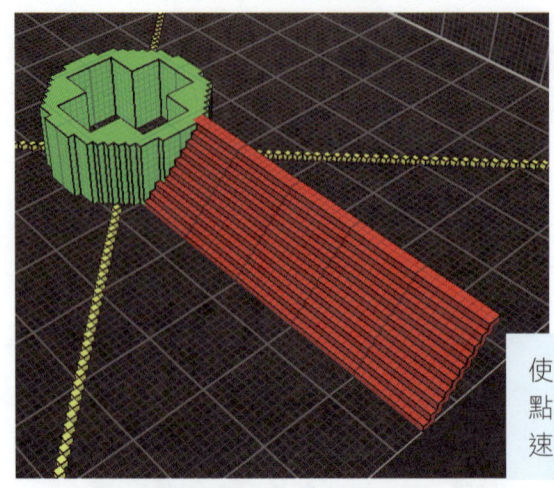

使用 Attach+Face，左鍵點到平面後拖曳可以快速拉伸整個面。

**Step 5** 按照前一節步驟，複製出另外三片扇葉。

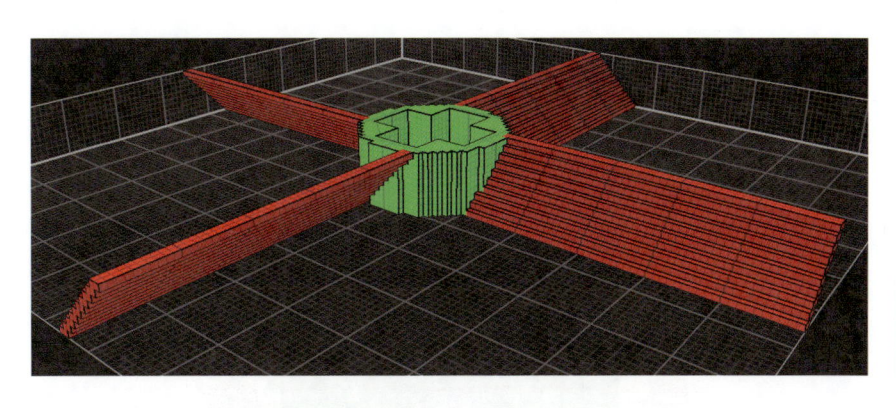

> 記得移除輔助線。

到目前最簡單的螺旋槳槳片就完成了，但是用 voxel 畫的扇葉表面一格一格的，會不會哪裡怪怪的。

Tips 如果害怕槳片在高速旋轉下會傷到人，可以先跳到本節第四段加裝保護環，再進行後續流程。

## 二、Marchin Cubes 形狀

雖然 MagicaVoxel 是以 voxel 立方體作為建模的基礎，但並不代表輸出的 3D 模型就一定要是一格格的樣子，以下介紹另一種 3D 形狀輸出的模式。

**Step 1** 點選左上 Render 標籤，切換到渲染介面。

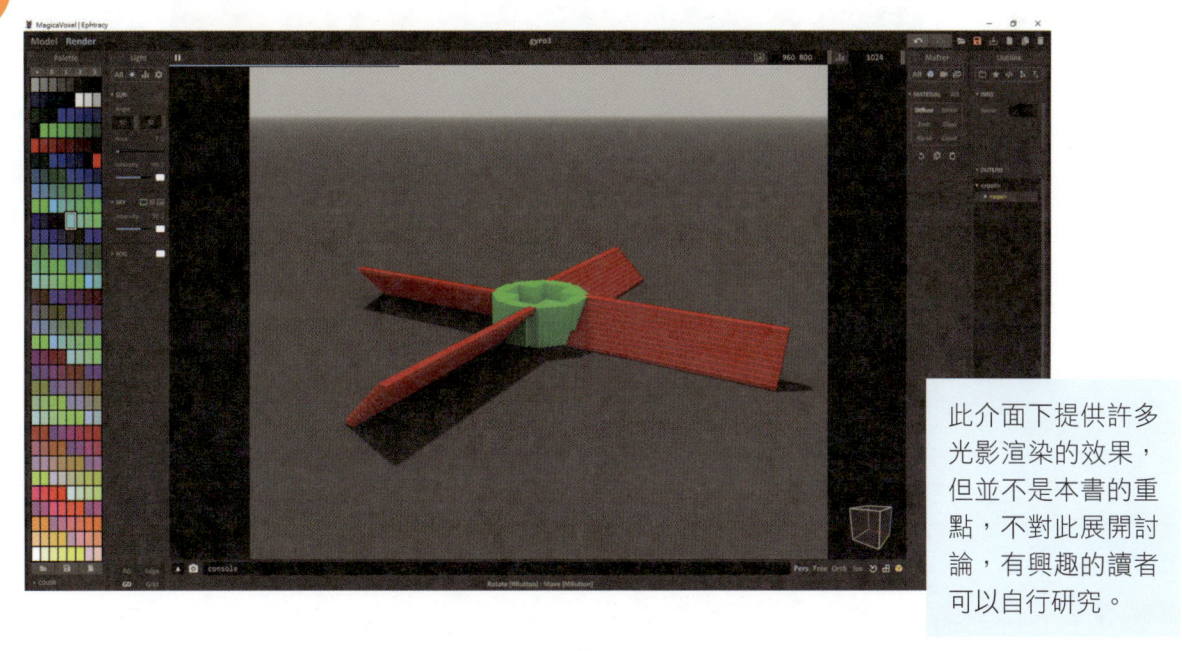

> 此介面下提供許多光影渲染的效果，但並不是本書的重點，不對此展開討論，有興趣的讀者可以自行研究。

**Step 2** 如圖點選下列三處，進入 Marching Cubes 模式。

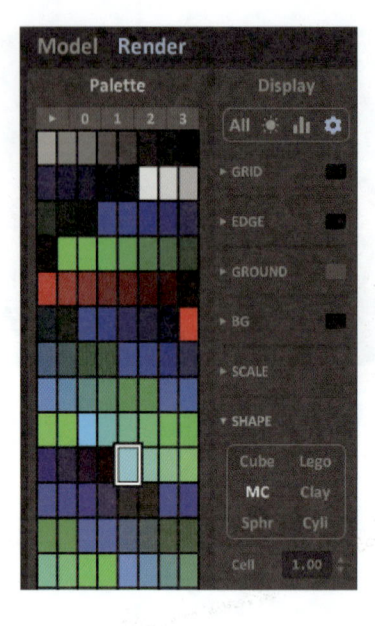

**Step 3** 檢視模型。

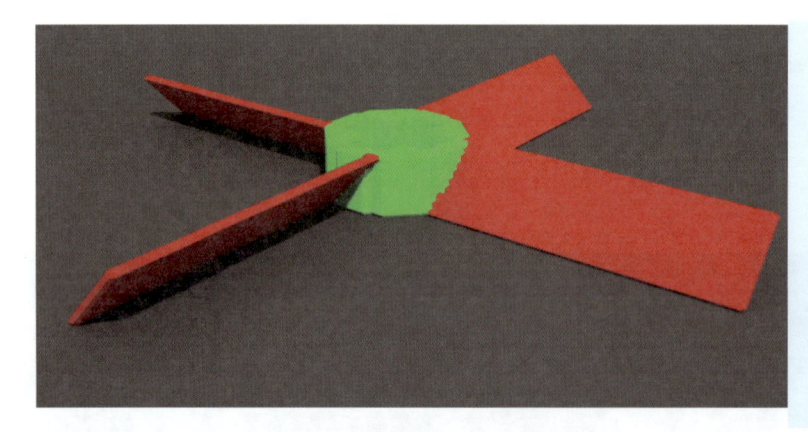

目前只要先知道在此模式下，模型的稜稜角角會被捏平即可，但並不會影響在建模 Model 模式下 voxel 的結構，讀者若想了解其背後的演算原理，可搜尋 Marching Cubes 了解更多。

**Step 4** 點選 EXPORT/mc 按鈕，輸出 PLY 檔。

你沒有看錯，點下 mc 之後得到的檔案也是 PLY 格式，與點下 ply 按鈕得到的相同，雖然檔案格式一樣但裡面的形狀卻有很大的差別。

前面切換到 Render 介面的操作，只是先看看模型在 Marching Cubes 模式下會長成甚麼樣，最後輸出形狀還是在這裡，熟悉 voxel 結構與 mc 模式下的形狀之後，即便不切換到 Render 介面查看，也不影響模型輸出效果。

**Step 5** 載入 Cura 並印出。

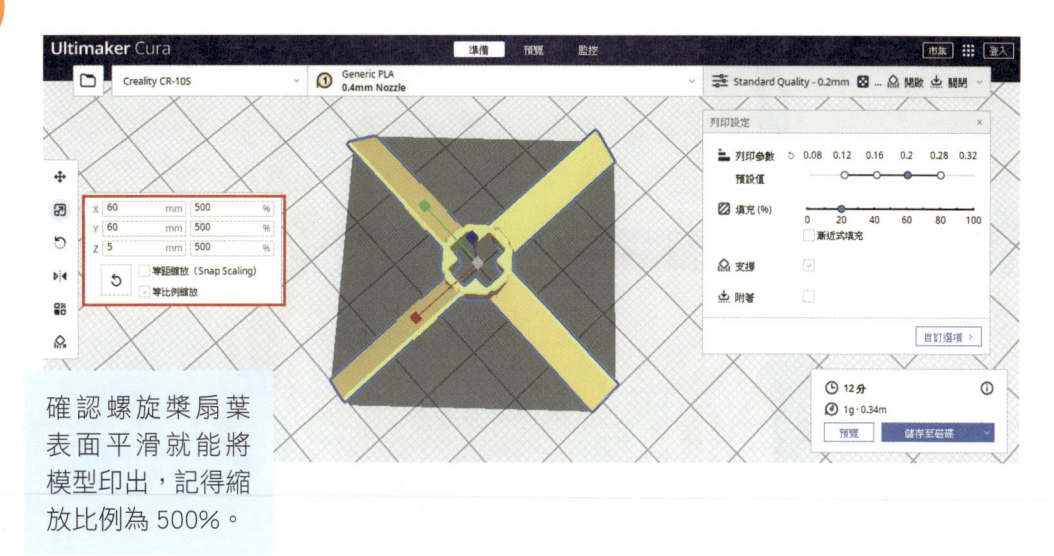

確認螺旋槳扇葉表面平滑就能將模型印出，記得縮放比例為 500%。

**Step 6** 回到 MagicaVoxel 作鏡像翻轉 Flip。

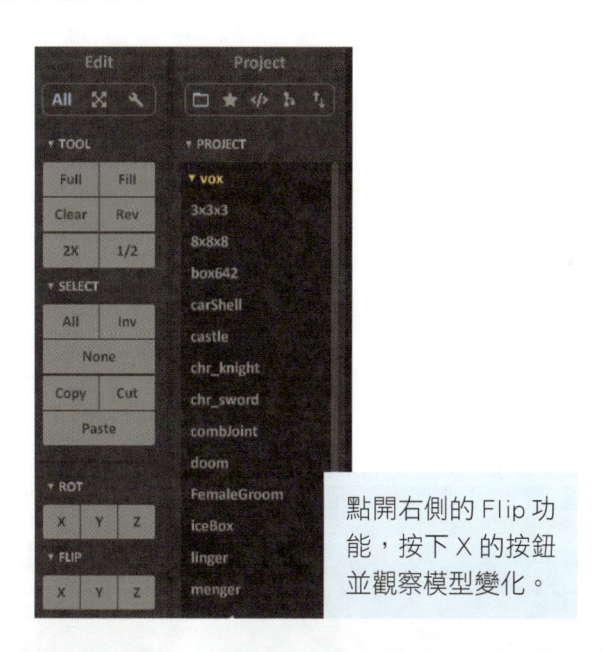

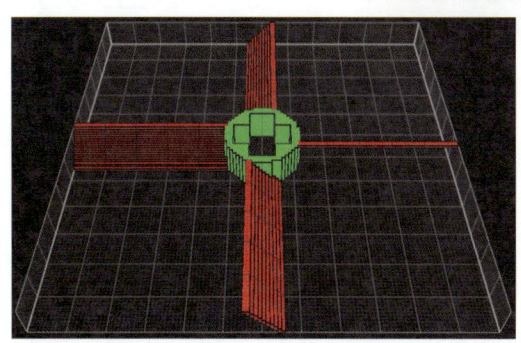

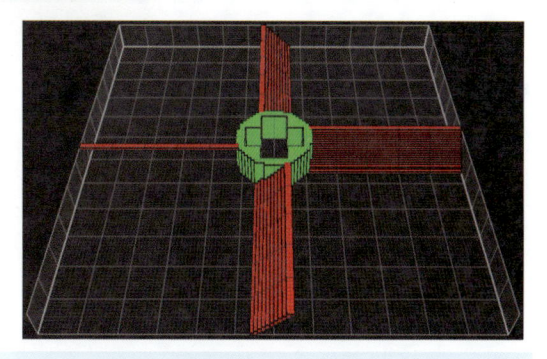

點開右側的 Flip 功能，按下 X 的按鈕並觀察模型變化。

左右兩圖互為鏡像，右側的斜向為右上左下（定義為 R 型）為原檔，左側為按下 Flip X 按鈕後，斜向變成左上右下（定義為 L 型），注意不要多按，再多按一次就又彈回原本的形狀了。

**Step 7** 輸出另一個 mc 檔，並換一種顏色的 3D 列印線材印製。

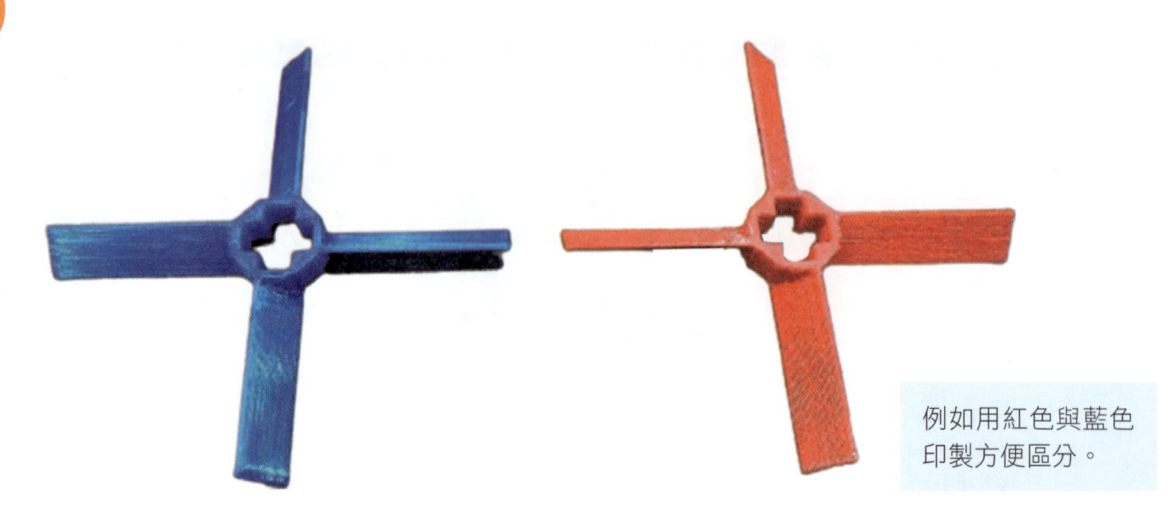

例如用紅色與藍色印製方便區分。

## 三、旋轉起飛

要讓槳片能夠飛得起來，需要用雷射切割印個小工具輔助，並需要一些技巧，玩法其實類似竹蜻蜓。

**Step 1** 用激光寶盒印出 rotator.dxf 檔。

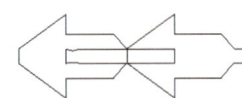

**Step 2** 將前端組裝成十字型。

發現了嗎，旋轉器 rotator 就是一個尾端拉長版的陀螺軸。

**Step 3** 將槳片輕放在旋轉器頂端，十字卯空對準旋轉器箭頭的十字。

不要硬塞卡死了，否則飛不起來。

**Step 4** 兩手快速搓動木棒，槳片就會飛起來了。

可能是左手由後往前搓，或是右手由後往前搓，竹蜻蜓總會玩吧，至於是哪一手往前搓之後再詳細解釋。

## 四、加裝保護環

　　雖然 3D 列印的槳片很輕很有彈性，但在高速旋轉下碰到人體還是有受傷的可能，因此可按照下列步驟為旋轉片加上保護環。

**Step 1** MagiaVoxel 建模空間改設為 120×120×12，增加兩層縫隙。

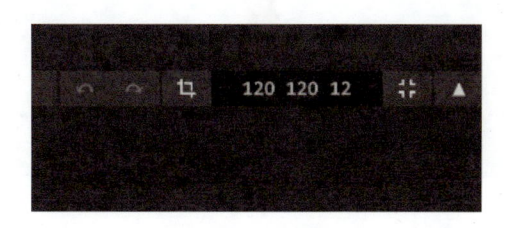

**Step 2** 槳片向上移讓兩層縫隙在槳片底下。

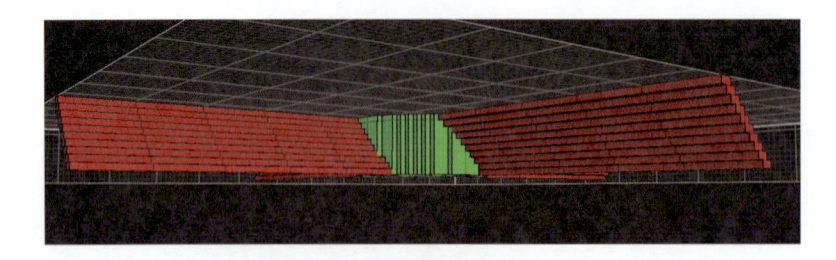

**Step 3** 切換成幾何筆刷,圓形效果。

進階選項也如圖設置

**Step 4** 在底面畫出直徑 120 voxel 的正圓。

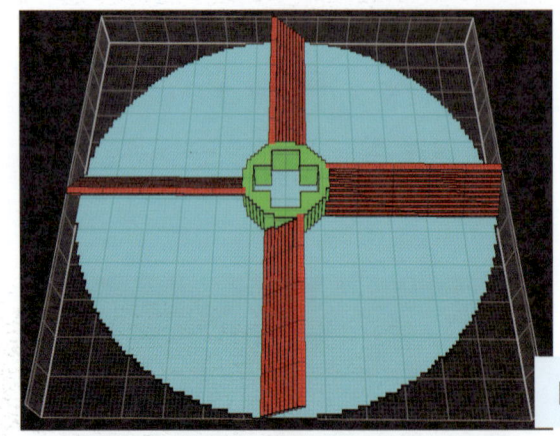

圓心要在底面正中心。

| | |
|---|---|
| Step 5 | 切換至 Erase，削出直徑為 116 的圓。 |

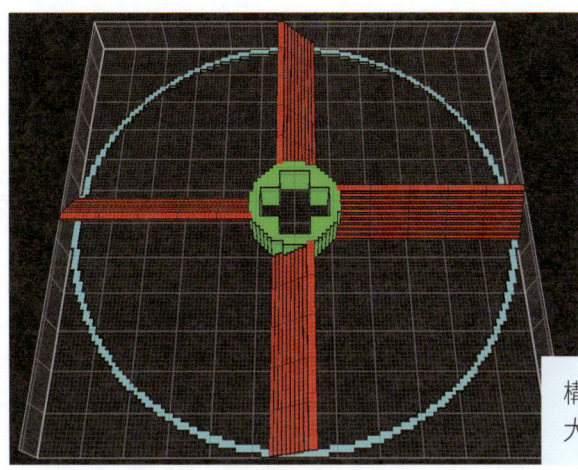

構成寬度為 2 voxel 的大圓環。

| | |
|---|---|
| Step 6 | 用 Face 工具將圓環拉高切齊槳片的上下緣。 |

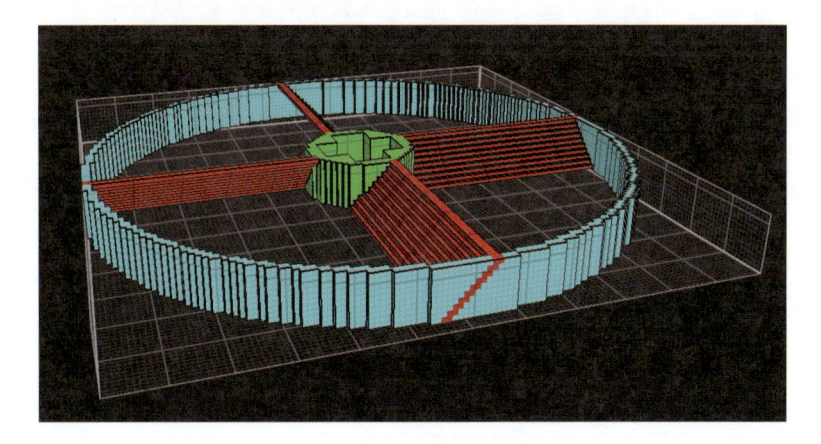

| | |
|---|---|
| Step 7 | 按先前步驟以 Marching Cubes 形狀輸出模型並列印；相同斜向的槳片可以用相同的顏色列印。 |

### 延伸思考

　　槳片加入保護環除了安全的考量之外，對於飛行效果會有甚麼影響呢，一方面增加了槳片的重量，但另一方面圓環位於最外圍，大大增加了轉動重量，結果會飛的比較快還是比較慢？飛行時間比較長還是比較短？

## 五、原理解說

　　所以為什麼槳片只有朝一個方向旋轉起來才會飛？為甚麼扇葉一定要是斜斜的呢？以下用空氣粒子模型簡單做說明。

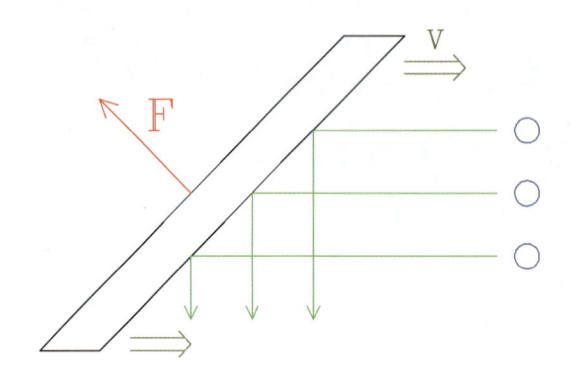

　　如圖所示槳片有傾斜的扇葉（黑），當槳片快速旋轉後扇葉跟空氣粒子（藍）會產生相對速度 V，空氣粒子撞到扇葉後被往下彈，相對的空氣粒子也給予扇葉反作用力，這個反作用力一方面讓槳片抬升進而飛起來，另一方面也給槳片阻力讓他的旋轉慢下來。

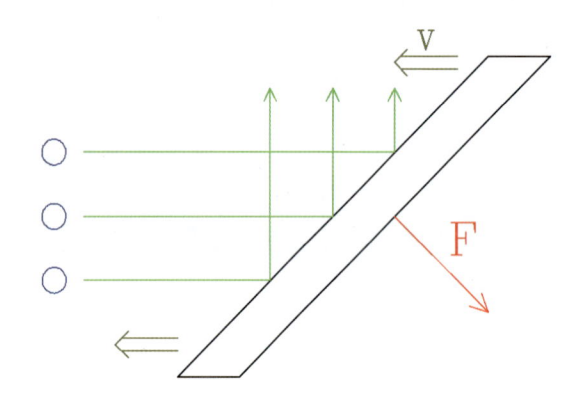

　　而如果將槳片反方向旋轉，空氣粒子被扇葉往上打，相對的槳片受到的反作用力就會把他往下壓，最後槳片就飛不起來了，因此要如何簡單的判斷槳片轉的方向會讓他飛起來，旋轉時有感受到涼風往下吹到手上就對了。

以此方式進行觀察槳片的斜向，R型槳片(紅色)，要右手由後往前搓形成逆時針旋轉，在航天術語稱之為正槳；L型槳片(藍色)，則要左手由後往前搓形成順時針旋轉，在航天術語稱之為反槳。

同樣的方式也可以用來觀察其他所有的螺旋槳的旋轉方向，無論是放在飛機上、還是放在船上的，無論尺寸是大還是小，通通都適用。

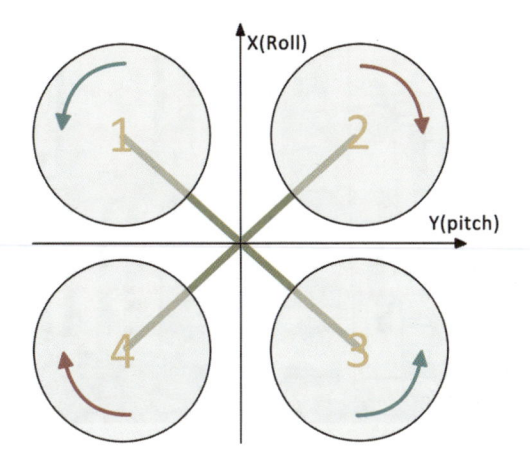

有機會玩到四軸飛行器的話，可以特別注意四個槳片的旋轉方向，沒有意外的話一定會有兩個正槳、兩個反槳，且相同的槳片一定放在對角線，至於為甚麼呢？

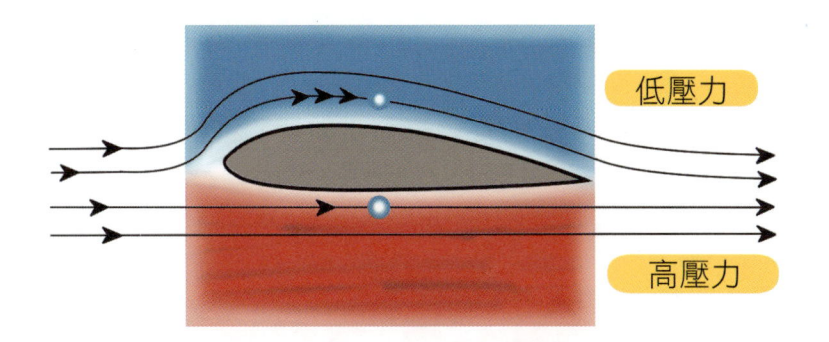

這種原理的解說方式雖然比較直觀好理解但並不精準，真正精準的解釋還是要透過流體力學裡的白努力定理，而且我們用3D列製作的螺旋槳雖然能飛但其實是非常粗糙的，真正的螺旋槳都是流體力學經過嚴密的計算，讓螺旋槳達到最高的效率。

## 5-5 人偶造型設計

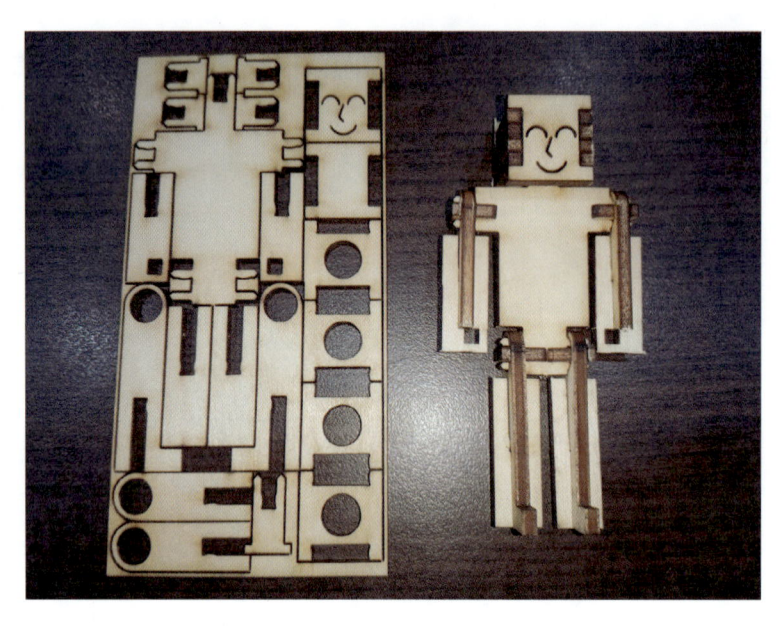

　　前幾節的作品既要學習 3D 建模，又要學習自然科學的知識，實在是太充實了，下一個作品可以輕鬆一點，組裝之前在第三章最後介紹的小木偶，為他裝上全套的 3D 列印盔甲，還能用 3D 列印筆做改裝。

### 一、小木偶組裝

首先按照以下步驟組裝小木偶，並從中學習雷射切割機構。

**Step 1** 取下頭部 6 片。

Chapter 5　3D 建模作品設計　175

**Step 2**　疊合有洞的 4 片。

**Step 3**　裝上臉部正反面。

**Step 4**　取下身體與長固定片（只有 1 個）。

**Step 5** 長端穿過頭部圓孔，頭頂再插入長固定片。

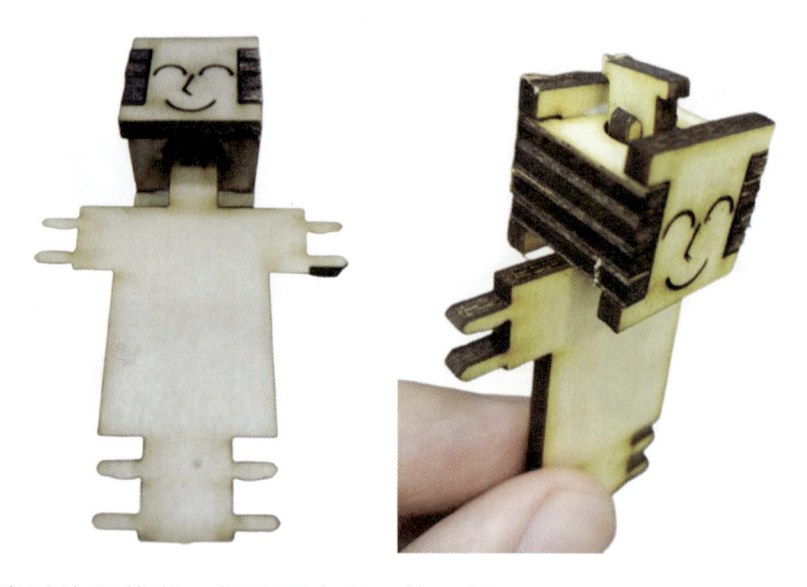

**Step 6** 取下一邊手的零件與一個短固定片 ( 共 4 個 )。

**Step 7** 組裝手部並裝上短固定片。

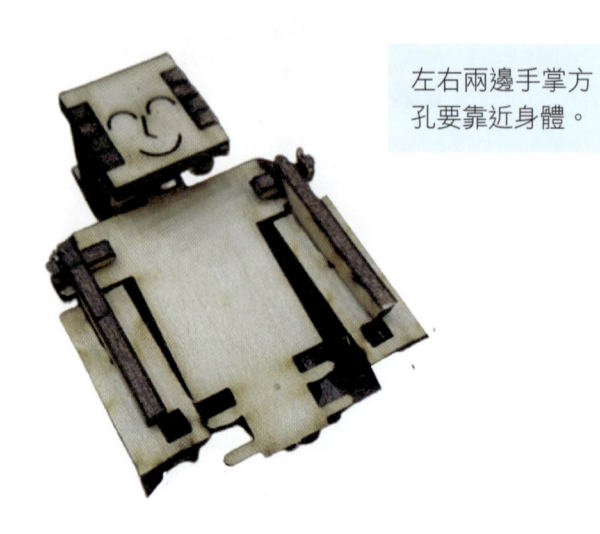

左右兩邊手掌方孔要靠近身體。

**Step 8** 取下一邊腳的零件與一個短固定片 ( 共 4 個 )。

觀察清楚不要跟手搞混了！

**Step 9** 組裝腳部並裝上短固定片。

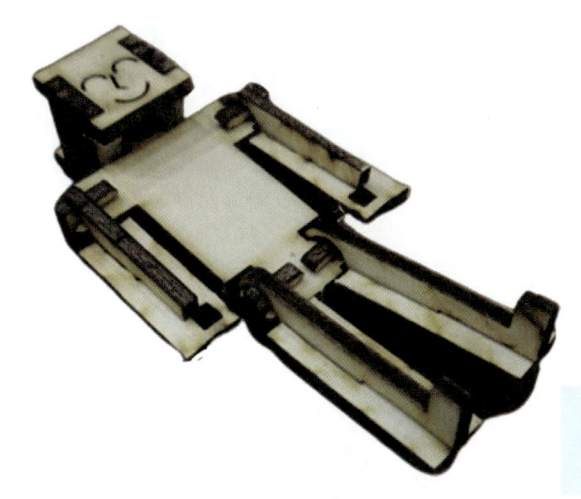

凸起表示腳掌的一邊要朝前。

**Step 10** 完成。

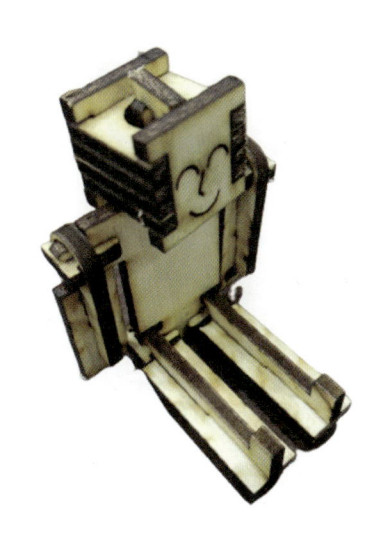

組裝的雷射切割作品時，由於每次加工使用的板材品質以及機器裝況都不完全相同，相同的圖檔做出來的零件可能有鬆有緊，這些都是正常狀況，當作品狀況不理想時除了修改圖檔重做一個之外，你也可以使用銼刀磨掉多餘的部分，或使用白膠卡榫強度等方式作補救。

## 二、3D 裝備製作

完成小木偶的組裝後，看著他光溜溜的身體是該幫他穿上衣服了，這裡已經準備好一套 3D 列印的裝備，包含頭盔、肩甲、護胸、長靴等。

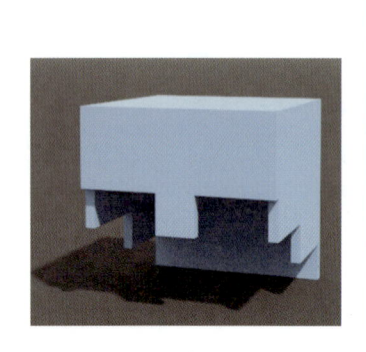

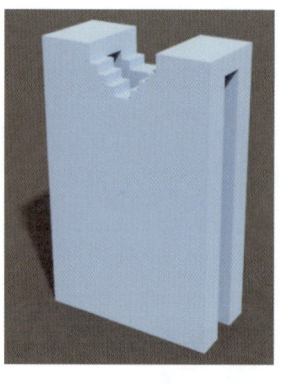

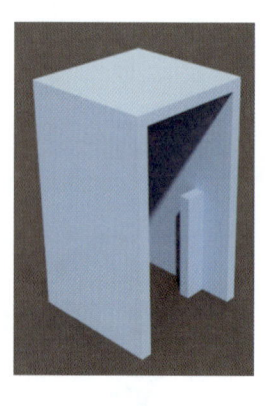

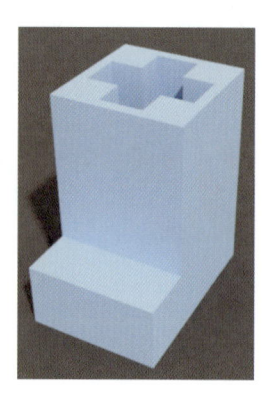

檔案名稱分別是 head、body、Shoulder、foot，學到這邊相信讀者已經有一定的 3D 建模與列印技巧，已經不需要手把手的教每個模型怎麼畫、怎麼印，可以自行開啟檔案依照喜好做修改，找出最佳的切片角度列印出來。

不一定全身都要同一個顏色，可以每個部位都使用不同顏色的線，增加變化性。

所有裝備都印出來後，裝到人偶上的樣子如圖所示，至於怎麼裝讀者可要自己動動腦筋了，只能提示在裝某些部位的時候，需要先把人偶卸下某些部位才能順利組裝。

建議可以先印出一組未修改的裝備，了解每個部位要如何組裝之後再開始改造 3D 圖檔，以免嘔心瀝血設計出的作品，因為某些原因裝不上去就太可惜了。

## 三、3D 列印筆介紹

如果要說 3D 列印除了耗時長之外還有什麼缺點，那應該就是色彩太單一了，使用甚麼線材印製整個模型就是什麼顏色，即便已經出現彩色 3D 列印的技術，但大多機器操作困難且價格不斐，為了彌補色彩單一的缺陷，我們可以使用 3D 列印筆。

3D 列印筆的核心原理與 3D 列印機是完全相同的，都是將線材加熱融化後擠出成形，在操作 3D 列印機之前可以先用 3D 列印筆來熟悉原理，差別就在於要用手來控制印出的形狀，對於原本就擅長畫畫的人來說可謂是如虎添翼。

由於 3D 列印筆更換線材相當方便，一個作品可以有很多種顏色，可以為單調的 3D 列印作品增添色彩，在等待 3D 列印機製作作品的漫長時光中，用它來修飾之前的作品也是不錯的選擇。

目前仿間可以看到的 3D 列印筆琳瑯滿目，以其工作溫度主要分成高溫、低溫兩種，低溫的機器溫度約為 60～70 度，使用起來比較安全適合低年齡層的學生使用，用的 PCL 特殊線材因為熔點較低，固化後的作品也是偏軟。

而高溫的 3D 列印筆就等同於將 3D 列印機的噴頭裝在筆尖上，比較適合國高中的學生使用，使用時還是要格外小心以免燙傷，其優點在於使用的也是 PLA 線材，可以跟 3D 列印機共用不需要額外買特殊的線材，在使用時建議畫在雷射切割的板材上，避免筆尖高溫損害到桌面。

# note

# 水晶筆筒綜合應用

# 6

6-1　立體輔助設計
6-2　平面結構描圖
6-3　水晶筆筒

回顧目前所做的作品，包含雷射切割與 3D 列印兩種製造方法，做出來的東西大多都是卡通立牌、陀螺玩具、微縮模型之類的，雖然也能在製作的過程中學到很多知識，但做出來的成品最後還是只能當裝飾品，整體而言還是缺發了一點實用性。

而在雷射切割設計的部分，最多也只介紹到三片零件組裝的陀螺，如果零件數再更多呢？例如示範的室內設計套件、小木偶套件，每個零件組裝的方向角度都不一樣，要在 LibreCAD 的 2D 環境就構思出 3D 的動態組裝流程，這樣的超強空間感並不是每個人都辦得到。

本書的最後一個作品，將會做出客製化的筆筒，從中教你用 MagicaVoxel 做 3D 輔助，規劃出每一片雷切零件之間的組裝結構，從穩固與承重等面向思考整體設計的優劣，回到 LaserBox 劃出雷切零件的輪廓，並用木板與壓克力兩種板材加工出來組裝。

## 6-1 立體輔助設計

接下來會在 MagicaVoxel 中，以下的步驟設計出筆筒外型，以及每一個零件的輪廓。

**Step 1** 設定較大的建模空間 100 100 100。

**Step 2** 規劃筆筒內容積，在此以 50x50x90 為例，並以此規格畫出大長方體。

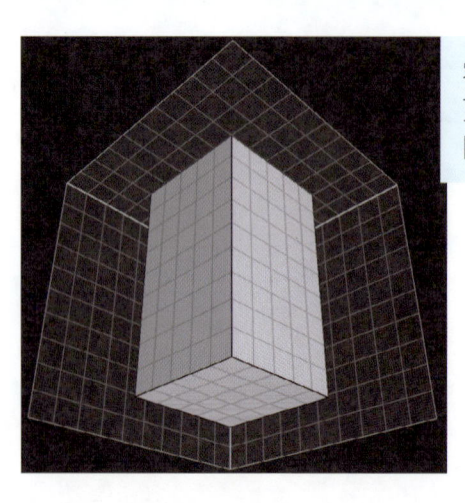

容積長方體頂部貼齊建模空間的頂面，其餘每個面都要與建模空間的邊緣有 10vox 的距離。

**Step 3** 頂部以外每個面都用不同顏色向外 Attach+Face 貼 3 層。

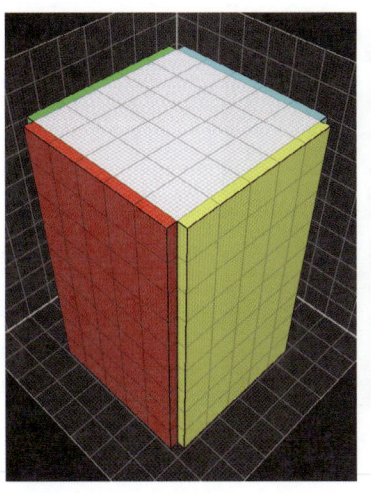

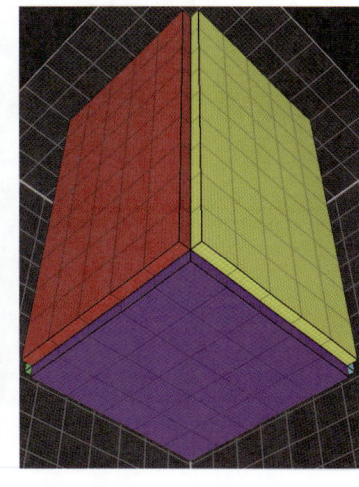

貼 3 層是因為用的是 3mm 的板材,改用更厚的板子就貼更多層。

**Step 4** 選定一片側面的其中一邊,10vox 為間隔做一個凸齒,每個凸齒的寬度也是 10vox。

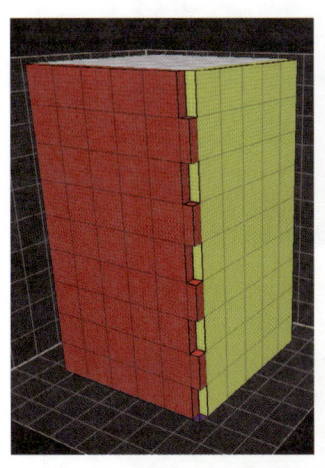

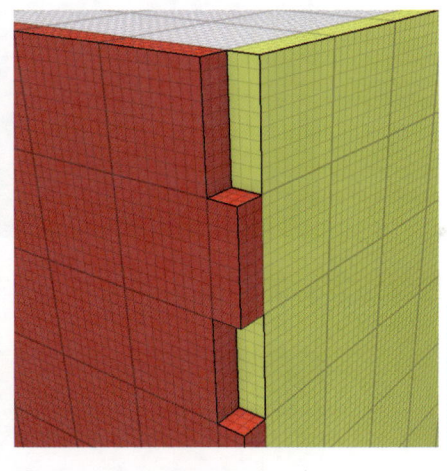

別忘了厚度也要貼齊到 3vox。

**Step 5** 將另一側的凸齒也畫好,下圖範例左側的凸齒位置與右側相對。

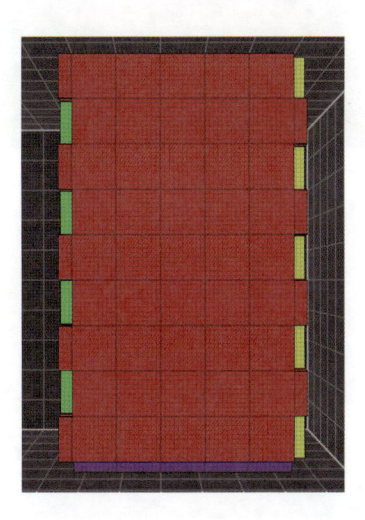

184　雷射切割與 3D 列印結合應用秘笈 20 招

**Step 6**　其餘 3 個側面與前述步驟相同作出凸齒。

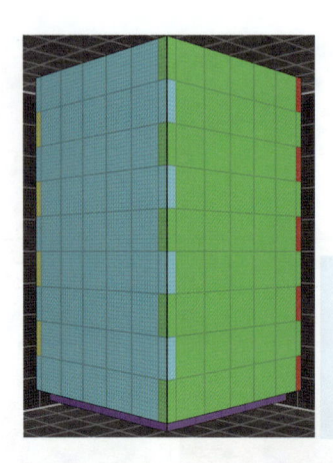

> 側面的卡榫是利用板材之間接縫處的摩擦力做固定，注意到了嗎，四個面的形狀完全相同，這會大大降低組裝難度。

**Step 7**　畫出底面凸齒。

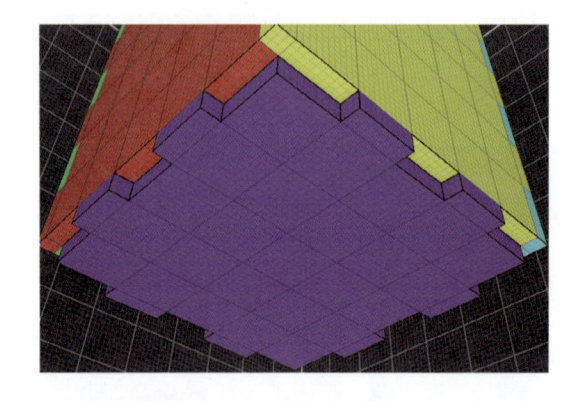

**Step 8**　4 個側面包覆住底面的凸齒。

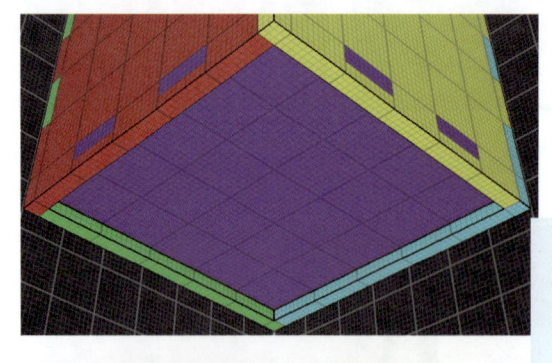

> 由於筆筒大部分的重量都壓在底部，這種組裝結構是用木頭本身的強度在支撐。

> 如果是使用與側邊相同的組裝結構，底面會很容易脫落。

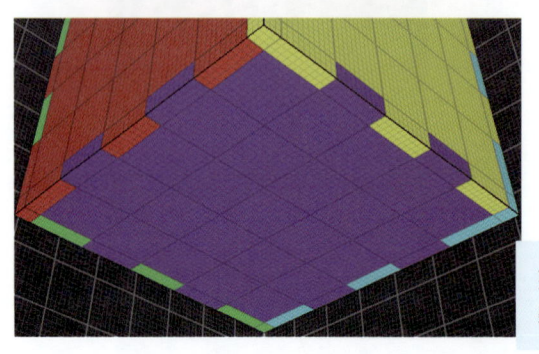

| Step 9 | 檢查每個邊角都有填滿。

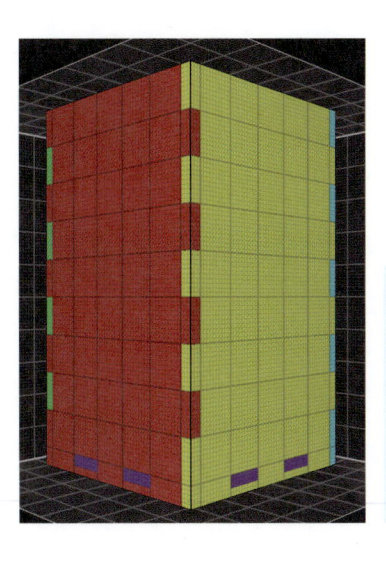

雖然在上述內容還是做了詳細的流程，每個步驟的規格跟畫法都定義好了，但建議讀者可以試著多加修改，從筆筒容積、凸齒的位置，甚至是組裝結構都可以試著調整看看。

雖然在上述內容還是做了詳細的流程，每個步驟的規格跟畫法都定義好了，但建議讀者可以試著多加修改，從筆筒容積、凸齒的位置，甚至是組裝結構都可以試著調整看看。

## 6-2　平面結構描圖

立體結構設計完之後，進到 LibreCAD 照著描圖就相對簡單多了，但還是有一些細部的東西要微調。

| Step 1 | 在 LibreCAD 中按圖施工，畫出一樣的輪廓。

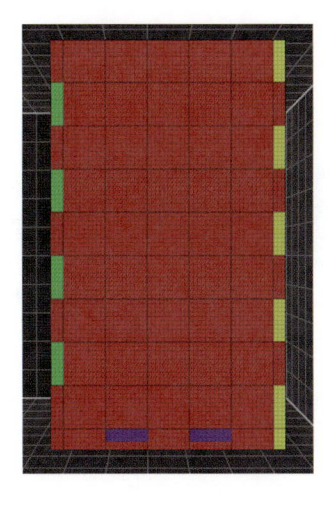

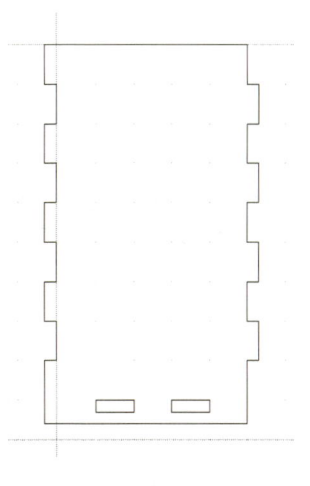

**Step 2** 選擇右側凸齒作誤差校正，在上下兩側墊出圓弧。

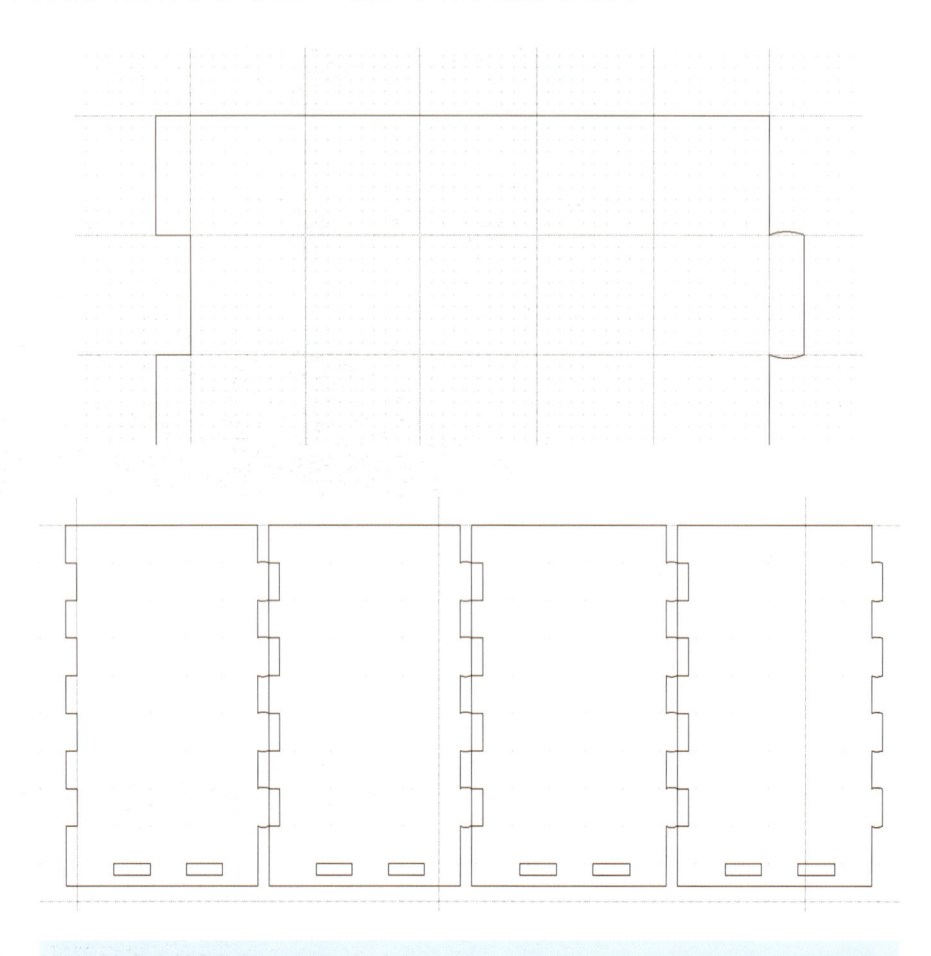

四個側面形狀完全相同的另一個好處，如果形狀不一樣的話，每一片都要重複前兩步驟個別處理。

**Step 3** 不要忘記底面。

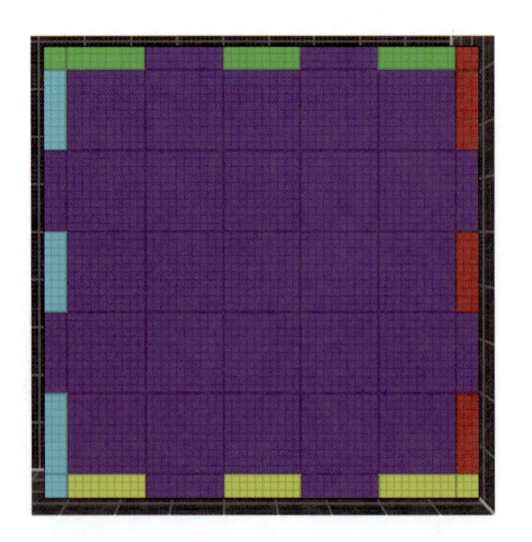

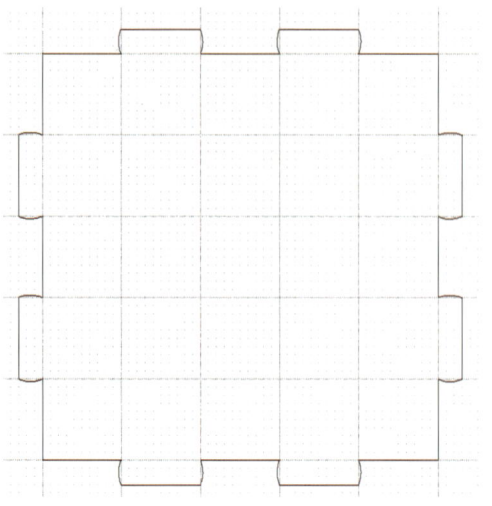

**Step 4** 重複上述步驟，再作另一組沒有加入誤差校正的零件，兩組之後都有用處。

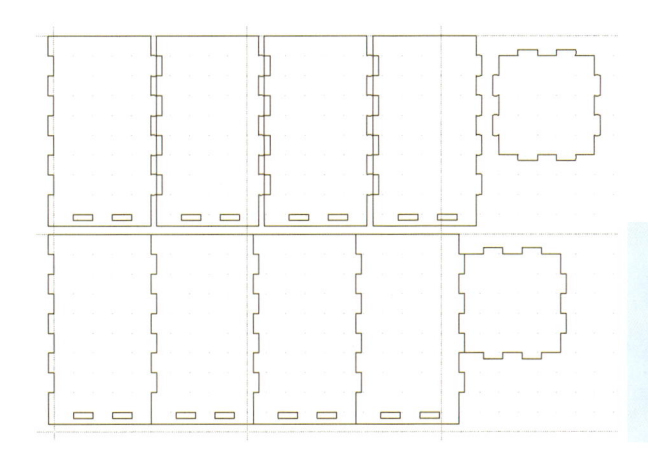

> 下面這組是沒有加入誤差校正的，由於凸齒的邊緣沒有墊出圓弧，兩片零件之間可以完全緊密貼合，更佳節省板材空間。

## 6-3 水晶筆筒

很明顯的有加入誤差校正的這一組零件，是用在切割 3mm 椴木板，組裝過前面這麼多雷射切割作品，相信已經對椴木板的特性相當熟悉。

激光寶盒加工完成後組裝起來，單靠木板本身加入誤差校正產生的摩擦力，其實就已經能夠組裝得很穩固。

但如果對椴木板的誤差校正量拿捏得還不是很準，組裝完後還是鬆鬆的，可以使用一般常見的美勞白膠做黏合，就能有不錯的效果。

最後我們要重點介紹的新材料，透明 3mm 壓克力板材的用法，雖然組裝的成品結構相同但使用的技巧卻是截然不同，可是下圖中怎麼看起來不像透明壓克力，反倒像厚紙板呢，這是因為透明壓克力板材容易看到髒污瑕疵，因此在正反面都會貼上牛皮色的貼紙做保護。

因為壓克力的板材彈性較小，稍微受點力就容易碎裂，因此不能使用木板的圖檔，要使用沒有加入誤差校正的零件圖，加工前不要先撕掉保護貼紙，一起放進激光寶盒加工，畢竟壓克力也是塑膠的一種，燃燒後釋出的氣體具有些微毒性，機器運作前間人員盡量迴避，加工完成後靜置一段時間後再取出。

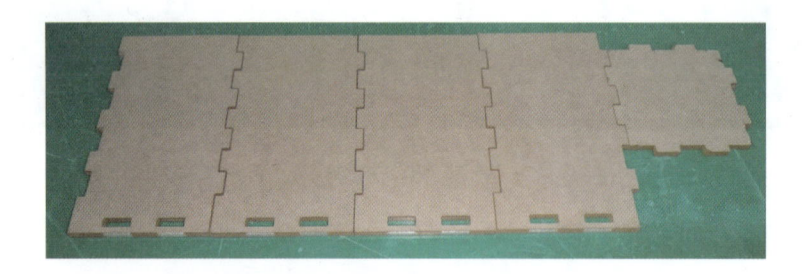

完成後再一一將零件的正反面貼紙撕掉。

壓克力有特殊的黏合藥水，購買壓克力板材的商場都有販賣，通常都會付一隻小針筒，此藥水是屬於高揮發性的有機溶劑，具有些微的毒性，在使用時記得要戴口罩。

　　由於壓克力零件之間沒有摩擦力做支撐，組裝好之後手一放開就散了，可以用橡皮筋稍作固定，接著用小針筒吸一點黏著劑，沿著壓克力板接合的縫隙注入，藥劑就會逐漸因毛細現象填滿縫隙，只要 5~10 秒就會固定，並小心藥水不要滲入橡皮筋與壓克力的縫隙，否則會在外表留下痕跡。

　　所有的縫隙都黏完畢拆掉橡皮筋就大功告成了，開口朝上是精美的水晶筆筒，反過來還能變成模型的防塵罩，裡面的公仔是用彩色 3D 列印機製作的喔。

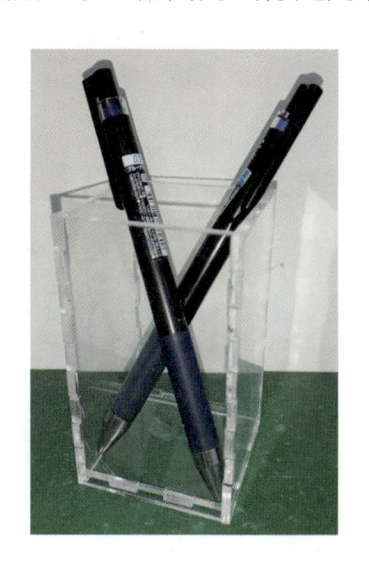

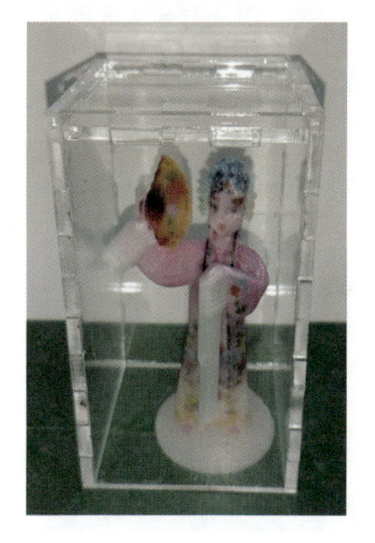

以上的步驟實際操作起來並不比之前的幾個作品困難，甚至還有點簡單，那為什麼要為這個筆筒獨立一個章節呢，因為這裡要教的並不只是照我的步驟做一個筆筒，而是讓讀者了解到 MagicaVoxel 不只是一個建模軟體，當面對複雜的 3D 結構設計，還可以用它來輔助我們建立清楚的空間感，規劃每個零件的拆解組裝，不相信這有多強大嗎？試試看直接在 LibreCAD 畫一個可組裝的筆筒看看吧。

這裡分享兩個更複雜的設計，都已經做好 3D 建模了當然還是可以用 3D 列印製做阿，只是印製的時間會比較久一點而已，學完這本書的雷射切割與 3D 列印技巧，同樣的一個作品可以有好多種呈現方式，是不是非常有成就感呢。

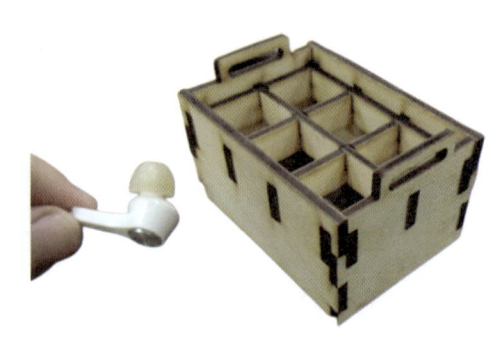

## 實作題

創客題目編號：D003020

# 1 雷切書籤

40 mins

**題目說明：**

靈活運用激光寶盒與其專屬軟體 LaserBox 的功能，如圖型擷取或輪廓提取等功能，製作出別具特色的書籤或其他類似作品。

### 創客指標

| 外形 | 機構 | 電控 | 程式 | 通訊 | 人工智慧 | 創客總數 |
|---|---|---|---|---|---|---|
| 4 | 1 | 0 | 0 | 0 | 0 | 5 |

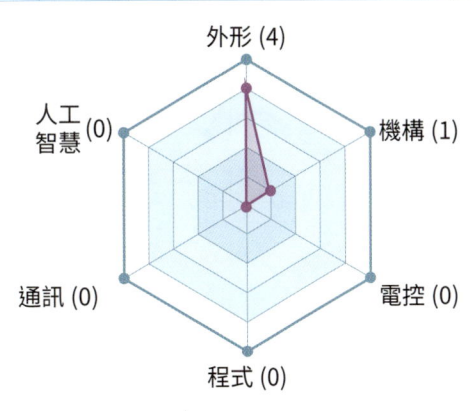

### 綜合素養力

| 空間力 | 堅毅力 | 邏輯力 | 創造力 | 整合力 | 團隊力 | 素養總數 |
|---|---|---|---|---|---|---|
| 4 | 1 | 0 | 2 | 1 | 1 | 9 |

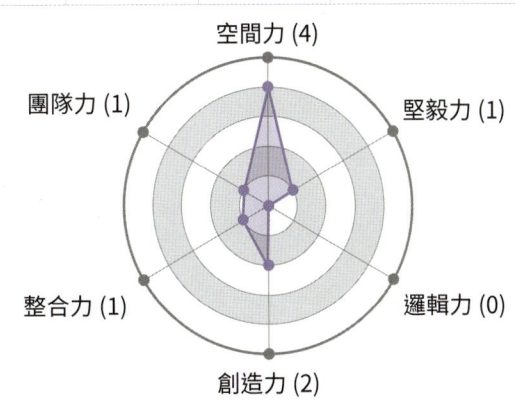

## 實作題

創客題目編號：D003021

# 2 雷切商品設計

40 mins

題目說明：

熟悉 2D 製圖軟體 LibreCAD 的各項基礎功能，以及兩種最常見的木板零件組裝技巧，設計雷切陀螺或其他類似作品，並將其商品化製作出可拆卸的零件板。

### 創客指標

| 外形 | 機構 | 電控 | 程式 | 通訊 | 人工智慧 | 創客總數 |
|---|---|---|---|---|---|---|
| 4 | 2 | 0 | 0 | 0 | 0 | 6 |

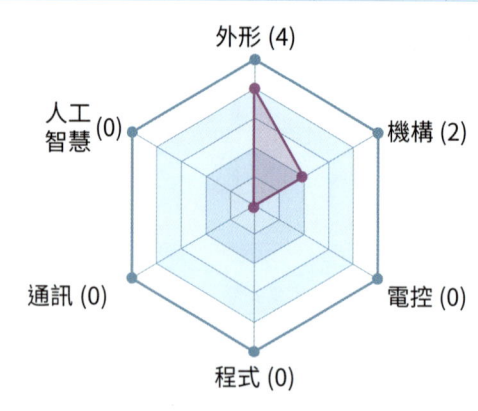

- 外形 (4)
- 機構 (2)
- 電控 (0)
- 程式 (0)
- 通訊 (0)
- 人工智慧 (0)

### 綜合素養力

| 空間力 | 堅毅力 | 邏輯力 | 創造力 | 整合力 | 團隊力 | 素養總數 |
|---|---|---|---|---|---|---|
| 4 | 2 | 0 | 2 | 1 | 1 | 10 |

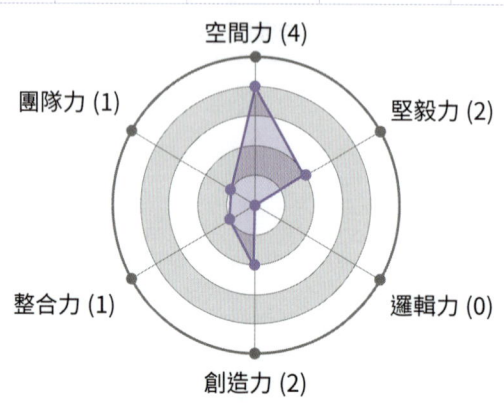

- 空間力 (4)
- 堅毅力 (2)
- 邏輯力 (0)
- 創造力 (2)
- 整合力 (1)
- 團隊力 (1)

## 實作題

創客題目編號：D003022

# 3 - 3D 飾品設計

40 mins

題目說明：

認識 MagicaVoxel 的各種畫筆與 marching cube 模式輸出，設計出具有活動多體或具備彈性的 3D 結構，並可以雷射切割相結合，設計出精美的 3D 飾品或其他類似作品。

### 創客指標

| 外形 | 機構 | 電控 | 程式 | 通訊 | 人工智慧 | 創客總數 |
| --- | --- | --- | --- | --- | --- | --- |
| 4 | 1 | 0 | 0 | 0 | 0 | 5 |

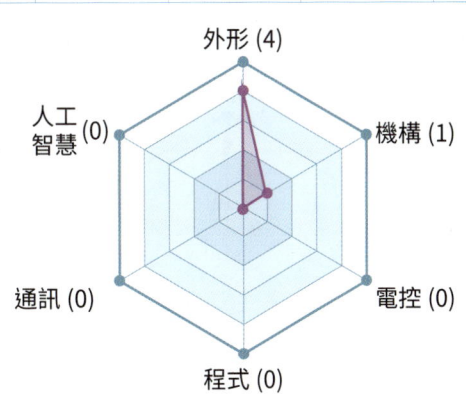

### 綜合素養力

| 空間力 | 堅毅力 | 邏輯力 | 創造力 | 整合力 | 團隊力 | 素養總數 |
| --- | --- | --- | --- | --- | --- | --- |
| 4 | 1 | 0 | 2 | 1 | 1 | 9 |

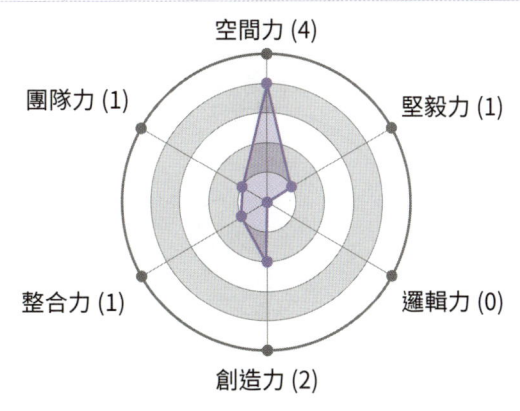

## 實作題

創客題目編號：D003023

## 4 水晶筆筒

40 mins

題目說明：

熟悉 LibreCAD 與 MagicaVoxel 兩套軟體，以 MagicaVoxel 輔助將 3D 物體拆解各個雷切零件 2D 的形狀，再以 LibreCAD 畫出輪廓並由雷射切割機加工輸出，製作出精美的水晶筆筒或其他類似作品。

### 創客指標

| 外形 | 機構 | 電控 | 程式 | 通訊 | 人工智慧 | 創客總數 |
|---|---|---|---|---|---|---|
| 4 | 1 | 0 | 0 | 0 | 0 | 5 |

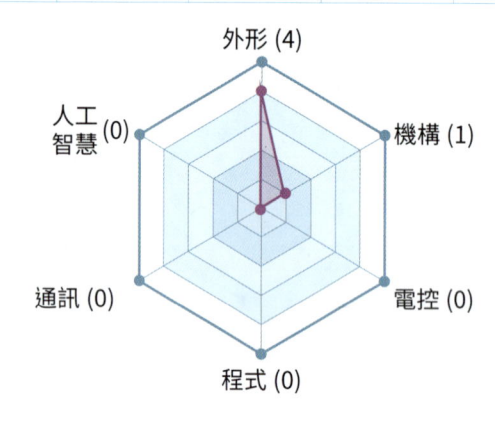

### 綜合素養力

| 空間力 | 堅毅力 | 邏輯力 | 創造力 | 整合力 | 團隊力 | 素養總數 |
|---|---|---|---|---|---|---|
| 4 | 1 | 0 | 2 | 1 | 1 | 9 |

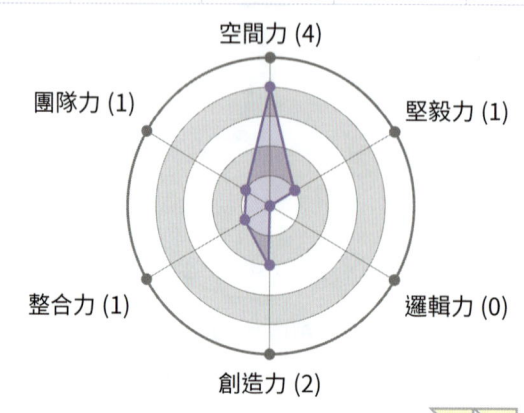

## 實作題

創客題目編號：D001020

# 5 - 3D 列印童玩鬥片

40 mins

題目說明：

了解 3D 列印的工作原理與基本操作，並學會 MagicaVoxel 建模與 Cura 切片軟體，設計出屬於自己的 3D 列印模型，可以是童玩鬥片或其他類似作品，並將其印製輸出。

### 創客指標

| 外形 | 機構 | 電控 | 程式 | 通訊 | 人工智慧 | 創客總數 |
|---|---|---|---|---|---|---|
| 4 | 1 | 0 | 0 | 0 | 0 | 5 |

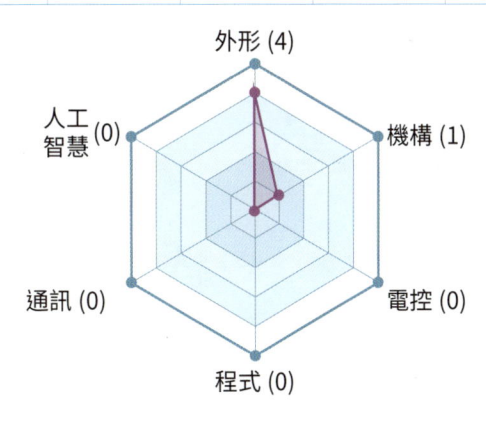

### 綜合素養力

| 空間力 | 堅毅力 | 邏輯力 | 創造力 | 整合力 | 團隊力 | 素養總數 |
|---|---|---|---|---|---|---|
| 4 | 1 | 0 | 2 | 1 | 1 | 9 |

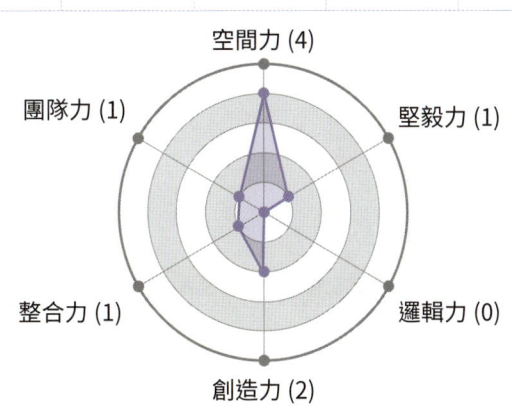

# MLC 創客學習力認證
**Maker Learning Credential Certification**

## 創客學習力認證精神

以創客指標 6 向度：外形（專業）、機構、電控、程式、通訊、AI 難易度變化進行命題，以培養學生邏輯思考與動手做的學習能力，認證強調有沒有實際動手做的精神。

## MLC 創客學習力證書，累積學習歷程

學員每次實作，經由創客師核可，可獲得單張證書，多次實作可以累積成歷程證書。
藉由證書可以展現學習歷程，並能透過雷達圖及數據值呈現學習成果。

**創客師** → 核發 **創客學習力認證** → **學員**

**學員收穫：**
1. 讓學習有目標
2. 診斷學習成果
3. 累積學習歷程

### 單張證書

**創客學習力**
雷達圖診斷
1. 興趣所在與職探方向
2. 不足之處

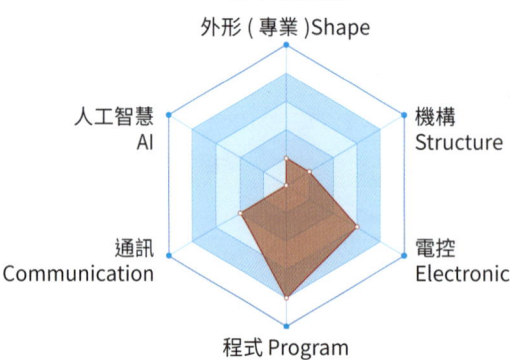

- 外形(專業)Shape
- 機構 Structure
- 電控 Electronic
- 程式 Program
- 通訊 Communication
- 人工智慧 AI

**綜合素養力**
各項基本素養能力
- 空間力
- 堅毅力
- 邏輯力
- 創新力
- 整合力
- 團隊力

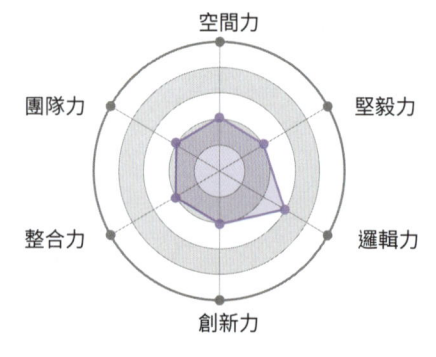

### 歷程證書

正面　　反面

**數據值診斷**
1. 學習能量累積
2. 多元性（廣度）學習或專注性（深度）學習

**100 — 10 — 10**
創客指標總數 — 創客項目數 — 實作次數

**100 — 1 — 10**
創客指標總數 — 創客項目數 — 實作次數

## 認證產品

| 產品編號 | 產品名稱 | 建議售價 |
|---|---|---|
| PV151 | 申請 MLC 數位單張證書 | $600 |
| PV152 | MLC 紙本單張證書 | $600 |
| PV153 | 申請 MLC 數位歷程證書 | $600 |

| 產品編號 | 產品名稱 | 建議售價 |
|---|---|---|
| PV154 | MLC 紙本歷程證書 | $600 |
| PV159 | 申請 MLC 數位教學歷程證書 | $600 |
| PV160 | MLC 紙本教學歷程證書 | $600 |

諮詢專線：02-2908-5945 # 133　　聯絡信箱：oscerti@jyic.net

| 產品名稱／規格／特色 | 搭配書籍教材 |
|---|---|
| **Ender-2 Pro 便攜型 3D 印表機**<br>產品編號：4101041<br>建議售價：$7,800<br><br>• FDM 熔融堆積成型，單噴頭單色、遠端送料。<br>• 列印尺寸 16.5*16.5*18 cm。<br>• 懸臂設計，並 Z 軸增加固定塊，提高列印穩定度。<br>• 全機僅 4.65Kg，具備便攜把手。<br>• 使用軟性磁吸墊，方便取下成品。<br><br>一人一台免排隊 | 輕課程 畫出璀璨、列印夢想 - 從 3D 列印輕鬆動手玩創意 - 使用 Tinkercad、123D Design、Paint.NET 繪圖軟體<br>書號：PN059<br>作者：郭永志・張夫美・黃昱睿・黃秋錦<br>建議售價：$350 |
| **CR-10 Smart 大成形 3D 印表機**<br>產品編號：4101002<br>建議售價：$18,500<br><br>• FDM 熔融堆積成型，單噴頭單色、遠端送料。<br>• 列印尺寸 30*30*40 cm。<br>• 使用雙 Z 軸，側邊有加強鋁桿。<br>• 使用黑晶玻璃列印平台。<br>• 具備靜音主板、自動調平系統及 WiFi 無線傳輸。<br><br>大成型尺寸 | 動手入門 Onshape 3D 繪圖到機構製作含 3DP 3D 列印工程師認證<br>書號：PB12801<br>作者：趙珩宇・張芳瑜<br>建議售價：$380<br><br>超 Easy！Blender 3D 繪圖設計速成包 - 含 3D 列印技巧<br>書號：GB02302<br>作者：倪慧君<br>建議售價：$420 |
| **CR-X Pro 雙色 3D 印表機**<br>產品編號：4101052<br>建議售價：$29,500<br><br>• FDM 熔融堆積成型，單噴頭雙色、遠端送料。<br>• 列印尺寸 30*30*40 cm。<br>• 雙風扇冷卻速度快。<br>• 使用黑晶玻璃列印平台。<br>• 具備雙 Z 軸及自動調平系統。。<br>• 雙全金屬高校擠出器。<br><br>雙進單出 | 輕課程 雷射切割與 3D 列印結合應用秘笈 20 招 使用開源軟體 LibreCAD 與 MagicaVoxel<br>書號：PN043<br>作者：趙士豪<br>建議售價：$400 |

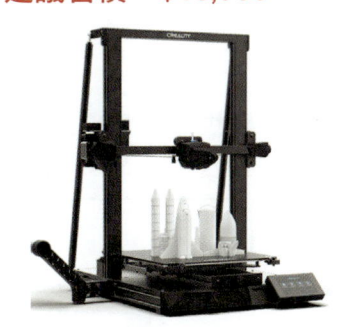

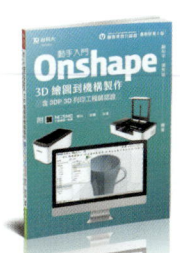

勁園科教 www.jyic.net　諮詢專線：02-2908-5945 或洽轄區業務
歡迎辦理師資研習課程

## 產品名稱／規格／特色

### XYZprinting 全彩 3D 印表機

產品編號：4011402
教育優惠價：$98,000

影片介紹

掃描與列印，全彩呈現

最有效的生產工具，應用內建的 3D 掃描模組，精簡你的建模流程。將你最愛的物件進行 3D 掃描、編輯後並直接全彩印出，無縫接軌！

#### 產品規格

| | | |
|---|---|---|
| 列印性能 | 成型技術 | 3D 結構：熱融積層製造 (Fused Filament Fabrication)　2D 噴墨：噴墨列印 |
| | 最大成型尺寸 | 單色 20 x 20 x 15 cm；全彩 18.5 x 18.5 x 15 cm |
| | 層厚設定 | 100 - 400 microns |
| | 最高列印速度 | 180 mm/s |
| | 定位精準度 | X/Y 12.5 micron；Z：0.0004 mm |
| | 支援檔案格式 | .stl, .3mf, .obj, .igs, .stp, .ply, .amf, .nkg (.stl), .3cp |
| | 適用材料 | 3D Color-inkjet PLA / PLA / 抗菌 PLA / Tough PLA / PETG / *XYZ 碳纖維 / * 金屬 PLA (* 列印頭選配 ) |
| | NFC 晶片線材 | 晶片將自動偵測殘量與最適合的參數設定。直徑 1.75 mm。 |
| | 墨水種類 | Separate Ink Cartridge (CMYK) |
| 掃描性能 | 掃描尺寸 | 5 cm 立方體 - 14 cm 立方體 |
| | 掃描解析度 | 5M pixel |
| | 轉盤承重 | ≦ 3 Kg / 6.6 lbs |
| | 輸出格式 | .stl, .obj |

### 低溫 3D 列印筆

產品編號：5022001
建議售價：$900

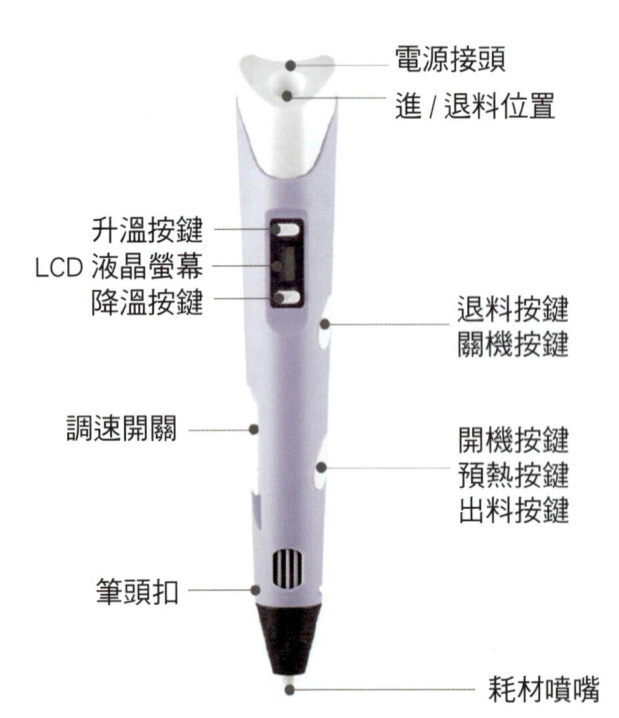

- 電源接頭
- 進 / 退料位置
- 升溫按鍵
- LCD 液晶螢幕
- 降溫按鍵
- 退料按鍵
- 關機按鍵
- 調速開關
- 開機按鍵
- 預熱按鍵
- 出料按鍵
- 筆頭扣
- 耗材噴嘴

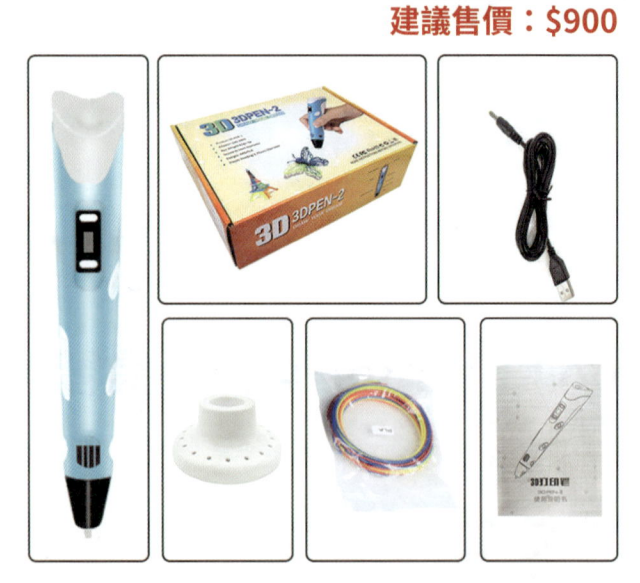

#### 產品規格

| | |
|---|---|
| 淨重 | 60g |
| 適用耗材 | PLA1.75±0.02mm |
| 工作條件 | 10~35℃ |
| 尺寸 | 190x30x45 |
| 打印溫度 | 160~230℃ |
| 適用年齡 | 10 歲以上 |

勁園科教　www.jyic.net

諮詢專線：02-2908-5945 或洽轄區業務
歡迎辦理師資研習課程

| 產品名稱／規格／特色 | 搭配書籍教材 |
|---|---|

## xTool D1 Pro 開放式雷雕機 10W

產品編號：5001665
建議售價：$26,500

- 10W 二極體雷射管
- 工作區域 43*40cm
- 組裝拆卸容易、方便移動攜帶

**開放結構、攜帶方便**

輕課程 創客數位加工與 Fusion 360 繪圖及製作 - 使用 mCreate 智慧調平 3D 印表機 &LaserBox 激光寶盒
書號：PN057
作者：王振宇
建議售價：$350

## xTool M1 Plus 三合一智慧雷雕機 10W

產品編號：5001805
建議售價：$49,980

- 雷射熱切雕割、刀片冷切割
- 10W 二極體雷射管
- 1600 萬像素廣角攝像鏡頭
- 雷射工作區域 38*30cm、刀切工作區域 36*30cm
- 特殊功能：所畫即所得、同形狀批量加工、圓柱體雕刻

**特殊材質、精細雕刻**

輕課程 玩轉創意雷雕與實作 - 使用激光寶盒 LaserBox
書號：PN00401
作者：許栢宗・木百貨團隊
建議售價：$350

動手入門 Onshape 3D 繪圖到機構製作含 3DP 3D 列印工程師認證
書號：PB12801
作者：趙珩宇・張芳瑜
建議售價：$380

## xTool LaserBox 激光寶盒智慧雷雕機 40W

產品編號：5001307
建議售價：$148,000

- 40W $CO_2$ 雷射管
- 500 萬像素超廣角攝像鏡頭
- 工作區域 50*30cm
- 四層高效過濾空氣淨化器
- 辨識環形碼板材
- 特殊功能：所畫即所得、所選即所得

**快速切割、極效過濾**

輕課程 雷射切割與 3D 列印結合應用秘笈 20 招 使用開源軟體 LibreCAD 與 MagicaVoxel
書號：PN043
作者：趙士豪
建議售價：$400

勁園科教 www.jyic.net
諮詢專線：02-2908-5945 或洽轄區業務
歡迎辦理師資研習課程

| 分類 | 產品名稱 / 規格 | 圖示 |
|---|---|---|
| PLA 線材<br>(熱熔 3D 列印) | 黑色 PLA 線材 Φ1.75mm，1kg/捲<br>產品編號：4090211　建議售價：$ 600 | |
| | 紅色 PLA 線材 Φ1.75mm，1kg/捲<br>產品編號：4090212　建議售價：$ 600 | |
| | 橙色 PLA 線材 Φ1.75mm，1kg/捲<br>產品編號：4090213　建議售價：$ 600 | |
| | 黃色 PLA 線材 Φ1.75mm，1kg/捲<br>產品編號：4090214　建議售價：$ 600 | |
| | 綠色 PLA 線材 Φ1.75mm，1kg/捲<br>產品編號：4090215　建議售價：$ 600 | |
| | 藍色 PLA 線材 Φ1.75mm，1kg/捲<br>產品編號：4090216　建議售價：$ 600 | |
| | 紫色 PLA 線材 Φ1.75mm，1kg/捲<br>產品編號：4090217　建議售價：$ 600 | |
| | 白色 PLA 線材 Φ1.75mm，1kg/捲<br>產品編號：4090218　建議售價：$ 600 | |
| | 透明色 PLA 線材 Φ1.75mm，1kg/捲<br>產品編號：4090219　建議售價：$ 600 | |
| | 3D 列印筆專用 PCL 耗材 9 色包 (每色 10M)<br>產品編號：5022053　建議售價：$ 450 | |
| | 3D 列印筆專用 PLA 耗材 9 色包 (每色 10M)<br>產品編號：5022054　建議售價：$ 260 | |
| 木板板材<br>(雷射雕刻) | 1.8mm 椴木板 (含環形碼) 30×20cm，100 片/箱<br>產品編號：0191021　建議售價：$ 3,300 | |
| | 3.0mm 椴木板 (含環形碼) 30×20cm，100 片/箱<br>產品編號：0191022　建議售價：$ 3,900 | |
| | 5.0mm 椴木板 (含環形碼) 30×20cm，50 片/箱<br>產品編號：0191023　建議售價：$ 2,600 | |
| | 3.0mm 紐西蘭密集板 (含環形碼) 30×20cm，100 片/箱<br>產品編號：0191024　建議售價：$ 2,500 | |
| 壓克力板材<br>(雷射雕刻) | 3.0mm 透明壓克力 (含環形碼) 30×20cm，100 片/箱<br>產品編號：0191025　建議售價：$ 6,300 | |

勁園科教 www.jyic.net　　諮詢專線：02-2908-5945 或洽轄區業務
歡迎辦理師資研習課程

| | |
|---|---|
| 書　　　名 | 雷射切割與3D列印結合應用秘笈20招<br>使用開源軟體LibreCAD 與 MagicaVoxel |
| 書　　　號 | PN043 |
| 版　　　次 | 2023年4月初版 |
| 編　著　者 | 趙士豪 |
| 責 任 編 輯 | 吳祈軒 |
| 校 對 次 數 | 8次 |
| 版 面 構 成 | 楊蕙慈 |
| 封 面 設 計 | 楊蕙慈 |

國家圖書館出版品預行編目資料

雷射切割與3D列印結合應用秘笈20招：使用開源軟體LibreCAD與MagicaVoxel/趙士豪編著. -- 初版. -- 新北市台科大圖書股份有限公司, 2023.04
面；　公分
ISBN 978-986-523-654-0(平裝)
1.CST: 電腦繪圖 2.CST: 電腦軟體
312.866　　　　　　　　　112002201

| | |
|---|---|
| 出　版　者 | 台科大圖書股份有限公司 |
| 門 市 地 址 | 24257新北市新莊區中正路649-8號8樓 |
| 電　　　話 | 02-2908-0313 |
| 傳　　　真 | 02-2908-0112 |
| 網　　　址 | tkdbooks.com |
| 電 子 郵 件 | service@jyic.net |

| | |
|---|---|
| 版權宣告 | **有著作權　侵害必究**<br><br>本書受著作權法保護。未經本公司事前書面授權，不得以任何方式（包括儲存於資料庫或任何存取系統內）作全部或局部之翻印、仿製或轉載。<br><br>書內圖片、資料的來源已盡查明之責，若有疏漏致著作權遭侵犯，我們在此致歉，並請有關人士致函本公司，我們將作出適當的修訂和安排。 |
| 郵 購 帳 號 | 19133960 |
| 戶　　　名 | 台科大圖書股份有限公司 |
| | ※郵撥訂購未滿1500元者，請付郵資，本島地區100元 / 外島地區200元 |
| 客 服 專 線 | 0800-000-599 |
| 網 路 購 書 | PChome商店街　JY國際學院<br>博客來網路書店　台科大圖書專區 |
| 各服務中心 | 總　　公　　司　02-2908-5945　　台中服務中心　04-2263-5882<br>台北服務中心　02-2908-5945　　高雄服務中心　07-555-7947 |

線上讀者回函
歡迎給予鼓勵及建議
tkdbooks.com/PN043